AutoCAD 工程设计视频讲堂

轻松学 AutoCAD 2015 工程制图

李 波 等编著

电子工业出版社

Publishing House of Electronics Industry

北京 · BEIJING

内 容 简 介

本书共10章和2个附录，分别讲解AutoCAD 2015基础知识及绘图前的准备工作，AutoCAD二维图形的绘制与编辑技巧，工程图的辅助功能（包括图形、外部参照与设计中心、尺寸与文字的标注、工程图的布局与打印等）；贯穿前面所学的知识，讲解机械工程图、建筑与室内工程图及电气工程图的绘制；附录中介绍CAD常见的快捷命令和常用的系统变量。

本书以"轻松·易学·快捷·实用"为宗旨，采用双色印刷，将要点、难点、图解等分色注释。配套多媒体DVD光盘中，包含相关案例素材、大量工程图、视频讲解、电子图书等。另外，开通QQ高级群（15310023），以开放更多的共享资源，以便读者能够互动交流和学习。

本书适合AutoCAD初中级读者学习，也适合大中专院校相关专业师生学习，以及培训机构和在职技术人员学习。

图书在版编目（CIP）数据

轻松学 AutoCAD 2015 工程制图 / 李波等编著. —北京：电子工业出版社，2015.6
（AutoCAD 工程设计视频讲堂）
ISBN 978-7-121-26209-8

I. ①轻… II. ①李… III. ①工程制图－AutoCAD 软件 IV. ①TB237

中国版本图书馆 CIP 数据核字（2015）第 118539 号

策划编辑：许存权
责任编辑：许存权　　　　特约编辑：谢忠玉　　马军令
印　　刷：涿州市京南印刷厂
装　　订：涿州市京南印刷厂
出版发行：电子工业出版社
　　　　　北京市海淀区万寿路 173 信箱　　　邮编：100036
开　　本：787×1092　1/16　　印张：20　字数：512 千字
版　　次：2015 年 6 月第 1 版
印　　次：2015 年 6 月第 1 次印刷
定　　价：65.00 元（含 DVD 光盘 1 张）

前言

● 随着科学技术的不断发展，其计算机辅助设计（CAD）也得到了飞速发展，而最为出色的 CAD 设计软件之一是美国 Autodesk 公司的 AutoCAD，在 20 多年的发展中，AutoCAD 相继进行了 20 多次的升级，每次升级都带来了功能的大幅提升，目前的 AutoCAD 2015 简体中文版于 2014 年 3 月正式面世。

本书内容

 第1～2章，讲解AutoCAD 2015软件的基础知识及绘图前的准备工作。

 第3～4章，讲解AutoCAD二维图形的绘制与编辑技巧。

 第5～7章，讲解工程图的辅助功能，包括图形、外部参照与设计中心，尺寸与文字的标注，工程图的布局与打印等。

 第8～10章，分别讲解机械工程图、建筑与室内工程图以及电气工程图的绘制，从而贯穿前面所学的知识。

 附录A、B，介绍CAD常见的快捷命令和常用的系统变量。

本书特色

● 经过调查，以及多次与作者长时间的沟通，本套图书的写作方式、编排方式将以全新模式，突出技巧主题，做到知识点的独立性和可操作性，每个知识点尽量配有多媒体视频，是 AutoCAD 用户不可多得的一套精品工具书，主要有以下特色。

版本最新 紧密结合	·以2015版软件为蓝本，使之完全兼容之前版本的应用；在知识内容的编排上，充分将AutoCAD软件的工具命令与建筑专业知识紧密结合。
版式新颖 美观大方	·图书版式新颖，图注编号清晰明确，图片、文字的占用空间比例合理，通过简洁明快的风格，并添加特别提示的标注文字，提高读者的阅读兴趣。
多图组合 步骤编号	·为节省版面空间，体现更多的知识内容，将多个相关的图形组合编排，并进行步骤编号注释，读者看图即可操作。
双色印刷 轻松易学	·本书双色编排印刷，更好地体现出本书的重要知识点、快捷键命令、设计数据等，让读者在学习的过程中，达到轻松学习，容易掌握的目的。
全程视频 网络互动	·本书全程视频讲解，做到视频与图书同步配套学习；开通QQ高级群（15310023）进行互动学习和技术交流，并可获得大量的共享资料。

读者对象	特别适合教师讲解和学生自学。
	各类计算机培训班及工程培训人员。
	相关专业的工程设计人员。
	对AutoCAD设计软件感兴趣的读者。

学习方法

- 其实 AutoCAD 工程图的绘制很好学，可通过多种方法利用某个工具或命令，如工具栏、命令行、菜单栏、面板等。但是，学习任何一门软件技术，都需要动力、坚持和自我思考，如果只有三分钟的热度、遇到问题就求助别人、对此学习无所谓，是学不好、学不精的。
- 对此，作者推荐以下 6 点建议，希望读者严格要求自己进行学习。

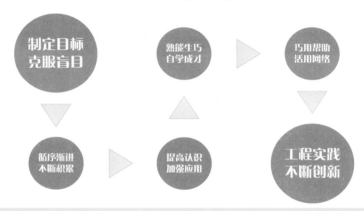

写作团队

- 本书由"巴山书院"集体创建，由资深作者李波主持编写，另外，参与编写的人员还有冯燕、江玲、袁琴、陈本春、刘小红、荆月鹏、汪琴、刘冰、牛姜、王洪令、李友、黄妍、郝德全、李松林等。
- 感谢您选择了本书，希望我们的努力对您的工作和学习有所帮助，也希望把您对本书的意见和建议告诉我们（邮箱：helpkj@163.com　　QQ 高级群: 15310023）。
- 书中难免有疏漏与不足之处，敬请专家和读者批评指正。

注：本书中案例工程图的尺寸单位，除特别注明外，默认为毫米（mm）。

读书破万卷

AutoCAD 2015 快速入门

本章导读

　　随着计算机辅助绘图技术的不断普及和发展，用计算机绘图全面代替手工绘图将成为必然趋势，只有熟练地掌握计算机图形的生成技术，才能够灵活自如地在计算机上表现自己的设计才能和天赋。

本章内容

- ◤ AutoCAD 2015 软件基础
- ◤ ACAD 图形文件的管理
- ◤ ACAD 绘图环境的设置
- ◤ ACAD 命令与变量的操作
- ◤ 绘制第一个 ACAD 图形

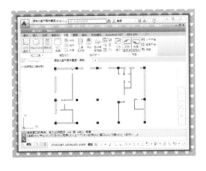

1.1 AutoCAD 2015 软件基础

AutoCAD 软件是美国 Autodesk 公司开发的产品，是目前世界上应用最广泛的 CAD 软件之一。它已经在机械、建筑、航天、造船、电子、化工等领域得到了广泛的应用，并且取得了硕大的成果和巨大的经济效益。

1.1.1 AutoCAD 2015 软件的获取方法

案例	无	视频	AutoCAD 2015 软件的获取方法.avi	时长	03'16"

对于 AutoCAD 2015 软件的获取方法，请用户观看其视频文件的方法来操作。

1.1.2 AutoCAD 2015 软件的安装方法

案例	无	视频	AutoCAD 2015 软件的获取方法.avi	时长	04'52"

对于 AutoCAD 2015 软件的安装方法，请用户观看其视频文件的方法来操作。

1.1.3 AutoCAD 2015 软件的注册方法

案例	无	视频	AutoCAD 2015 软件的注册方法.avi	时长	05'23"

对于 AutoCAD 2015 软件的注册方法，请用户观看其视频文件的方法来操作。

1.1.4 AutoCAD 2015 软件的启动方法

案例	无	视频	AutoCAD 2015 软件的启动方法.avi	时长	02'40"

当用户的电脑已经成功安装并注册 AutoCAD 2015 软件过后，用户即可以启动并运行该软件。与大多数应用软件一样，要启动 AutoCAD 2015 软件，用户可通过以下四种方法之一来启动。

方法 01 双击桌面上的【AutoCAD 2015】快捷图标 。

方法 02 右击桌面上的【AutoCAD 2015】快捷图标 ，从弹出的快捷菜单中选择【打开】命令。

方法 03 单击桌面左下角的【开始】|【程序】|【Autodesk | AutoCAD 2015-Simplified Chinese】命令。

方法 04 在 AutoCAD 2015 软件的安装位置，找到其运行文件 "acad.exe" 文件，然后双击即可。

1.1.5 AutoCAD 2015 软件的退出方法

案例	无	视频	AutoCAD 2015 软件的退出方法.avi	时长	01'36"

在 AutoCAD 2015 中绘制完图形文件后，用户可通过以下四种方法之一来退出。

方法 01 在 AutoCAD 2015 软件环境中单击右上角的 "关闭" 按钮 。

方法 02 在键盘上按<Alt+F4>或<Ctrl+Q>组合键。

方法 03 单击 AutoCAD 界面标题栏左端的 图标，在弹出的下拉菜单中单击 "退出 Autodesk AutoCAD 2015" 按钮。

方法 04 在命令行输入 Quit 命令或 Exit 命令并按 <Enter>键。

图 1-1

通过以上任意一种方法,将可对当前图形文件进行关闭操作。如果当前图形有所修改而没有存盘,系统将出现 AutoCAD 警告对话框,询问是否保存图形文件,如图 1-1 所示。

注意:ACAD 文件退出时是否要保存

在警告对话框中,单击"是(Y)"按钮或直接按(Enter)键,可以保存当前图形文件并将对话框关闭;单击"否(N)"按钮,可以关闭当前图形文件但不存盘;单击"取消"按钮,取消关闭当前图形文件操作,既不保存也不关闭。如果当前所编辑的图形文件没命名,那么单击"是"(Y)按钮后,AutoCAD 会打开"图形另存为"的对话框,要求用户确定图形文件存放的位置和名称。

1.1.6 AutoCAD 2015 草图与注释界面

| 案例 | 无 | 视频 | AutoCAD 2015 草图与注释界面.avi | 时长 | 09'43" |

第一次启动 AutoCAD 2015 时,会弹出【Autodesk Exchange】对话框,单击该对话框右上角的【关闭】按钮⊠,将进入 AutoCAD 2015 工作界面,默认情况下,系统会直接进入如图 1-2 所示的"草图与注释"空间界面。

图 1-2

1.2 ACAD 图形文件的管理

在 AutoCAD 2015 中,图形文件的管理包括创建新的图形文件、打开已有的图形文件、保存图形文件、加密图形文件夹、输入图形文件和关闭图形文件夹等操作。

1.2.1 图形文件的新建

| 案例 | 无 | 视频 | 图形文件的新建.avi | 时长 | 02'27" |

在 AutoCAD 2015 中新建图形文件，用户可通过以下四种方法之一来实现。

方法 01 在 AutoCAD 2015 界面中，单击左上角快速访问工具栏的"新建"按钮□。

方法 02 在键盘上按<Ctrl+N>组合键。

方法 03 单击 AutoCAD 界面标题栏左端的▲图标，在弹出的下拉菜单中单击"新建"按钮□ 新建。

方法 04 在命令行输入 NEW 命令并按<Enter>键。

通过以上任意一种方法，可对图形文件进行新建操作。执行命令后，系统会自动弹出"选择样板"对话框，在文件下拉列表中一般有 dwt、dwg、dws 三种格式图形样板，根据用户需求，选择打开样板文件，如图 1-3 所示。

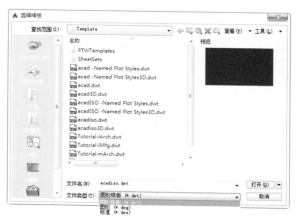

图 1-3

在绘图前期的准备工作过程中，系统会根据所绘图形的任务要求，在样板文件中进行统一图形设置，其中包括绘图的单位、精度、捕捉、栅格、图层和图框等。

注意：样板文件的使用

使用样板文件可以让绘制的图形设置统一，大大提高工作效率，用户也可以根据需求自行创建新的样板文件。

1.2.2 图形文件的打开

| 案例 | 无 | 视频 | 图形文件的打开.avi | 时长 | 05'04" |

在 AutoCAD 2015 中打开已存在的图形文件，用户可通过以下四种方法之一来实现。

方法 01 在 AutoCAD 2015 界面中，单击左上角快速访问工具栏的"打开"按钮□。

方法 02 在键盘上按<Ctrl+O>组合键。

方法 03 单击 AutoCAD 界面标题栏左端的▲图标，在弹出的下拉菜单中单击"打开"按钮□ 打开。

方法 04 在命令行输入 Open 命令并按<Enter>键。

通过以上几种方法，系统将弹出"选择文件"对话框，用户根据需求，在给出的几种格式中选择，打开文件，如图 1-4 所示。

图 1-4

注意：文件格式的了解

在系统给出的图形文件格式中，dwt 格式文件为标准图形文件，dws 格式文件是包含标准图层、标准样式、线性和文字样式的图形文件，dwg 格式文件是普通图形文件，dxf 格式的文件是以文本形式储存的图形文件，能够被其他程序读取。

1. 文件的局部打开

在 AutoCAD 2015 中，用户可以根据需要选择，局部文件的打开。

Step 01 首先在 AutoCAD 2015 界面标题栏左上角单击"打开"按钮 ，在弹出的"选择文件"对话框中，选择需要打开的文件后，单击"打开"按钮右侧的倒三角按钮，在下拉菜单 4 种打开方式中选择"局部打开"项，如图 1-5 所示。

图 1-5

Step 02 选择"局部打开"后，系统将自动弹出"局部打开"对话框，用户可以根据需求，选择打开图形的局部，如图 1-6 所示。

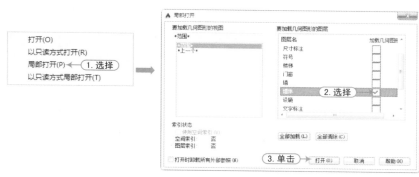

图 1-6

Step 03 选择打开图形的局部后，得到如图 1-7 所示的局部图形。

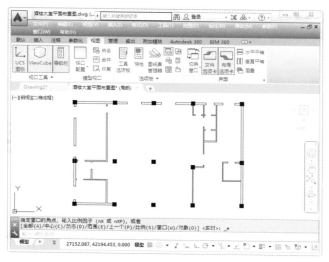

图 1-7

2. 多个文件的打开与平铺设置

在 AutoCAD 2015 中，用户可以同时打开多个相同类型的文件，通过各种平铺的方式来展示所打开的文件，方法步骤如下。

Step 01 正常启动 AutoCAD 2015，在界面标题栏左上角单击"打开"按钮，找出要打开图形文件"定位板.dwg"、"特制螺母.dwg"、"钻模板装配图.dwg"的位置并选中，如图 1-8 所示。

提示：文件的选中

在"选择文件"对话框中，如果要打开的几个文件紧挨在一起，那么可以按住鼠标左键拖动鼠标，将需要打开的文件全部框选，如果需要打开的文件没有紧挨着，可以按住 Ctrl 键，依次选择需要打开的文件。

Step 02 单击"打开"按钮将这三个文件同时打开，窗口在默认情况下弹出最后打开的"钻模板装配图.dwg"图形，如图 1-9 所示。

图 1-8

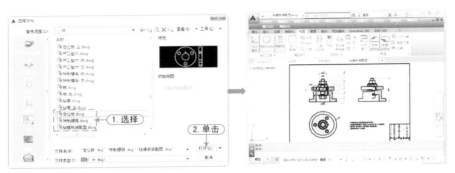

图 1-9

Step 03　单击菜单栏中的"窗口"菜单命令，在下拉菜单列表中，有"层叠"、"水平平铺"、"垂直平铺"三种常用的排列方式，用户可根据需求选择使用，三种方式的效果如图 1-10 所示。

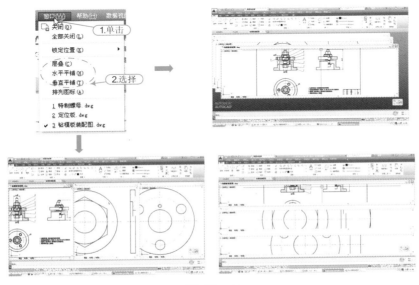

图 1-10

1.2.3　图形文件的保存

案例	无	视频	图形文件的保存.avi	时长	04'05"

在 AutoCAD 2015 中，要想对当前图形文件进行保存，用户可通过以下四种方法之一来实现。

方法 01　在 AutoCAD 2015 界面中，单击左上角快速访问工具栏的"保存"按钮 🖫。

方法 02　在键盘上按<Ctrl+S>组合键。

方法 03　单击 AutoCAD 界面标题栏左端的 🔺图标，在弹出的下拉菜单再单击"保存"按钮 🖫 保存。

方法 04　在命令行输入 Save 命令并按<Enter>键。

通过以上几种方法，系统将弹出"图形另存为"对话框，用户可以命名进行保存，一般情况下，系统默认的保存格式为.dwg 格式，如图 1-11 所示。

图 1-11

提示：文件的自动保存

在绘图过程中，用户在命令行执行"选项"命令（OP），在弹出的"选项"对话框中选择"打开和保存"选项卡，然后在"自动保存"复选框中进行设置，从而实现系统自动保存，如图 1-12 所示。

图 1-12

1.2.4 图形文件的加密

案例	无	视频	图形文件的加密.avi	时长	02'05"

在 AutoCAD 2015 中，用户可对图形文件进行加密操作，使得没有密码的人员无法打开该图形文件。要想对图形文件进行加密，可以通过以下步骤进行设置。

Step 01 执行"文件 | 保存"菜单命令，在弹出的"图形另存为"对话框中，单击右上侧的"工具"按钮，在弹出的下拉菜单栏中选择"安全选项"命令，系统将弹出"安全选项"对话框，如图 1-13 所示。

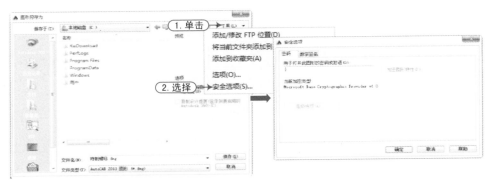

图 1-13

Step 02 在弹出的"安全选项"对话框中填写想要设置的密码，并单击"确定"按钮后，系统将弹出"确认密码"对话框，再次输入密码后单击"确定"按钮，即已对图形文件加密，如图 1-14 所示。

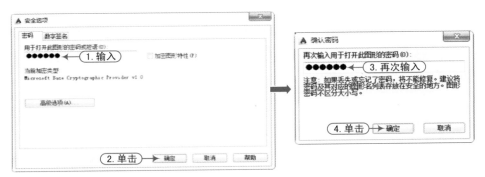

图 1-14

1.2.5 图形文件的关闭

案例	无	视频	图形文件的关闭.avi	时长	03'59"

在 AutoCAD 2015 中，图形文件的关闭分为以下两种情况。

1. 单个图形文件的关闭

在 AutoCAD 2015 中绘制完图形文件后，如果只有单个文件，其关闭方法和 AutoCAD 2015 的退出方法一样，可通过以下四种方法之一来实现。

方法 01 在 AutoCAD 2015 软件环境中单击右上角的"关闭"按钮 ✕ 。

方法 02 在键盘上按<Alt+F4>或<Alt+Q>组合键。

方法 03 单击 AutoCAD 界面标题栏左端的 ▲ 图标,在弹出的下拉菜单中单击"关闭"按钮 ▢ 。

方法 04 在命令行输入 Quit 命令或 Exit 命令并按<Enter>键。

通过以上任意一种方法,可对当前图形文件进行关闭操作。如果当前图形有所修改而没有存盘,系统将出现 AutoCAD 警告对话框,询问是否保存图形文件。

2. 多个图形文件的选择性关闭

在 AutoCAD 2015 中绘制完图形文件后,如果是多个图形文件的选择性关闭,可通过以下两种方法之一来实现。

方法 01 当图形文件"平铺"或"层叠"时,在所选择的文件图形标题栏上单击"关闭"按钮 ✕ ,如图 1-15 所示。

图 1-15

方法 02 选择"视图"选项卡,在"界面"面板中选择"文件选项卡"按钮,此时所打开的多个文件将会在绘图区域的上侧显示打开文件的"文件名标签",使用鼠标分别单击"文件名标签"右侧的"关闭"按钮 ✕ 即可,如图 1-16 所示。

图 1-16

注意:关闭提示

> 在多个图形文件的选择性关闭时,如果选择的当前图形文件没有被修改,图形文件会直接关闭;如果当前图形有所修改而没有保存,系统将出现 AutoCAD 警告对话框,询问是否保存图形文件。

1.2.6 图形文件的输入与输出

案例	无	视频	图形文件的输入与输出.avi	时长	04'06"

在 AutoCAD 2015 中,绘制的图形对象除了可以保存为 dwg 格式的文件外,还可以将其输出为其他格式的文档,以便其他软件调用;同时,用户也可以在 AutoCAD 中调用其他软件绘制的文件。

1. 图形文件的输入

在 AutoCAD 2015 中，图形文件的输入可通过执行"文件｜输入"菜单命令，或者在"插入面板"中选择"输入"命令来完成，随后系统会弹出"输入文件"对话框，用户根据需要，在系统允许的文件格式中，选择打开图像文件，如图 1-17 所示。

■ 图 1-17

提示：图形文件的显示

在"输入文件"对话框中，首先要选择了需要打开的图形文件格式后，图形文件才会显示出来，供用户单击选择。

2. 图形文件的输出

在 AutoCAD 2015 中，图形文件的输出可通过执行"文件｜输出"菜单命令，系统会弹出"输出数据"对话框，用户根据需要，在"输出数据"对话框中设置好图形的"保存路径"、"文件名称"和"文件类型"，设置好后单击对话框中的"保存"按钮，将切换到绘图窗口中，可以选择需要保存的对象，如图 1-18 所示。

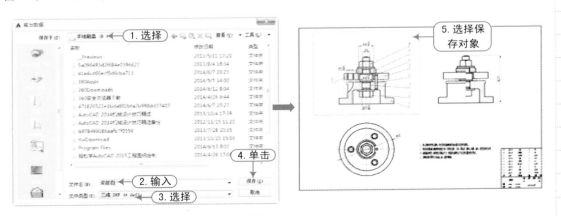

■ 图 1-18

注意: "输出数据" 对话框

> "输出数据" 对话框记录并存储了上一次使用的文件格式，以便在当前绘图任务中或绘图任务之间使用

1.3 ACAD 绘图环境的设置

在 AutoCAD 2015 中，可以方便地设置绘图环境，根据绘图环境的不同要求，在绘图之前，用户根据绘制的图形对象对绘图环境进行设置。

1.3.1 ACAD "选项" 对话框的打开

案例	无		视频	ACAD "选项" 对话框的打开.avi		时长	01'33"

在 AutoCAD 2015 中，ACAD "选项" 对话框包括 "文件"、"显示"、"打开和保存"、"系统" 等选项卡。用户可以根据需求对各选项卡进行设置。

用户可通过以下四种方法之一来打开 "选项" 对话框。

方法 01 在 AutoCAD 绘图区右击鼠标，从弹出的快捷菜单中选择 "选项" 命令。

方法 02 在 AutoCAD 界面执行 "工具 | 选项" 菜单命令。

方法 03 单击 AutoCAD 界面标题栏左端的 ▲ 图标，在弹出的下拉菜单中单击 "选项" 按钮 选项 。

方法 04 在命令行输入 OP 命令并按 <Enter> 键。

通过以上任意一种方法，可对 ACAD "选项" 对话框进行打开操作，其 "选项" 对话框如图 1-19 所示。

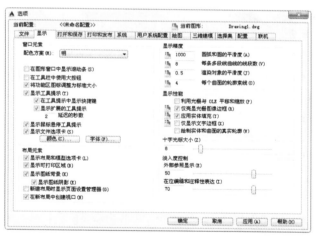

图 1-19

1.3.2 配置文件的设置

案例	无		视频	配置文件的设置.avi		时长	05'36"

在 AutoCAD 2015 的 "选项" 对话框中，"文件" 选项卡用于确定系统搜索支持文件、驱动程序文件、菜单文件和其他文件，"文件" 选项卡如图 1-20 所示。

■ 图 1-20

1. 设置搜索路径、文件名和文件位置

在"搜索路径、文件名和文件位置"的列表框中共有十多个选项,是系统列出的 AutoCAD 中各支持路径及有关支持文件的位置与名称,其功能如下。

（1）支持文件搜索路径:用来设置搜索文件的文件夹,包括菜单文件、待插入图形、文字字体文件、线型文件、插入模块和用于填充的图案文件等。

（2）有效的支持文件搜索路径:这个选项的下拉列表中,显示"支持文件搜索路径"项目中在当前目录结构和网络映射中存在的有效目录,为只读列表,这个选项是用来设置 AutoCAD 搜索系统特有支持文件的活动文件夹。

（3）设备驱动程序文件搜索路径:用来设置 AutoCAD 搜索定点设备、打印机和绘图仪等设备的驱动程序文件夹。

注意:路径设置

请勿删除 DRV 路径并始终将路径添加为次路径。

（4）工程文件搜索路径:用来设置 AutoCAD 搜索外部参照的文件夹。

（5）自定义文件:用来指定供 AutoCAD 从中自定义文件和企业自定义文件的位置。

（6）帮助和其他文件名:用来设置 AutoCAD 查找帮助位置、默认 Internet 网址和配置文件。

（7）文本编辑器、词典和字体文件名:用来设置 AutoCAD 使用的文本编辑器、主词典、自定义词典、替换字体文件和字体映射文件。

（8）打印文件、后台打印程序和前导部分名称:用来设置打印图形时使用的文件。

（9）打印机支持文件路径:用来设置打印机支持文件的路径。

（10）自动保存文件位置:用来设置自动保存文件时的保存位置。

（11）样板设置:用来对新图形的图形样板和默认样板进行设置。

（12）工具选项板文件位置:用来设置工具选项板文件保存位置。

（13）编写选项板文件位置:用来设置指定要放置作者选项板定义的位置。

（14）日志文件位置：用来设置选择"维护日志文件"时所创建的日志文件路径。

（15）打印和发布日志文件位置：用来设置选择"自动保存打印并发布日志"复选框时，日志文件的保存路径。

2. 使用功能按钮

在"文件"选项卡的右侧还有 n 个功能按钮，其主要功能如下。

（1）浏览：用来修改某一支持路径或支持文件。

（2）添加：根据用户需要，用来添加新路径或新文件。

（3）上移：用来将选中的项目向上移动位置，配合"下移"来调整 AutoCAD 对路径或文件的搜索顺序。

（4）下移：用来将选中的项目向下移动位置。

1.3.3 窗口与图形的显示设置

案例	无	视频	窗口与图形的显示设置.avi	时长	06'45"

在 AutoCAD 2015 的"选项"对话框中，"显示"选项卡用来设置窗口元素、显示性能、十字光标大小，布局元素，淡入度控制等，用户可以根据需要，在相应的位置进行设置，"显示"选项卡如图 1-21 所示。

图 1-21

1. 窗口元素

在"显示"选项卡的"窗口元素"选项区域中，可以对 AutoCAD 绘图环境中的基本元素的显示方式进行设置，其复选框中包括以下主要功能。

（1）图形窗口中显示滚动条：设置图形窗口中是否显示滚动条。

（2）显示图形状态栏：设置图形状态栏在绘图窗口显示，还是在状态栏中显示。

（3）显示屏幕菜单：设置是否在绘图区显示屏幕菜单。

（4）在工具栏中使用大按钮：设置是否在工具栏使用大按钮，大按钮为 32×30 像素，小按钮为 16×15 像素。

（5）显示工具栏提示：设置鼠标移动在工具栏按钮上时是否显示工具栏提示。

（6）在工具栏提示中显示快捷键：设置在显示工具栏提示的同时是否显示快捷键。

（7）颜色：设置 AutoCAD 工作界面中一些区域的背景颜色。

（8）字体：单击此按钮打开"命令行窗口字体"对话框，可以设置命令行窗口中的字形、字体和字号等，如图 1-22 所示。

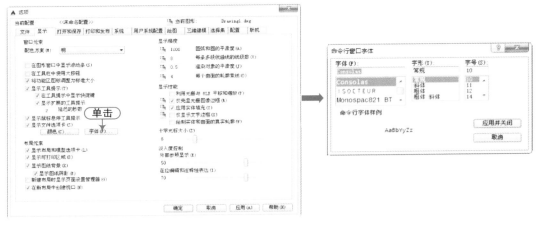

◢ 图 1-22

技巧：舒适绘图

　　用户在绘图时，窗口颜色与底色的颜色对设计师的眼睛保护有很大关系，可以通过设置窗口元素来调节，其中背景颜色的调节如图 1-23 所示。

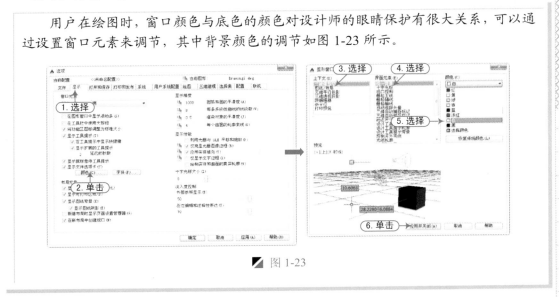

◢ 图 1-23

2. 布局元素

在"显示"选项卡的"布局元素"选项区域中，可以对布局显示的元素进行设置，其复选框中包括以下功能。

（1）显示布局和模型选项卡：用来设置是否在绘图区域底部显示布局和模型选项按钮。

（2）显示可打印区域：用来设置是否在布局中显示页边距，打印图形时，超出页边距的图形部分会被剪裁掉或者忽略掉。

（3）显示图纸背景：用来设置是否在布局中显示表示图纸的背景轮廓，打印比例和实际图纸大小决定该背景轮廓的大小。

（4）显示图纸阴影：用来设置是否在布局中的图纸背景轮廓外显示阴影。

（5）新建布局时显示页面设置管理器：用来设置在新创建布局时是否显示页面设置管理器。

（6）在新布局中创建视口：用来设置在创建新布局时是否创建视口。

3. 显示精度

在"显示"选项卡的"显示精度"选项区域中，可以对绘制对象的精度进行设置，其各个文本框功能如下。

（1）圆弧和圆的平滑度：用来控制圆、圆弧、椭圆弧的平滑度，其默认值为 100，有效取值范围为 1～20000。值越大对象越光滑，但重生成、显示缩放、显示移动时需要的时间也就越长，设置保存在图形中，也可以通过系统变量 VIEWRES 来设置。

（2）每条多段线曲线的线段数：用来设置每条多段线曲线的线段数，其有效取值范围为 –32768～32767，默认值是 8，设置保存在图形中，也可以通过系统变量 SPLINESEGS 来设定。

（3）渲染对象的平滑度：用来设置渲染实体对象的平滑度，其有效取值范围为 0.01～10，默认值为 0.5，设置保存在图形中，也可以通过系统变量 FACETRES 来设置。

（4）曲面轮廓素线：用来设置对象上每个曲面的轮廓素线数目，其有效取值范围为 0～2047，默认值为 4，设置保存在图形中，也可以通过系统变量 ISOLINES 来设置。

4. 显示性能

在"显示"选项卡的"显示性能"选项区域中，进行设置可以影响 AutoCAD 性能的参数，其功能如下。

（1）利用光栅与 OLE 平移和缩放：用来设置实行平移和缩放时光栅图像的显示。

（2）仅亮显光栅图像边框：用来设置选择光栅图像时的显示形式，如果选中，当选择光栅图像时仅亮显光栅图像的边框，却看不到图像内容。

（3）应用实体填充：用来设置是否填充已填充的图案和带宽度的多段线等对象。

（4）仅显示文字边框：用来设置是否仅显示标注文字的边框。

（5）绘制实体与曲面的真实轮廓：用来设置三维实体和曲面的轮廓曲线是否以线框形式显示。

5. 十字光标大小

在绘图时，调整十字光标的大小，能使图形的绘制更方便，十字光标大小的设置如图 1-24 所示。

6. 淡入度控制

在"显示"选项卡的"淡入度控制"选项区域中，可以对参照编辑的退色度值进行设置，其取值范围为 0～90，默认值为 50，可以在左边的文本框中直接输入退色度值，也可以用鼠标拖动右边的滑块来调整。

图 1-24

1.3.4 文件的打开与保存设置

案例	无		视频	文件的打开与保存设置.avi		时长	04'10"

在 AutoCAD 2015 的"选项"对话框中,"打开和保存"选项卡用来设置文件保存、文件打开、文件安全措施、外部参照和 ObjectARX 应用程序菜单等,如图 1-25 所示。

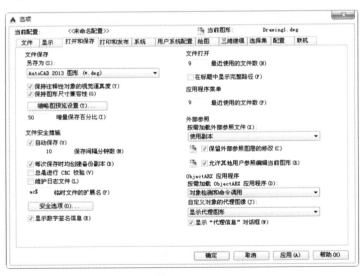

图 1-25

1. 文件保存

在"打开和保存"选项卡的"文件保存"选项区域中,可以对保存 AutoCAD 图形文件有关的项目进行设置。例如选择"保持注释性对象的视觉逼真度"复选框。可以设置可注释对象是否保持视觉逼真度。单击"缩略图预览设置"按钮可以打开"缩略图预览设置"对话框,用户可以根据需要,更进一步设置,如图 1-26 所示。

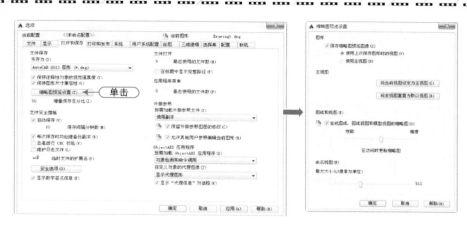

图 1-26

注意：保持注释性对象的视觉逼真度

启用"保持注释性对象的视觉逼真度"仅影响保存为传统图形文件格式（图形版本 2007 及早期版本）的图像。

2. 文件安全措施

在 AutoCAD 2015 中，为避免在突发情况下使绘图数据丢失，绘图前用户可以在"打开和保存"选项卡的"文件安全措施"选项区域中进行设置；例如，一般常用的"自动保存"设置方法，如图 1-27 所示。

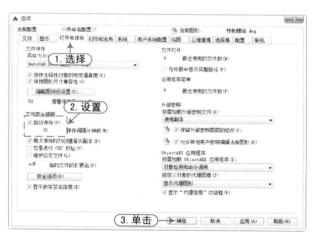

图 1-27

"保存间隔分钟数"指在"自动保存"为开的情况下，指定多长时间保存一次图形（SAVETIME 系统变量）。

注意："自动保存"的禁用

块编辑器处于打开状态时，将禁用自动保存。（在 AutoCAD LT 中不可用）

3. 文件打开

在"打开和保存"选项卡的"文件打开"选项区域中，可以对"文件"下拉菜单底部列出的最近打开过的图形文件数目进行设置，也可以设置是否在 AutoCAD 窗口顶部的标题后显示当前图形文件的完整路径。

4. 外部参照

在"打开和保存"选项卡的"外部参照"选项区域中，可以对外部参照有关的信息进行设置、编辑与加载。

5. ObjectARX 应用程序

在"打开和保存"选项卡的"ObjectARX 应用程序"选项区域中，可以设置与 ObjectARX 应用程序有关的信息。

1.3.5 绘图性能的设置

案例	无	视频	绘图性能的设置.avi	时长	08'57"

在 AutoCAD 2015 的"选项"对话框中，"绘图"选项卡是用来设置对象自动捕捉和自动追踪等功能，如图 1-28 所示。

图 1-28

1. 自动捕捉设置

在"绘图"选项卡的"自动捕捉设置"选项区域中，可以对自动捕捉的方式进行设置，其复选框主要功能如下。

（1）"标记"复选框：设置在自动捕捉到特征点时是否显示特征标记框。

（2）"磁吸"复选框：设置在自动捕捉到特征点时是否像磁铁一样把光标吸到特征点上。

（3）"显示自动捕捉工具栏提示"复选框：设置在自动捕捉到特征点时是否显示"对象捕捉"工具栏上相应按钮的文字提示。

（4）"显示自动捕捉靶框"复选框：对是否显示靶框进行设置。

（5）"颜色"按钮：单击此按钮可以打开"图形窗口颜色"对话框，可设置自动捕捉到特征点时显示特征标记框的颜色。

2. AutoTrack 设置

在"绘图"选项卡的"AutoTrack 设置"选项区域中，可以对自动追踪的方式进行设置，其复选框主要功能有"显示极轴追踪矢量"、"显示全屏追踪矢量"和"显示自动追踪工具提示"。

3. 对齐点获取

在"绘图"选项卡的"对齐点获取"选项区域中，可以对在图形中显示对齐矢量的方法进行设置，其设置方法有"自动"和"按 Shift 键获取"两种。

4. 自动捕捉标记大小和靶框大小

在"绘图"选项卡的"自动捕捉标记大小"和"靶框大小"选项区域中，可以设置自动捕捉到特征点时显示的标记大小和设置自动捕捉靶框的标记大小。

5. 对象捕捉选项

在"绘图"选项卡的"对象捕捉选项"选项区域中，有"忽略图案填充对象"、"使用当前标高替换 Z 值"和"对动态 UCS 忽略 Z 轴负向的对象捕捉"三种复选框选择，第一种可以在使用对象捕捉功能时忽略对图案填充对象的捕捉；第二种可以使用当前设置的标高，代替当前用户坐标系的 Z 轴坐标值；第三种可以在使用对象捕捉功能时忽略动态 UCS 负 Z 轴上的捕捉。

6. 按钮功能

在"绘图"选项卡中，单击"设计工具栏提示设置"按钮，在弹出的"工具栏提示外观"对话框中可以设置工具栏提示的外观；单击"光线轮廓设置"按钮，在弹出的"光线轮廓外观"对话框中可以设置光线轮廓的外观；单击"相机轮廓设置"按钮，在弹出的"相机轮廓外观"对话框中可以设置相机轮廓的颜色和大小，如图 1-29 所示。

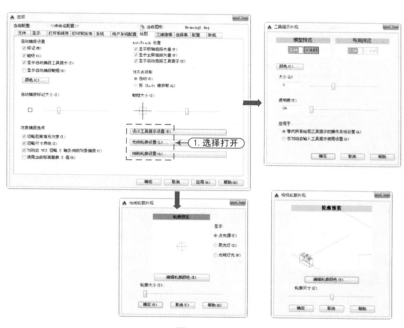

图 1-29

1.3.6 选择集的设置

| 案例 | 无 | 视频 | 选择集的设置.avi | 时长 | 05'21" |

在 AutoCAD 2015 的"选项"对话框中，"选择集"选项卡是用来设置选择集模式和夹点功能，如图 1-30 所示。

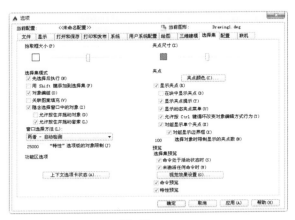

图 1-30

1. 拾取框大小和夹点大小

在"选择集"选项卡的"拾取框大小"和"夹点尺寸"选项区域中，拖动滑块，可以设置默认拾取方式选择对象时，拾取框的大小和设置对象夹点标记的大小。

2. 选择集模式

在"选择集"选项卡的"选择集模式"选项区域中，可以设置构造选择集的模式，其功能包括"先选择后执行"、"用 Shift 键添加到选择集"、"对象编组"、"关联图案填充"、"隐含选择窗口中的对象"、"允许按住并拖动对象"和"窗口选择方法"。

3. 夹点

在"选择集"选项卡的"夹点"选项区域中，可以设置是否使用夹点编辑功能，是否在块中使用夹点编辑功能以及夹点颜色等。单击"夹点颜色"按钮，弹出"夹点颜色"对话框，在对话框中设置夹点颜色，如图 1-31 所示。

图 1-31

4. 预览

在"选择集"选项卡的"预览"选项区域中，可以设置"命令处于活动状态时"和"未激活任何命令时"是否显示选择预览，单击"视觉效果设置"按钮将打开"视觉效果设置"对话框，可以设置选择预览效果和选择有效区域，如图 1-32 所示。

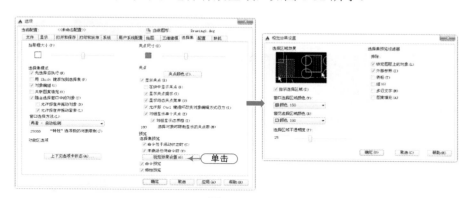

图 1-32

"特性预览"复选框用来控制在鼠标悬停在控制特性的下拉列表和框上时，是否可以预览对当前选定对象的更改。

注意："特性预览"的显示

> 特性预览仅在功能区和"特性"选项板中显示。在其他选项板中不可用。

5. 功能区选项

在"选择集"选项卡的"功能区选项"选项区域中，可以设置"上下文选项卡状态"。

1.4 ACAD 命令与变量的操作

在 AutoCAD 2015 中，命令是绘制与编辑图形的核心，菜单命令、工具按钮、命令和系统变量大都是相互对应的，可在命令行中输入命令和系统变量，或选择某一菜单命令，或单击某个工具按钮来执行相应命令。

1.4.1 ACAD 中鼠标的操作

| 案例 | 无 | 视频 | ACAD 中鼠标的操作.avi | 时长 | 06'19" |

在绘图区，鼠标显示为"十"字线形式的光标，在菜单选项区、工具或对话框内时，鼠标会变成一个箭头，当单击或者按动鼠标键时，都会执行相应的命令或动作，鼠标定义如下。

（1）拾取键：指鼠标左键，用来选择 AutoCAD 对象、工具按钮和菜单命令等，用于指定屏幕上的点。

（2）回车键：指鼠标右键，相当于 Enter 键，用来结束当前使用的命令，系统此时会根据不同的情况弹出不同的快捷菜单。

（3）弹出菜单：使用 Shift 键和鼠标右键的组合时，系统将弹出一个快捷菜单，用于设置捕捉点的方法，3 键鼠标的中间按钮通常为弹出按钮。

1.4.2 ACAD 命令的执行

| 案例 | 无 | 视频 | ACAD 命令的执行.avi | 时长 | 04'48" |

在 AutoCAD 2015 中，有以下几种命令的执行方式。

1. 使用键盘输入命令

通过键盘可以输入命令和系统变量，键盘还是输入文本对象、数值参数、点的坐标或进行参数选择的唯一方法，大部分的绘图、编辑功能都需要通过键盘输入来完成。

2. 使用"命令行"

在 AutoCAD 中默认的情况下，"命令行"是一个可固定的窗口，可以在当前命令行提示下输入命令和对象参数等内容。

右击"命令行"窗口打开快捷菜单，如图 1-33 所示，通过它可以选择最近使用的命令、输入设置、复制历史记录，以及打开"输入搜索选项"和"选项"对话框等。

3. 使用"AutoCAD 文本窗口"

在 AutoCAD 中，"AutoCAD 文本窗口"是一个浮动窗口，可以在其中输入命令或查看命令的提示信息，便于查看执行的命令历史。如图 1-34 所示，其窗口中的命令为只读，不能对其进行修改，但可以复制并粘贴到命令行中重复执行前面的操作，也可以粘贴到其他应用程序，如 Word 等。

图 1-33

图 1-34

提示："AutoCAD 文本窗口"的打开

在 AutoCAD 2015 中，可以选择"视图|显示|文本窗口"命令打开"AutoCAD 文本窗口"，也可以按下 F2 键来显示或隐藏它。

1.4.3 ACAD 透明命令的应用

| 案例 | 无 | 视频 | ACAD 透明命令的应用.avi | 时长 | 03'29" |

在 AutoCAD 中，执行其他命令的过程中，可以执行的命令为透明命令，常使用的透明命令多为修改图形设置的命令、绘图辅助工具命令等。

使用透明命令时，应在输入命令之前输入单引号（'），命令行中，透明命令的提示前有一个双折号（》），完成透明命令后，将继续执行原命令。

例如，在图 1-35 中使用直线命令绘制连接矩形端点 A 和 D 的直线，操作如下。

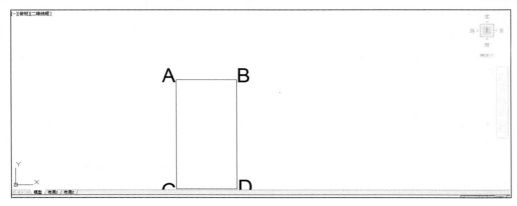

图 1-35

Step 01 在"快速访问"工具栏单击"另存为"按钮 ，将弹出"图形另存为"对话框，按照如图 1-36 所示将该文件保存为"案例\01\使用透明命令绘制直线.dwg"文件。

图 1-36

Step 02 在命令行中输入直线（L）命令。

Step 03 在命令行的"指定第一点："提示下单击 A 点，

Step 04 在命令行的"指定下一点或〔放弃（U）〕："提示下，输入'PAN，执行透明命令"实时平移"。

Step 05 按住并拖动鼠标执行"实时平移"命令，然后按 Enter 键，结束透明命令，此时原图形被平移，可以很方便的确定直线另一个端点 D，如图 1-37 所示

Step 06 在命令行的"指定下一点或〔放弃（U）〕："提示下，单击 D 点，然后按 Enter 键，完成直线的绘制。

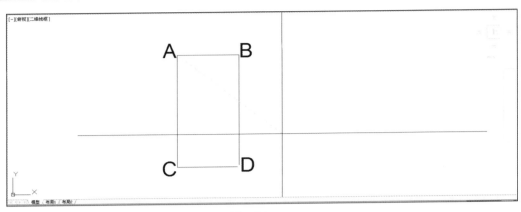

图 1-37

Step 07　在"快速访问"工具栏单击"保存"按钮 🖫，将所绘制的图形进行保存。

Step 08　在键盘上按<Alt+F4>或<Alt+Q>组合键，退出所绘制的文件对象。

1.4.4　ACAD 系统变量的应用

| 案例 | 无 | 视频 | ACAD 系统变量的应用.avi | 时长 | 05'23" |

在 AutoCAD 中，系统变量可以打开或关闭捕捉、栅格或正交等绘图模式，设置默认的填充图案，或存储当前图形和 AutoCAD 配置的有关信息，系统变量用于控制某些功能和设计环境、命令的工作方式。

系统变量常为 6～10 个字符长的缩写名称，许多系统变量有简单的开关设置。例如 GRIDMODE 系统变量用来显示或关闭栅格，有些系统变量则用来存储数值或文字，例如 DATE 系统变量用来存储当前日期，可以在对话框中修改系统变量，也可直接在命令行中修改系统变量。

1.5　绘制第一个 ACAD 图形

| 案例 | 平开门符号.dwg | 视频 | 绘制第一个 ACAD 图形.avi | 时长 | 05'17" |

为了使用户对 AutoCAD 建筑工程图的绘制有一个初步的了解，下面以"平开门符号"的绘制来进行讲解，其操作步骤如下。

Step 01　在桌面上双击 AutoCAD 2015 图标，启动 AutoCAD 2015 软件，系统自动创建一个空白文档。

Step 02　在"快速访问"工具栏单击"另存为"按钮 🖫，将弹出"图形另存为"对话框，按照如图 1-38 所示将该文件保存为"案例\01\平开门符号.dwg"文件。

技巧：保存文件为低版本

在"图形另存为"对话框中，其"文件类型"下拉组合框中，用户可以将其保存为低版本的 dwg 文件。

Step 03　在"常用"选项卡的"绘图"面板中单击"圆"按钮 ⊙，按照如下命令行提示绘制一个半径为 1000mm 的圆，其效果如图 1-39 所示。

图 1-38

```
命令: _circle                                          \\ 执行 "圆" 命令
指定圆的圆心或 [三点(3P)/两点(2P)/切点、切点、半径(T)]: @0,0      \\ 以原点(0.0)作为圆心点
指定圆的半径或 [直径(D)]: 1000                          \\ 输入圆的半径为 1000
```

Step 04 在 "常用" 选项卡的 "绘图" 面板中单击 "直线" 按钮✎，根据如下命令行提示，绘制
好两条线段，其效果如图 1-40 所示。

```
命令: _line                                            \\ 执行 "直线" 命令
指定第一个点:                                          \\ 捕捉圆上侧象限点
指定下一点或 [放弃(U)]:                                \\ 捕捉圆心点，绘制线段 1
指定下一点或 [放弃(U)]:                                \\ 捕捉右侧象限点，绘制线段 2
指定下一点或 [闭合(C)/放弃(U)]:                        \\ 按回车键结束直线的绘制
```

图 1-39

图 1-40

注意: "对象捕捉" 的启用

用户在绘制图形过程中，用户可按 "F3" 键来启用或取消其 "对象捕捉" 模式。
但就是启用了 "对象捕捉" 模式，也必须勾选相应的捕捉点才行。

Step 05 在 "常用" 选项卡的 "修改" 面板中单击 "偏移" 按钮◢，根据如下命令行提示，将上
一步所绘制垂直线段向右侧偏移 60mm，其效果如图 1-41 所示。

```
命令: _offset                                          \\ 执行 "偏移" 命令
当前设置: 删除源=否  图层=源  OFFSETGAPTYPE=0          \\ 当前设置状态
指定偏移距离或 [通过(T)/删除(E)/图层(L)] <通过>:  60   \\ 输入偏移距离为 60mm
```

选择要偏移的对象，或 [退出(E)/放弃(U)] <退出>:   \\ 选择垂线段为偏移对象
指定要偏移的那一侧上的点，或 [退出(E)/多个(M)/放弃(U)] <退出>:   \\ 在垂线段右侧单击
选择要偏移的对象，或 [退出(E)/放弃(U)] <退出>:   \\ 按回车键结束偏移操作

Step 06 在"常用"选项卡的"修改"面板中单击"修剪"按钮 ⊬ 修剪 ⁀，根据如下命令行提示，
将多余的线段及圆弧进行修剪，其效果如图 1-42 所示。

命令: _trim   \\ 执行"修剪"命令
当前设置:投影=UCS，边=无   \\ 显示当前设置
选择剪切边...
选择对象或 <全部选择>:   \\ 按回车键表示修剪全部
选择要修剪的对象，或按住 Shift 键选择要延伸的对象，或
[栏选(F)/窗交(C)/投影(P)/边(E)/删除(R)/放弃(U)]:   \\ 单击圆弧修剪
选择要修剪的对象，或按住 Shift 键选择要延伸的对象，或
[栏选(F)/窗交(C)/投影(P)/边(E)/删除(R)/放弃(U)]:   \\ 单击水平线段右侧进行修剪
选择要修剪的对象，或按住 Shift 键选择要延伸的对象，或
[栏选(F)/窗交(C)/投影(P)/边(E)/删除(R)/放弃(U)]:   \\ 按回车键结束修剪操作

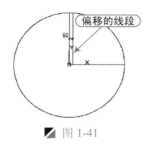

图 1-41

图 1-42

Step 07 在"快速访问"工具栏单击"保存"按钮 💾，将所绘制的平开门符号进行保存。

Step 08 在键盘上按<Alt+F4>或<Alt+Q>组合键，退出所绘制的文件对象。

读书破万卷

2

绘图前的准备工作

本章导读

在 AutoCAD 中，为了提高工作效率，绘图前要做好相应的准备工作,辅助功能的设置、视图的显示设置以及图层与对象的控制，都直接影响到绘图的效率。

本章内容

- ◪ ACAD 辅助功能的设置
- ◪ ACAD 视图的显示控制
- ◪ ACAD 图层与对象的控制

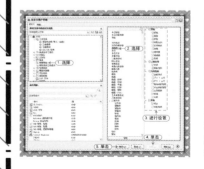

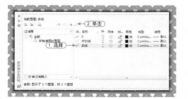

2.1　ACAD 辅助功能的设置

在 AutoCAD 2015 绘制或修改图形对象时，为了使绘图精度高，绘制的图形界限精确，可以使用系统提供的绘图辅助功能进行设置，从而提高绘制图形的精确度与工作效率。

2.1.1　ACAD 中正交模式的设置

案例	无	视频	ACAD 中正交模式的设置.avi	时长	03'19"

在绘制图形时，当指定第一点后，连续光标和起点的直线总是平行于 x 轴和 y 轴，这种模式称为"正交模式"，用户可通过以下三种方法之一来启动。

（方法 01）　在命令行中输入 Ortho，按 Enter 键。

（方法 02）　单击状态栏中的"正交模式"按钮 。

（方法 03）　按 F8 键。

打开"正交模式"后，不管光标在屏幕上的位置，只能在垂直或者水平方向画线，画线的方向取决于光标在 x 轴和 y 轴方向上的移动距离变化，如图 2-1 所示。

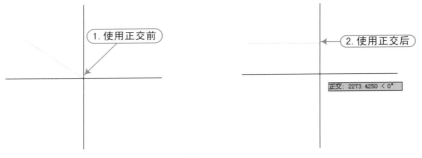

1. 使用正交前　　2. 使用正交后

正交: 2273.4250 < 0°

◤ 图 2-1

注意：正交模式的使用

　　"正交"模式和极轴追踪不能同时打开，打开"正交"将关闭极轴追踪。

2.1.2　ACAD "草图设置" 对话框的打开

案例	无	视频	ACAD "草图设置" 对话框的打开.avi	时长	02'12"

在 AutoCAD 2015 中，"草图设置"对话框是指定为绘图辅助工具整理的草图设置，这些工具包括捕捉和栅格、追踪、对象捕捉、动态输入、快捷特性和选择循环等。

对于"草图设置"对话框的打开方法，用户可通过以下四种方法之一来打开。

（方法 01）　在 AutoCAD 2015 "辅助工具区"右击鼠标，在弹出的快捷菜单中选择"设置"命令。

（方法 02）　执行"工具 | 绘图设置"菜单项。

（方法 03）　在命令行输入 Dsettings 命令并按<Enter>键，快捷键<DS>。

（方法 04）　在 AutoCAD 2015 "绘图区"按住 Shift 键或 Ctrl 键右击鼠标，在弹出的快捷菜单中选择"对象捕捉设置"命令。

通过以上任意一种方法，都可以打开"草图设置"对话框，如图 2-2 所示。

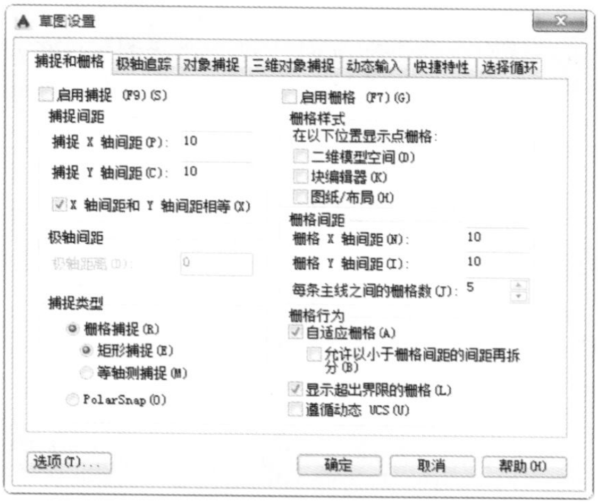

图 2-2

2.1.3 捕捉和栅格的设置

案例	无	视频	捕捉和栅格的设置.avi	时长	05'15"

在 AutoCAD 2015 中，"捕捉"用于设置鼠标光标按照用户定义的间距移动。"栅格"是点或线的矩阵，是一些标定位置的小点，可以提供直观的距离和位置参照。"草图设置"对话框的"捕捉和栅格"选项卡中，可以启用或关闭"捕捉"和"栅格"功能，并设置"捕捉"和"栅格"的间距与类型，如图 2-3 所示。

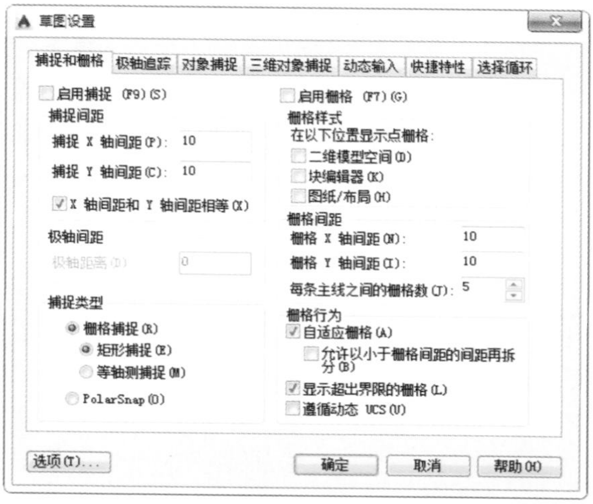

图 2-3

在"草图设置"对话框的"捕捉和栅格"选项卡中，其主要选项如下。

（1）启用捕捉：用于打开或者关闭捕捉方式，可单击 ▦ 按钮，或者按 F9 键进行切换。

（2）启用栅格：用于打开或关闭栅格显示，可单击 ▦ 按钮，或者按 F7 键进行切换。

（3）捕捉间距：用于设置 x 轴和 y 轴的捕捉间距。

（4）栅格间距：用于设置 x 轴和 y 轴的栅格间距，还可以设置每条主轴的栅格数。如图 2-4 所示为栅格间距由 50 变化为 20 的效果。

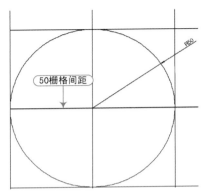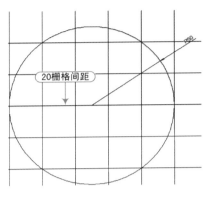

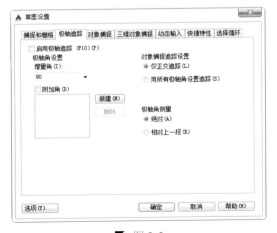

图 2-4

（5）捕捉类型：用于设置捕捉样式。

（6）栅格行为：用于设置"视觉样式"下栅格线的显示样式(三维线框除外)。

注意：捕捉和栅格的使用

可以使用其他几个控件来启用和禁用栅格捕捉，包括<F9>键和状态栏中的"捕捉"按钮。通过在创建或修改对象时按住<F9>键可以临时禁用捕捉。

2.1.4 极轴追踪的设置

案例	无	视频	极轴追踪的设置.avi	时长	03'28"

在 AutoCAD 2015 中，使用极轴追踪，可以让光标按指定角度进行移动。

"草图设置"对话框的"极轴追踪"选项卡中，可以启用"极轴追踪"功能，并且用户可以根据需要，对"极轴追踪"进行设置，如图 2-5 所示。

图 2-5

在"草图设置"对话框的"极轴追踪"选项卡中，其主要选项如下。

（1）启用极轴追踪：打开或关闭极轴追踪。也可以通过按 F10 键或使用 AUTOSNAP 系统变量，来打开或关闭极轴追踪。

（2）极轴角设置：用于设置极轴追踪的角度。默认角度为 90 度，用户可以进行更改，当"增量角"下拉列表中不能满足用户需求时，用户可以单击"新建"按钮并输入角度值，将其添加到"附加角"的列表框中。如图 2-6 所示分别为 90 度、60 度和 30 度极轴角的显示。

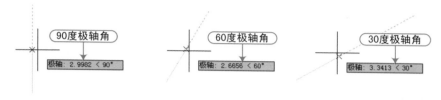

图 2-6

（3）对象捕捉追踪设置：包括"仅正交追踪"和"用所有极轴角设置追踪"两种选择，前者可在启用对象捕捉追踪的同时，显示获取的对象捕捉的正交对象捕捉追踪路径，后者在命令执行期间，将光标停于该点上，当移动光标时，会出现关闭矢量；若要停止追踪，再次将光标停于该点上即可。

（4）极轴角测量：用于设置极轴追踪对其角度的测量基准，有"绝对"和"相对上一段"两种选择。

2.1.5　对象捕捉的设置

案例	无	视频	对象捕捉的设置.avi	时长	05'06"

在 AutoCAD 2015 中，"对象捕捉"是指在对象上某一位置指定精确点。

"草图设置"对话框的"对象捕捉"选项卡中，可以启用"对象捕捉"功能，并且用户可以根据需要，对"对象捕捉"模式进行设置，如图 2-7 所示。

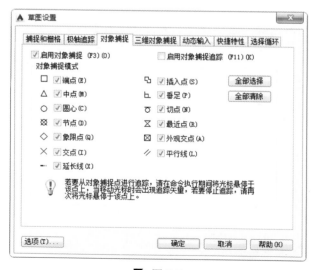

图 2-7

在"草图设置"对话框的"对象捕捉"选项卡中，其主要选项如下。

（1）启用对象捕捉：打开或关闭执行对象捕捉。也可以通过按 F3 键来打开或者关闭。使用执行对象捕捉，在命令执行期间在对象上指定点时，在"对象捕捉模式"下选定的对象捕捉处于活动状态（OSMODE 为系统变量）。

（2）启用对象捕捉追踪：打开或关闭对象捕捉追踪。也可以通过按 F11 键来打开或者关闭。使用对象捕捉追踪，在命令中指定点时，光标可以沿基于当前对象捕捉模式的对齐路径进行追踪（AUTOSNAP 为系统变量）。

（3）全部选择：打开所有执行对象捕捉模式。

（4）全部清除：关闭所有执行对象捕捉模式。

启用"捕捉追踪"设置，下面以捕捉到的圆心、端点和中点在绘图区的显示情况为例，如图 2-8 所示。

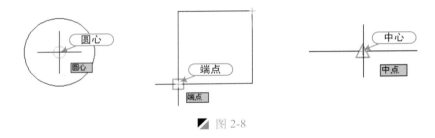

图 2-8

提示：快速选择对象捕捉模式

在绘图中，用户可以通过右击状态栏中的"对象捕捉"按钮，在弹出的快捷菜单中快速选择所需对象捕捉模式。

2.1.6 三维对象捕捉的设置

案例	无	视频	三维对象捕捉的设置.avi	时长	07'24"

在 AutoCAD 2015 中，三维中的对象捕捉与它们在二维中工作的方式类似，不同之处在于在三维中可以投影对象捕捉（可选）。

"草图设置"对话框的"三维对象捕捉"选项卡中，可以启用"三维对象捕捉"功能，并且用户可以根据需要，对"三维对象捕捉"模式进行设置，如图 2-9 所示。

在"草图设置"对话框的"三维对象捕捉"选项卡中，其主要选项如下。

（1）启用三维对象捕捉：打开和关闭三维对象捕捉，按<F4>键打开或者关闭。当对象捕捉打开时，在"三维对象捕捉模式"下选定的三维对象捕捉处于活动状态（系统变量为 3DOSMODE）。

（2）全部选择：打开所有三维对象捕捉模式。

（3）全部清除：关闭所有三维对象捕捉模式。

注意："三维对象捕捉"模式的选择

由于三维对象捕捉可能会降低性能，建议用户仅选择所需的三维对象捕捉。

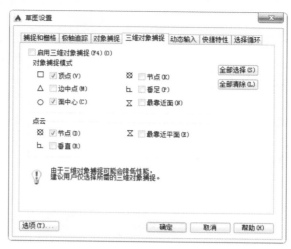

图 2-9

2.1.7 动态输入的设置

案例	无	视频	动态输入的设置.avi	时长	06′53″

在 AutoCAD 2015 中，"动态输入"是指用户在绘图时，系统会在绘图区域中的光标附近提供命令界面。

"草图设置"对话框的"动态输入"选项卡分为"指针输入"、"标注输入"和"动态提示"等，如图 2-10 所示。

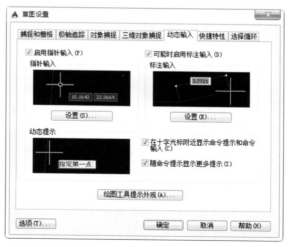

图 2-10

1. 启用指针输入

在"草图设置"对话框的"动态输入"选项卡中，当选中"启用指针输入"复选框时，可以启用指针输入功能，单击该区域的"设置"按钮，可以在打开的"指针输入设置"对话框中设置指针的格式和可见性，如图 2-11 所示。

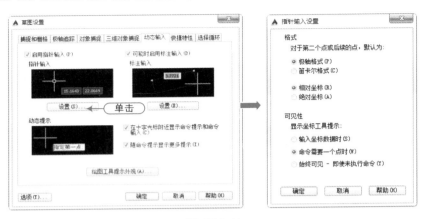

图 2-11

在"动态输入"选项卡中，选取"启用指针输入"复选框来绘制图形，在绘图区的显示效果如图 2-12 所示。

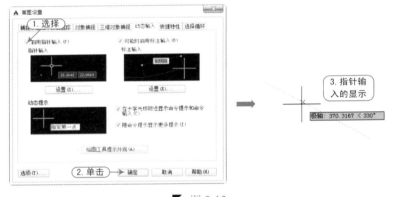

图 2-12

2. 可能时启用标注输入

在"草图设置"对话框的"动态输入"选项卡中，当选中"可能时启用标注输入"复选框时，可以启用标注输入功能，单击该区域的"设置"按钮，可以在打开的"标注输入的设置"对话框中设置标注的可见性，如图 2-13 所示。

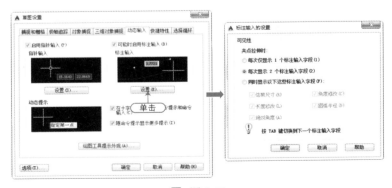

图 2-13

在"动态输入"选项卡中，选取"可能时启用标注输入"复选框来绘制图形，在绘图区的显示效果如图 2-14 所示。

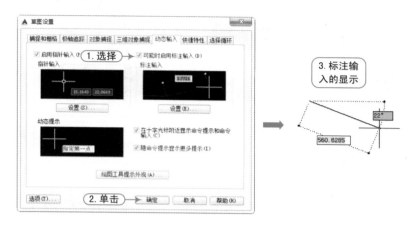

图 2-14

3. 动态提示

在"草图设置"对话框的"动态输入"选项卡中，当选中"动态提示"选项组中的"在十字光标附近显示命令提示和命令输入"复选框时，可在光标附近显示命令提示。

4. 绘图工具提示外观

在"草图设置"对话框的"动态输入"选项卡中，单击"绘图工具提示外观"按钮可以打开"工具提示外观"对话框，从而可以在对话框中设置工具栏提示的颜色、大小、透明度和应用范围，如图 2-15 所示。

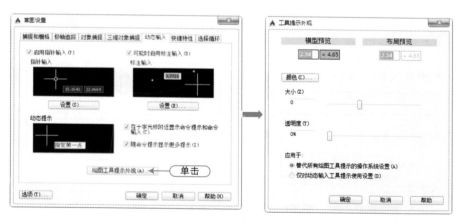

图 2-15

注意：开启"动态输入"

设置好"动态输入"选项卡后，要记得在"辅助工具区"打开使用"动态输入"模式，这样前面所选择的设置才会显示在"绘图区"上，打开与关闭动态输入的快捷键为 F12。

2.1.8 快捷特性的设置

| 案例 | 无 | 视频 | 快捷特性的设置.avi | 时长 | 07'40" |

在 AutoCAD 2015 中，对于由"特性"选项板显示的特性，"快捷特性"选项板可显示其自定义的子集。

"草图设置"对话框的"快捷特性"选项卡中，可以启用"选择时显示快捷特性选项板"功能，并且可以对选项板进行设置，如图 2-16 所示。

图 2-16

例如，要将控制对象特性在"快捷特性"面板上进行显示，其操作步骤如下：

Step 01 执行"工具｜自定义｜界面"命令，打开"自定义用户界面"编辑器，按照如图 2-17 所示设置多段线的"快捷特性"，然后单击"应用"和"确定"按钮。

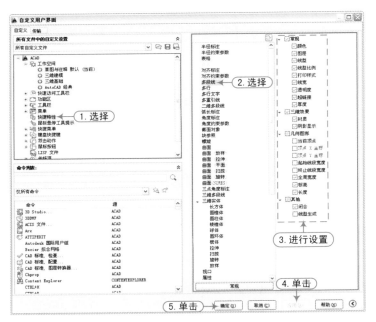

图 2-17

Step 02 在 AutoCAD 绘图区执行多段线命令（PL）绘制一个矩形，如图 2-18 所示。

Step 03 用鼠标选择矩形，然后单击"辅助工具栏"的"快速特性"按钮■，打开多段线的"快速特性"面板。用户可在"快速特性"面板中进行需要的设置，设置完成后按 Esc 键结束，如图 2-19 所示为多段线的"全局线宽"的设置，全局线宽由 0 变为 50 的图形显示变化。

■ 图 2-18

■ 图 2-19

注意：同步的使用

可以将显示在"快捷特性"选项板上的特性与用于鼠标悬停工具提示的特性同步。

2.1.9 选择循环的设置

案例	无	视频	选择循环的设置.avi	时长	05'12"

在 AutoCAD 2015 中，"选择循环"允许通过按住"Shift +空格键"来选择重叠的对象。

"草图设置"对话框的"选择循环"选项卡中，可以启用"允许选择循环"功能，并且可以对选择循环功能进行设置，如图 2-20 所示。

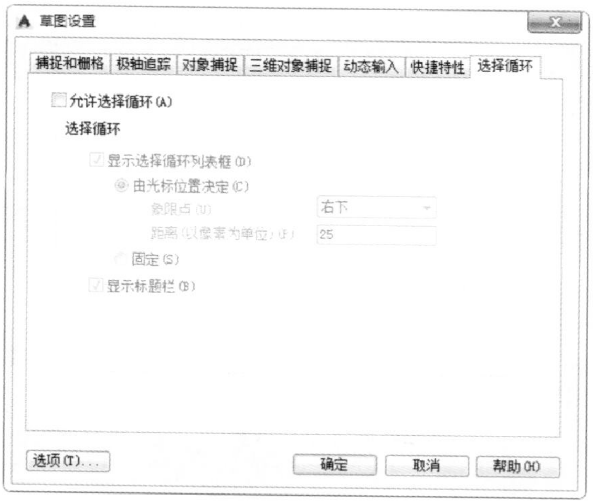

■ 图 2-20

在"草图设置"对话框的"选择循环"选项卡中，其主要选项如下。

（1）允许选择循环：控制选择循环功能是否处于启用状态。（SELECTIONCYCLING 系统变量）。

（2）显示选择循环列表框：显示"选择"列表框，其中列出了在拾取框光标的当前位置可能选择的所有重叠对象。

（3）由光标位置决定：相对于光标移动列表框。

（4）象限点：指定光标将列表框定位到的象限。

（5）距离（以像素为单位）：指定光标与列表框之间的距离。

（6）显示标题栏：打开或关闭"选择"列表框中的标题栏。

2.2 ACAD 视图的显示控制

在 AutoCAD 中，图形显示控制功能在工程设计和绘图领域的应用极其广泛，灵活、熟练地掌握对图形的控制，可以更加精确、快速地绘制所需要的图形。

2.2.1 视图的缩放和平移

案例	无	视频	视图的缩放和平移.avi	时长	10'08"

在 AutoCAD 中，通过多种方法可以对图形进行缩放和平移视图操作，从而提高工作效率。

1. 平移视图

用户可以通过多种方法来平移视图，以重新确定绘图区域的位置，平移视图的方法如下。

方法 01　执行"视图｜平移｜实时"命令。

方法 02　在命令行输入 PAN 命令，并按<Enter>键，快捷键为<P>。

在执行平移命令时，只会改变图形在绘图区域的位置，不会改变图形对象的大小，如图 2-21 所示。

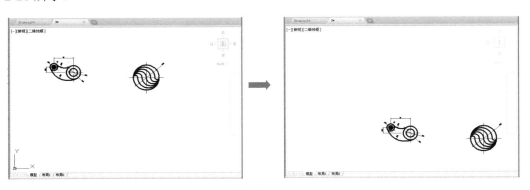

图 2-21

技巧：平移视图的快捷方法

在绘图过程中，通过按住鼠标滑轮拖动鼠标，这样也能对图形对象进行短暂的平移。

2. 缩放视图

在绘制图形时，可以将局部视图放大或缩放视图全局效果，从而提高绘图精度和效率，缩放视图的方法如下。

方法 01　执行"视图 | 缩放 | 实时"命令。

方法 02　在命令行输入 ZOOM 命令，并按<Enter>键，快捷键为<Z>。

在使用命令行输入 ZOOM 命令方法时，命令信息中给出了多个选项，如图 2-22 所示。

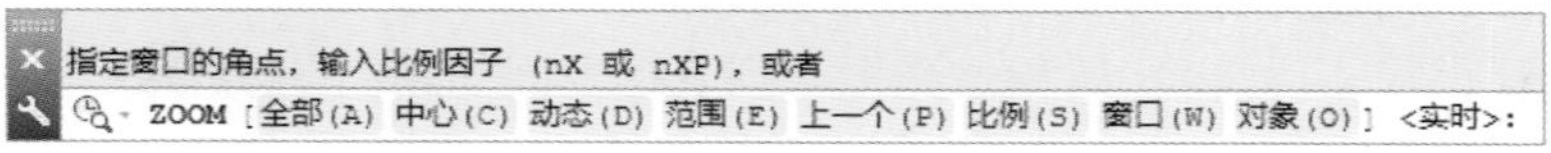

> ✕ 指定窗口的角点，输入比例因子 (nX 或 nXP)，或者
> 🔍 ▾ ZOOM [全部(A) 中心(C) 动态(D) 范围(E) 上一个(P) 比例(S) 窗口(W) 对象(O)] <实时>:

图 2-22

（1）全部（A）：用于在当前视口显示整个图形，其大小取决于图限设置或者有效绘图区域，这是因为用户可能没有设置图限或有些图形超出了绘图区域。

（2）中心（C）：必须确定一个中心，然后绘出缩放系数或一个高度值，所选的中心点将成为视口的中心点。

（3）动态（D）：该选项集成了"平移"命令或"缩放"命令中的"全部"和"窗口"选项的功能。

（4）范围（E）：用于将图形的视口最大限度地显示出来。

（5）上一个（P）：用于恢复当前视口中上一次显示的图形，最多可以恢复 10 次。

（6）窗口（W）：用于缩放一个由两个角点所确定的矩形区域。

（7）比例（S）：该选项将当前窗口中心作为中心点，并且依据输入的相关数据值进行缩放。

（8）对象（O）：该选项将选择的对象最大化显示在窗口中。

在绘制图形过程中，常常使用"缩放视图"命令，例如，在命令行输入 ZOOM 命令并按<Enter>键，在给出的多个选项中选择"比例（S）"并输入比例因子 3，随后按<Enter>键就能缩放视图，如图 2-23 所示。

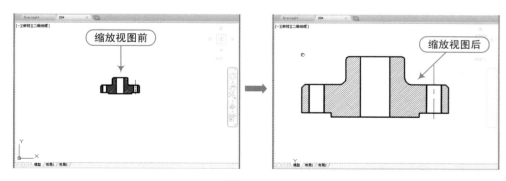

图 2-23

注意：缩放视图的变化

使用缩放不会更改图形中对象的绝对大小，它仅更改视图的比例。

2.2.2　平铺视口的应用

案例	无		视频	平铺视口的应用.avi		时长	08'11"

在 AutoCAD 中，为了满足用户需求，把绘图窗口分成多个矩形区域，这种称为"平铺视口"。

1. 创建平铺视口

平铺视口是指将绘图窗口分成多个矩形区域，从而可得到多个相邻又不同的绘图区域，其中的每一个区域都可以用来查看图形对象的不同部分。

在 AutoCAD 2015 中创建"平铺视口"的方法有以下 3 种。

方法 01 执行"视图 | 视口 | 新建视口"命令。

方法 02 在命令行输入 VPOINTS 命令并按<Enter>键。

方法 03 在"视图"标签下的"模型视口"面板中单击"视口配置"按钮□。

在打开的"视口"对话框中，选择"新建视口"选项卡可以显示标准视口配置列表，而且还可以创建并设置新平铺视口，如图 2-24 所示。

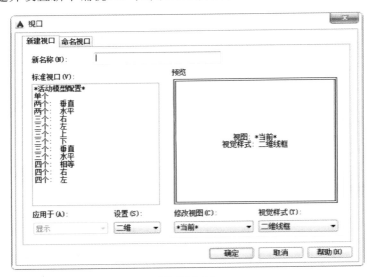

■ 图 2-24

"视口"对话框中"新建视口"选项卡的主要内容如下。

（1）应用于：有"显示"和"当前视口"两种设置，前者用于设置所选视口配置用于模型空间的整个显示区域为默认选项；后者用于设置将所选的视口配置用于当前的视口。

（2）设置：选择二维或三维设置，前者使用视口中的当前视口来初始化视口配置，后者使用正交的视图来配置视口。

（3）修改视图：选择一个视口配置代替已选择的视口配置。

（4）视觉样式：可以从中选择一种视口配置代替已选择的视口配置。

在打开的"视口"对话框中，选择"命名视口"选项卡可以显示图形中已命名的视口配置，当选择一个视口配置后，配置的布局将显示在预览窗口中，如图 2-25 所示。

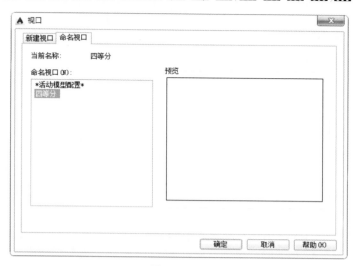

图 2-25

例如，在"视图"标签下的"模型视口"面板中单击"视口配置"按钮，在弹出的下拉列表中选择单击"两个：垂直"按钮，视口将会由一个变为垂直的两个平铺视口，如图 2-26 所示。

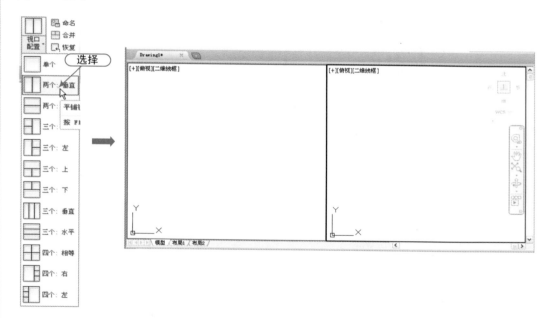

图 2-26

2. 平铺视口的特点

当打开一个新的图形时，默认情况下将用一个单独的视口填满模型空间的整个绘图区域。而当系统变量 TILEMODE 被设置为 1 后（即在模型空间模型下），就可以将屏幕的绘图区域分割成多个平铺视口，平铺视口的特点如下。

（1）每个视口都可以平移和缩放，并设置捕捉、栅格和用户坐标系等，且每个视口都可以有独立的坐标系统。

（2）在执行命令期间，可以切换视口以便在不同的视口中绘图。

（3）可以命名视口中的配置，以便在模型空间中恢复视口或者应用到布局。

（4）只有在当前视口中鼠标才显示为"+"字形状，将鼠标指针移动出当前视口后将变成为箭头形状，如图 2-27 所示。

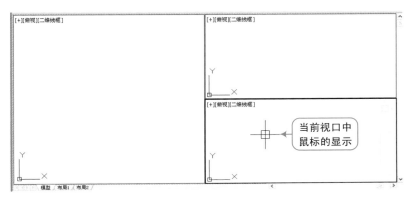

图 2-27

（5）当在平铺视口中工作时，可全局控制所有视口图层的可见性，当在某一个视口中关闭了某一个图层，系统将关闭所有视口中的相应图层。

3. 视口的分割与合并

在 AutoCAD 2015 中，执行"视图 | 视口"子菜单中的命令，可以进行分割或合并视口操作，执行"视图 | 视口 | 三个视口"菜单命令，在配置选项中选择"右"，即可将打开的图形文件分成三个窗口进行操作，如图 2-28 所示。若执行"视图 | 视口 | 合并"菜单命令，系统将要求选择一个视口作为主视口，再选择相邻的视口，即可合并两个选择的视口，如图 2-29 所示。

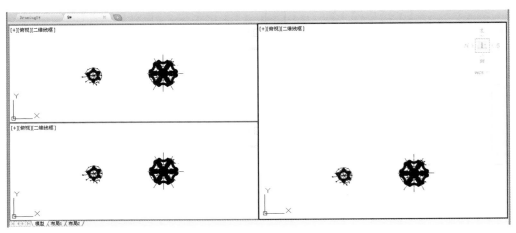

图 2-28

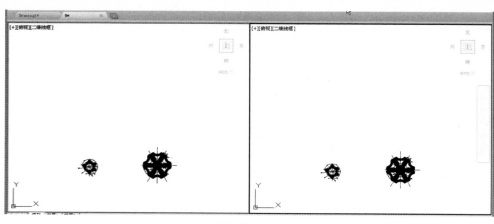

图 2-29

2.2.3 视图控制盘的操作

案例	无	视频	视图控制盘的操作.avi	时长	13'13"

在 AutoCAD 2015 的"控制盘"菜单中，可以在不同的控制盘之间切换，并可以更改模型的视图。

单击 AutoCAD 2015 右侧的"控制盘"上的倒三角按钮，从弹出的菜单中可以选择和切换控制盘，如图 2-30 所示。

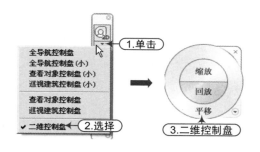

图 2-30

1. 二维控制盘

AutoCAD 2015 二维导航控制盘用于二维视图的基本导航，通过该控制盘，大家可以访问基本的二维导航工具；当大家没有带滚轮的鼠标时，该控制盘对大家来说特别有用。控制盘包括"平移"和"缩放"工具，如图 2-30 所示。

二维导航控制盘按钮具有以下选项。

（1）平移：通过平移重新放置当前视图。

（2）缩放：调整当前视图的比例。

（3）回放：恢复上一视图方向。可以通过单击并向左或向右拖动来向后或向前移动。

例如，使用二维控制盘平移图形，如图 2-31 所示，按住控制盘上"平移"按钮，向需要的方向移动鼠标，当图形移动到指定的地方后，松开鼠标即可，结束后按<Esc>键能退出控制盘。

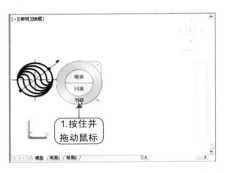

图 2-31

2．查看对象控制盘（大和小）

AutoCAD 2015 查看对象控制盘用于三维导航。使用此类控制盘可以查看模型中的单个对象或成组对象。通过查看对象控制盘（大和小），用户可以查看模型中的各个对象或特征。查看对象控制盘（大）经优化适合新的三维用户使用，而查看对象控制盘（小）经优化适合有经验的三维用户使用，如图 2-32 所示。

"查看对象控制盘（大）"按钮具有以下选项。

（1）中心：在模型上指定一个点以调整当前视图的中心，或更改用于某些导航工具的目标点。

（2）缩放：调整当前视图的比例。

（3）回放：恢复上一视图方向。可以通过单击并向左或向右拖动来向后或向前移动。

（4）动态观察：围绕视图中心的固定轴心点旋转当前视图。

"查看对象控制盘（小）"按钮具有以下选项。

（1）缩放（顶部按钮）：调整当前视图的比例。

（2）回放（右侧按钮）：恢复上一视图。可以通过单击并向左或向右拖动来向后或向前移动。

（3）平移（底部按钮）：通过平移重新放置当前视图。

（4）动态观察（左侧按钮）：绕固定的轴心点旋转当前视图。

3．全导航控制盘（大和小）

AutoCAD 2015 全导航控制盘（大和小）包含常用的三维导航工具，用于查看对象和巡视建筑。全导航控制盘（大和小）为有经验的三维用户而优化，如图 2-32 所示。

"全导航控制盘（大）"按钮具有以下选项。

（1）缩放：调整当前视图的比例。

（2）回放：恢复上一视图。可以通过单击并向左或向右拖动来向后或向前移动。

（3）平移：通过平移重新放置当前视图。

（4）动态观察：绕固定的轴心点旋转当前视图。

（5）中心：在模型上指定一个点以调整当前视图的中心，或更改用于某些导航工具的目标点。

（6）漫游：模拟在模型中的漫游。

（7）环视：回旋当前视图。

（8）向上/向下：沿模型的 Z 轴滑动模型的当前视图。

"全导航控制盘（小）"按钮具有以下选项。

（1）缩放（顶部按钮）：调整当前视图的比例。

（2）回放（右侧按钮）：恢复上一视图。可以通过单击并向左或向右拖动来向后或向前移动。

（3）向上/向下（右下方按钮）：沿模型的 Z 轴滑动模型的当前视图。

（4）平移（底部按钮）：通过平移重新放置当前视图。

（5）环视（左下方按钮）：回旋当前视图。

（6）动态观察（左侧按钮）：绕固定的轴心点旋转当前视图。

（7）中心（左上方按钮）：模型上指定一个点以调整当前视图的中心，或更改用于某些导航工具的目标点。

注意：显示"全导航控制盘"时

显示其中一个全导航控制盘时，按住鼠标中键可进行平移，滚动鼠标滚轮可进行放大和缩小，同时按住<Shift>键和鼠标中键可对模型进行动态观察。

4. 巡视建筑控制盘（大和小）

使用巡视建筑控制盘（大和小），可以在模型（如建筑、装配线、船或石油钻塔）内移动。用户还可以在模型内漫游或围绕模型进行导航。巡视建筑控制盘（大）经优化后适合新的三维用户使用，而巡视建筑控制盘（小）经优化后适合有经验的三维用户使用，如图 2-32 所示。

查看对象控制盘（大和小）　　全导航控制盘（大和小）　　巡视建筑控制盘（大和小）

图 2-32

"巡视建筑控制盘（大）"按钮具有以下选项。

（1）向前：调整视图的当前点与所定义的模型轴心点之间的距离。单击一次将移动至之前单击的对象位置的一半距离。

（2）环视：回旋当前视图。

（3）回放：恢复上一视图。您可以通过单击并向左或向右拖动来实现向后或向前移动。

（4）"向上/向下"工具：沿模型的 Z 轴滑动模型的当前视图。

"巡视建筑控制盘（小）"按钮具有以下选项。

（1）"漫游"（顶部按钮）：模拟在模型中的漫游。

（2）"回放"（右侧按钮）：恢复上一视图。您可以通过单击并向左或向右拖动来实现向后或向前移动。

（3）"向上/向下"（底部按钮）：沿模型的 Z 轴滑动模型的当前视图。

（4）"环视"（左侧按钮）：回旋当前视图。

注意：显示"巡视建筑控制盘（小）"时

> 显示"巡视建筑控制盘（小）"时，可以按住鼠标中间按钮进行平移、滚动滚轮按钮进行放大和缩小，以及在按住<Shift>键的同时按住鼠标中间按钮来动态观察模型。

2.2.4 视图的转换操作

案例	无		视频	视图的转换操作.avi		时长	06'25"

在 AutoCAD 2015 中，视图样式分为前视、后视、左视、右视、仰视、俯视、西南等轴测视和东南等轴测视等，视图样式转换的选择很多，用户根据不同的需求进行"视图的转换操作"，其主要方法如下。

方法 01 单击"绘图区"左上角的"视图控件"按钮[俯视]，在下拉对话框中进行选择。
方法 02 执行"视图丨三维视图"命令，在弹出的下拉列表中进行选择。
方法 03 在"视图"标签中的"视图"面板中进行选择。

通过以上方法，用户根据需求选择后，可以完成视图的转换操作，如图 2-33 所示为"俯视"转换为"仰视"。

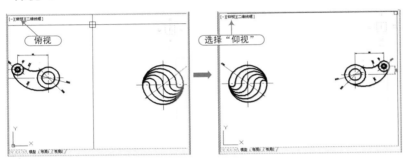

图 2-33

通过视图转换的方法，在下拉列表进行选择时，可以选择"视图管理器"命令打开"视图管理器"对话框，如图 2-34 所示。在对话框中也可以对视图的转换进行操作。

图 2-34

在"视图管理器"对话框中，可以创建、设置、重命名、修改和删除命名视图（包括模型命名视图）、相机视图、布局视图和预设视图，其主要选项如下。

（1）当前：显示当前视图及其"查看"和"剪裁"特性。

（2）模型视图：显示命名视图和相机视图列表，并列出选定视图的"常规"、"查看"和"剪裁"特性。

（3）布局视图：显示命名视图和相机视图列表，并列出选定视图的"常规"、"查看"和"剪裁"特性。

（4）预设视图：显示正交视图和等轴测视图列表，并列出选定视图的"常规"特性。

（5）置为当前：恢复选定的视图并置为当前。

（6）新建：显示"新建视图/快照特性"对话框，用户可根据需要进行设置，如图2-35所示。

（7）更新图层：更新与选定的视图一起保存的图层信息，使其与当前模型空间和布局视口中的图层可见性匹配。

（8）编辑边界：显示选定的视图，绘图区域的其他部分以较浅的颜色显示，从而显示命名视图的边界。

（9）删除：删除选定的视图。

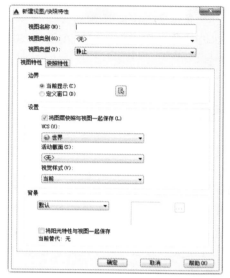

图 2-35

2.2.5 视觉的转换操作

案例	无	视频	视觉的转换操作.avi	时长	06'18"

在 AutoCAD 2015 中，视觉样式分为概念、隐藏、真实、着色等，视觉样式转换的选择很多，用户根据不同的需求进行"视觉的转换操作"，其主要方法如下。

方法 01　单击"绘图区"左上角的"视觉样式控件"按钮[二维线框]，在下拉对话框中进行选择。

方法 02　执行"视图 | 视觉样式"命令，在弹出的下拉列表中进行选择。

方法 03　在"视图"标签中的"视觉样式"面板中进行选择。

通过以上方法，用户根据需求选择后，可以完成视觉的转换操作，如图2-36所示为"二维线框"转换为"勾画"。

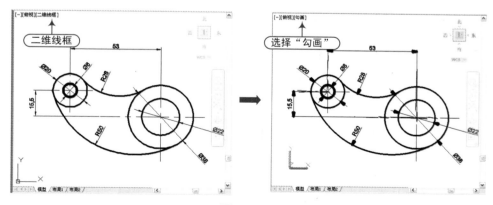

图 2-36

通过视觉转换的方法，在下拉列表进行选择时，可以选择"视觉样式管理器"命令打开"视觉样式管理器"选项板，可以对视觉样式进行管理，如图 2-37 所示。

图 2-37

在"视觉样式管理器"选项板的"图形中可用的视觉样式"复选框中，显示图形中可用的视觉样式的样例图像。选定的视觉样式的面设置、环境设置和边设置将显示在设置面板中。

注意：临时视觉样式

用户在功能区上"视觉样式"面板中所做的更改将创建一个临时视觉样式 *Current*，该样式将应用至当前视口。这些设置不另存为命名视觉样式。

2.3 ACAD 图层与对象的控制

在 AutoCAD 2015 中，用户可以通过图层来编辑和调整图形对象，通过在不同的图层中来绘制不同的对象。

2.3.1 图层的特点

案例	无	视频	图层的特点.avi	时长	04'33"

在 AutoCAD 中，一个复杂的图形由许多不同类型的图形对象组成，而这些对象又都具有图层、颜色、线宽和线型四个基本属性，为了方便区分和管理，我们通过创建多个图层来控制对象的显示和编辑，从而提高绘制复杂图形的效率和准确性。

利用"图层特性管理器"选项板不仅可以创建图层，设置图层的颜色、线型和宽度，还可以对图层进行更多的设置与管理，如切换图层、过滤图层、修改和删除图层等。打开"图层特性管理器"选项板的方法如下。

方法 01 在命令行中输入 Layer，按 Enter 键，快捷键为<LA>。

方法 02 执行"格式 | 图层"菜单命令。

方法 03　在"默认"标签中的"图层"面板中单击"图层特性"按钮。

通过以上方法，可以打开"图层特性管理器"选项板，如图 2-38 所示。

图 2-38

通过"图层特性管理器"选项板，您可以添加、删除和重命名图层，更改它们的特性，设置布局视口中的特性替代以及添加图层说明。图层特性管理器包括"过滤器"面板和图层列表面板。图层过滤器可以控制将在图层列表中显示的图层，也可以用于同时更改多个图层。

图层特性管理器将始终进行更新，并且将显示当前空间中（模型空间、图纸空间布局或在布局视口中的模型空间内）的图层特性和过滤器选择的当前状态。

注意：图层 0

　　每个图形均包含一个名为 0 的图层。图层 0（零）无法删除或重命名，以便确保每个图形至少包括一个图层。

2.3.2　图层的新建

案例	无		视频	图层的新建.avi		时长	03'20"

在 AutoCAD 2015 中，单击"图层特性管理器"选项板中的"新建图层"按钮，可以新建图层，如图 2-39 所示。

图 2-39

在新建图层中，如果用户更改图层名字，用鼠标单击该图层并按<F2>键，然后重新输入图层名即可，图层名最长可达 255 个字符，但不允许有>、<、\、:、=等，否则系统会弹出如图 2-40 所示的警告框。

新建的图层继承了"图层 0"的颜色、线型等，如果需要对新建图层进行颜色、线型等重新设置，则选中当前图层的特性（颜色、线型等），单击鼠标左键进行重新设置。如果要使用默认设置创建图层，则不要选择列表中的任何一个图层，或在创建新图层前选择一个具有默认设置的图层。

▨ 图 2-40

注意：图层的描述

对于具有多个图层的复杂图形，可以在"说明"列中输入描述性文字。

2.3.3 图层的删除

| 案例 | 无 | 视频 | 图层的删除.avi | 时长 | 03'51" |

在 AutoCAD 2015 中，图层的状态栏为灰色的图层为空白图层，如果要删除没有用过的图层，在"图层特性管理器"选项板中选择好要删除的图层，然后单击"删除图层"按钮或者按<Alt+D>组合键，就可删除该图层，如图 2-41 所示。

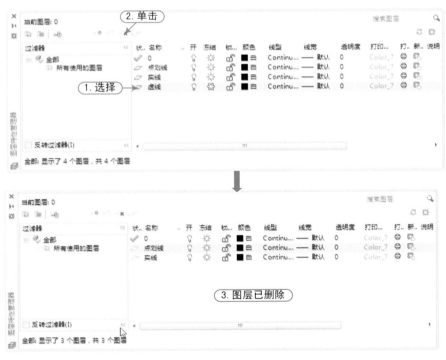

▨ 图 2-41

在 AutoCAD 中，如果该图层不为空白图层，那么就不能删除，系统会弹出"图层—未删除"提示框，如图 2-42 所示。

图 2-42

根据"图层—未删除"提示框可以看出，无法删除的图层有"图层 0 和图层 Defpoints"、"当前图层"、"包含对象的图层"和"依赖外部参照的图层"。

注意：删除图层要小心

如果绘制的是共享工程中的图形或是基于一组图层标准的图形，删除图层时要小心。

2.3.4 当前图层的设置

案例	无	视频	当前图层的设置.avi	时长	02'52"

在 AutoCAD 2015 中，"当前图层"是指正在使用的图层，用户绘制的图形对象将保存在当前图层，在默认情况下，"对象特性"工具栏中显示了当前图层的状态信息。

设置当前图层的方法有如下三种。

方法 01 在"图层特性管理器"选项板中，选择需要设置为当前层的图层，然后单击"置为当前"按钮，被设置为当前图层的图层前面有 标记，如图 2-43 所示。

方法 02 在"默认"标签下"图层"面板的"图层控制"下拉列表中，选择需要设置为当前的图层即可。

方法 03 单击"图层"面板中的"将对象的图层置为当前"按钮，然后使用鼠标在绘图区中选择某个图形对象，则该图形对象所在图层即可被设置为当前图层。

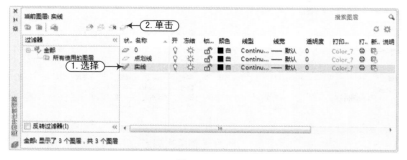

图 2-43

2.3.5 对象颜色的设置

案例	无	视频	对象颜色的设置.avi	时长	07'03"

在 AutoCAD 中，可以用不同的颜色表示不同的组件、功能和区域。不同的对象可以设置不同的颜色，方便用户区别复杂的图形，默认情况下，系统创建的图层颜色是 7 号颜色。

设置对象的颜色命令调用的方法如下。

方法 01 在命令行中输入 COLOR，按 Enter 键。

方法 02 执行"格式 | 颜色"菜单命令。

执行对象颜色的设置命令后，系统将会弹出"选择颜色"对话框，此对话框包括"索引颜色"、"真彩色"和"配色系统"三个选项卡，以此来设置对象的颜色，如图 2-44 所示。

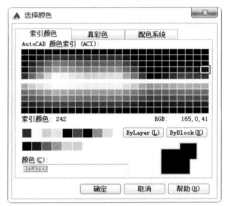

图 2-44

注意：设置颜色技巧

用户在设置图层颜色时，可在"颜色"文本框中输入颜色代号，或者可单击"ByLayer"和"ByBlock"按钮，使之该颜色"随层"或"随块"。

2.3.6 对象线型的设置

案例	无	视频	对象线型的设置.avi	时长	06'37"

在 AutoCAD 2015 中，为了满足用户的各种不同要求，系统提供了 45 种线型，所有的对象都是用当前的线型来创建的。

设置线型命令的执行方法有如下两种。

方法 01 在命令行中输入 LINETYPE，按 Enter 键，快捷键为<LT>。

方法 02 执行"格式 | 线型"菜单命令。

执行线型的设置命令后，系统将会弹出"线型管理器"对话框，如图 2-45 所示。

图 2-45

在"线型管理器"对话框中，其主要选项说明如下。

（1）线型过滤器：用于指定线型列表框中要显示的线型，勾选右侧的"反向过滤器"复选框，就会以相反的过滤条件显示线型。

（2）"加载"按钮：单击此按钮，将弹出"加载或重载线型"对话框，用户在"可用线型"列表中选择所需要的线型，也可以单击"文件"按钮，从其他文件中调出所要加载的线型，如图 2-46 所示。

（3）"删除"按钮：用此按钮来删除选定的线型。只能删除未使用的线型。不能删除 BYLAYER、BYBLOCK 和 CONTINUOUS 线型。

注意：删除线型时

> 如果处理的是共享工程中的图形或是基于一系列图层标准的图形，则删除线型时要特别小心。已删除的线型定义仍存储在 acad.lin 或 acadlt.lin 文件(AutoCAD)或 acadiso.linacadltiso.lin 文件(AutoCAD LT)中，可以对其进行重载。

（4）"当前"按钮：此按钮可以为选择的图层或对象设置当前线型，如果是新创建的对象时，系统默认线型是当前线型（包括 Bylayer 和 ByBlock 线型值）。

（5）"显示\隐藏细节"按钮：此按钮用于显示"线型管理器"对话框中的"详细信息"选项区，如图 2-47 所示。

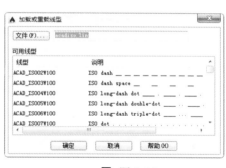

图 2-46　　　　　　　　　　　　　　图 2-47

例如，如图 2-48 所示分别为不同线型在绘图区的显示情况。

图 2-48

2.3.7　对象线宽的设置

案例	无	视频	对象线宽的设置.avi	时长	04'57"

在 AutoCAD 2015 中，改变线条的宽度，使用不同宽度的线条表现对象的大小或类型，从而提高图形的表达能力和可读性。

设置线宽的方法有如下两种。

Step 01 在"图层特性管理器"对话框的"线宽"列表中单击该图层对应的线宽"—默认"，打开"线宽"对话框，选择所需要的线宽，如图 2-49 所示。

Step 02 执行"格式|线宽"菜单命令，打开"线宽设置"对话框，通过调整线宽比例，使图形中的线宽显示的更宽或更窄，如图 2-50 所示。

图 2-49

图 2-50

在"线框设置"对话框中，各个主要选项卡的功能如下。

（1）列出单位：用于设置线宽的单位，可以是"毫米"或"英寸"。

（2）显示线宽：用于设置是否按照实际线宽来显示图形，也可以单击状态栏上的"线宽"按钮来显示或关闭线宽。

（3）默认：用于设置默认线宽值，即关闭显示线宽后 AutoCAD 所显示的线宽。

（4）调整显示比例：通过调整显示比例滑块，可以设置线宽的显示比例大小。

例如，如图 2-51 所示分别是当线宽为 0.15mm、0.60mm 和 1.20mm 时，在绘图区的显示情况。

图 2-51

注意：线宽的显示

图层设置的线宽特性是否能显示在显示器上，还需要通过"线宽设置"对话框来设置。

2.3.8 图层状态的设置

案例	无	视频	图层状态的设置.avi	时长	04'51"

在 AutoCAD 2015 中，图层状态包括图层是否打开、冻结、锁定以及打印等，图层的特性包括图形对象的颜色、线宽、线型和打印样式，可以在图层特性管理器中管理、保存或恢复图层状态。

1. 管理图层状态

在"图层特性管理器"中单击"图层状态管理器"按钮 ，弹出"图层状态管理器"对话框，通过此对话框可以将图层当前的特性设置保存到命名图层状态中，单击右下角的扩展按钮，则会展开右半部分对话框，包含"要恢复的图层特性"选项组，如图 2-52 所示。

■ 图 2-52

"图层状态管理器"对话框的主要功能如下。

（1）"图层状态"列表框：用于显示当前图层已保存的图层状态名称和从外部输入的图层状态名称。

（2）"新建"按钮：打开"要保存的新图层状态"对话框，创建新的图层状态。

（3）"保存"按钮：用于覆盖选中的图层状态。

（4）"编辑"按钮：打开"编辑图层状态"对话框，设置选中的新建的图层状态。

（5）"重命名"按钮：用于重命名选中的图层状态。

（6）"删除"按钮：用于删除选中的图层状态。

（7）"输入"按钮：用于打开"输入图层状态"对话框，可以将外部图层状态输入到当前图层中。

（8）"输出"按钮：用于打开"输出图层状态"对话框，可以将当前图形已保存下来的图层状态输出到一个 LAS 文件中。

（9）"恢复选项"选项组：用来设置是否关闭未在图层状态中找到的图层。

（10）"删除"按钮：用此按钮来删除选定的线型。

（11）"恢复"按钮：可以将选中的图层状态恢复到当前图形中，而且只有保存的状态和特性才能被恢复到图层中。

2. 保存图层状态

单击"图层状态管理器"对话框中的"新建"按钮，打开"要保存的新图层状态"对话框，在"新图层状态名"文本框中输入图层状态名，在"说明"文本框中输入相关的说明，单击"确定"按钮，返回"图层状态管理器"对话框，然后在"要恢复的图层特性"选项组中设置恢复选项，单击关闭按钮即可，如图2-53所示。

图 2-53

注意："保存"按钮的使用

> 仅当要将当前图层设置保存为当前图层状态时，才使用图层状态管理器中的"保存"按钮。通常，当您创建图层状态时，它将自动保存，您只需关闭对话框即可。

3. 恢复图层状态

用户在图层特性管理器中改变了图层的状态，仍可以恢复以前保存的图层设置，"图层状态管理器"对话框中选中要恢复的图层状态后，单击"恢复"按钮即可。

2.3.9　快速改变所选图形的特性

案例	无	视频	快速改变所选图形的特性.avi	时长	06'19"

在 AutoCAD 2015 中，用户可以使用"图层转换器"来转换图层名称和属性，从而实现快速改变所选图形的特性。

打开图层转换器的方法有如下两种。

方法 01　执行"工具｜CAD 标准｜图层转换器"命令。

方法 02　在"管理"标签下的"CAD 标准"面板中单击"图层转换器"按钮，打开"图层转换器"对话框。

通过以上两种方法，可以打开"图层转换器"对话框，如图2-54所示。

图层转换器中的各主要选项功能如下。

（1）转换自：显示当前图形中即将被转换的图层结构，可以在列表框中选择，也可以通过"选择过滤器"来选择。

（2）转换为：显示可以将当前图形的图层转换成的图层名称，单击"加载"按钮，打开"选择图形文件"对话框，可以从中选择作为图层标准的图形文件，并将该图层结构显示在"转换为"列表框中。单击"新建"按钮，打开"新图层"对话框，如图 2-55 所示。可以从中创建新的图层作为转换匹配图层，新建的图层也会显示在"转换为"列表框中。

图 2-54

图 2-55

（3）映射：在"转换自"和"转换为"选项区域中都选择了对应的转换图层后，单击该按钮，可以在"转换自"列表框中选中的图层映射到"转换为"列表框中，并且当图层被映射后，将从"转换自"列表框中删除。如图 2-56 所示。

图 2-56

（4）映射相同：将"转换自"和"转换为"列表框中名称相同的图层进行转换映射。

（5）图层转换映射：显示已经映射的图层名称和相关的特性值。

（6）设置：单击打开"设置"对话框，可以设置图层的转换规则，如图 2-57 所示。

（7）转换：单击该按钮将开始转换图层，并关闭"图层"对话框。

在"图层转换器"里面转换图层时，最后一步单击"转换"按钮后，系统会弹出"图层转换器 - 未保存更改"提示框，提醒对图层转换映射数据的更改尚未保存，希望执行的操作是"仅转换"还是"转换并保存映射信息"如图 2-58 所示。

图 2-57

图 2-58

技巧：保存映射信息

可以将图层转换映射保存在文件中，以便日后在其他图形中使用。

2.3.10 改变对象所在的图层

| 案例 | 无 | 视频 | 改变对象所在的图层.avi | 时长 | 03'22" |

在 AutoCAD 2015 实际绘图中，如果绘制完某一图形元素后，发现该元素并没有绘制在预先设置的图层上，可选中该图形元素，并在"面板"选项板的"图层"选项区域的"应用的过滤器"下拉列表中选择预设图层名，即可改变对象所在图层。

例如，如图 2-59 所示，将直线所在图层改变为虚线所在图层。

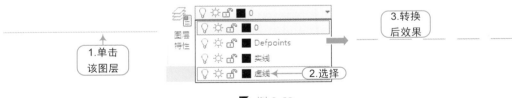

图 2-59

2.3.11 通过"特性匹配"改变图形特性

| 案例 | 无 | 视频 | 通过"特性匹配"改变图形特性.avi | 时长 | 01'36" |

在 AutoCAD 2015 中，"特性匹配"是用来将选定对象的特性应用到其他对象，可应用的特性类型包含颜色、图层、线型、线型比例、线宽、打印样式、透明度和其他指定的特性。

例如，通过实例对"特性匹配"的操作方法进行讲解，步骤如下。

Step 01 打开电脑中保存的原有文件"档位板.dwg"，如图 2-60 所示。

Step 02 在"快速访问"工具栏单击"另存为"按钮，将弹出"图形另存为"对话框，将该文件保存为"案例\02\特性匹配命令的使用.dwg"文件。

Step 03 单击"默认"标签下"特性"面板中的"特性匹配"按钮，如图 2-61 所示。

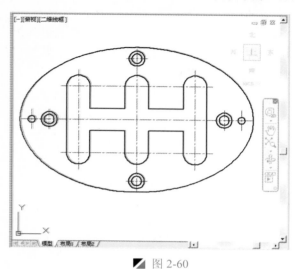

图 2-60

图 2-61

Step 04 在绘图区中选择任意一个源对象（轴线），随后根据用户需要选择目标对象（零件轮廓线），完成特性匹配操作后按 Esc 键结束，如图 2-62 所示。

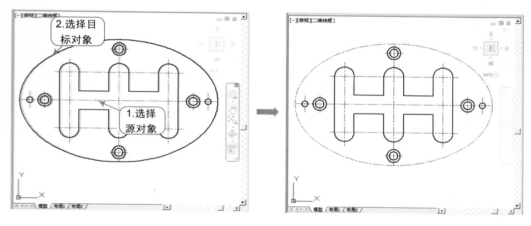

图 2-62

Step 05 在"快速访问"工具栏单击"保存"按钮，将所绘制的图形进行保存。

Step 06 在键盘上按<Alt+F4>或<Alt+Q>组合键，退出所绘制的文件对象。

提示：特性设置

在执行"特性匹配"命令中，命令行提示"选择目标对象或[设置(S)]:"时，输入 S 命令可以显示"特性设置"对话框，从中可以控制要将哪些对象特性复制到目标对象。默认情况下，选定所有对象特性进行复制。

ACAD 二维图形的绘制

本章导读

在 AutoCAD 中，二维绘图命令是最基本也是使用最为频繁的命令，必须熟悉地掌握各种绘图命令，本章将详细介绍二维图形的绘制。

本章内容

- ◢ 点的绘制
- ◢ 线的绘制
- ◢ 矩形的绘制
- ◢ 正多边形的绘制
- ◢ 圆和圆弧的绘制
- ◢ 椭圆和椭圆弧的绘制

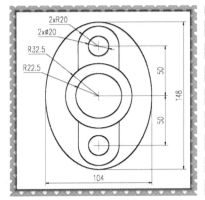

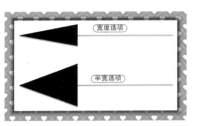

3.1 点的绘制

在 AutoCAD 2015 中，所有的图形都是由点、线等最基本的元素构成的，在绘制过程中，点起到辅助工具作用。绘制点命令可分为点（POINT）命令、定数等分（DIVIDE）命令和定距等分（MEASURE）命令三种。

3.1.1 点的样式设置

案例	无	视频	点的样式设置.avi	时长	02'40"

在使用"点"命令绘制点前，要对点的样式和大小进行设置，设置点样式的方法有以下几种。

方法 01 执行"格式 | 点样式"菜单命令，如图 3-1 所示。

方法 02 在命令行输入 DDPTYPE 命令并按<Enter>键。

方法 03 单击"默认"标签里"实用工具"面板下拉列表中的"点样式"按钮 点样式... ，如图 3-2 所示。

图 3-1

图 3-2

执行上面的操作，将会弹出"点样式"对话框，如图 3-3 所示。该对话框中有 20 个点样式供用户选择，点的大小可在"点大小"文本框中设置。

"点样式"对话框各选项卡的功能如下。

（1）点样式：此区域显示了 AutoCAD 中提供的所有点样式，且每个点对应一个系统变量值。

（2）点大小：设置点的显示大小，可以相对于屏幕设置点的大小，也可以设置绝对单位点的大小，可在命令行中输入系统变量（PDSIZE）来重新设置。

（3）相对于屏幕设置大小（R）：按屏幕尺寸的百分比

图 3-3

设置点的显示大小当进行缩放时，点的显示大小并不改变。

（4）按绝对单位设置大小（A）：按照"点大小"文本框中值的实际单位来设置点的显示大小，当进行缩放时，AutoCAD 显示点的大小会随之改变。

3.1.2　单点的绘制

| 案例 | 无 | 视频 | 单点的绘制.avi | 时长 | 01'51" |

在 AutoCAD 中，最简单的图形就是"单点"，其绘制方法有下面两种。

方法 01　执行"绘图｜点｜单点"菜单命令。

方法 02　在命令行输入 POINT 命令，并按<Enter>键，快捷键为<PO>。

执行点命令后，命令行提示"指定点："时，在屏幕上单击确定点的位置即可。

技巧：绘制的点应设置好样式

在绘制"单点"的过程中，提前应设置点的样式，以便绘制的点在"绘图区"中能够清晰的显示出来。

3.1.3　多点的绘制

| 案例 | 满天星.dwg | 视频 | 多点的绘制.avi | 时长 | 03'36" |

在 AutoCAD 中，"多点"是多个单点的组合，多点的绘制方法有下面两种。

方法 01　执行"绘图｜点｜多点"菜单命令。。

方法 02　单击"默认"标签里"绘图"面板下拉列表中的"多点"按钮。

执行多点命令后，命令行提示"指定点："时，在屏幕上单击确定多个点对象，绘制完后按<ESC>键退出点绘制。

实例——绘制满天星

利用"多点"命令绘制满天星，其操作步骤如下。

Step 01　在桌面上双击 AutoCAD 2015 图标，启动 AutoCAD 2015 软件，系统自动创建一个空白文档。

Step 02　在"快速访问"工具栏单击"另存为"按钮，将弹出"图形另存为"对话框，将该文件保存为"案例\03\满天星绘制.dwg"文件。

Step 03　执行"格式｜点样式"菜单命令，打开"点样式"对话框，在对话框中选择交叉样式，然后单击"确认"按钮，如图 3-4 所示。

Step 04　执行"绘图｜点｜多点"菜单命令，命令行提示"指定点："时，使用鼠标在绘图区域随意单击以创建一个点，然后继续单击绘制多个点，如图 3-5 所示。

Step 05　至此，满天星已经绘制完成，在"快速访问"工具栏单击"保存"按钮，将所绘制的满天星进行保存。

Step 06　在键盘上按<Alt+F4>或<Alt+Q>组合键，退出所绘制的文件对象。

提示：绘制多点

执行"多点"命令后，可以在绘图区连续绘制多个点，直到按下<Esc>键才能终止操作。

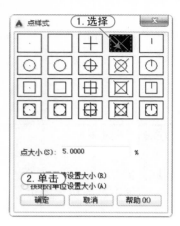

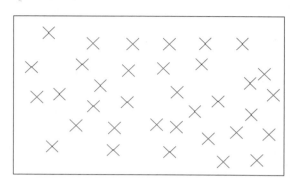

图 3-4 　　　　　　　　　　　　　　　　　　　图 3-5

3.1.4　定数等分点

| 案例 | 无 | 视频 | 定数等分点.avi | 时长 | 03'02" |

定数等分点可把选定的直线或圆等对象等分成指定的份数，其执行方法有如下。

(方法 01)　执行"绘图|点|定数等分"菜单命令。

(方法 02)　在命令行输入 DIVIDE 命令，并按<Enter>键，快捷键为<DIV>。

(方法 03)　单击"默认"标签里"绘图"面板下拉列表中的"定数等分"按钮。

例如，用定数等分命令等分一条直线，如图 3-6 所示。

```
命令: _ DIVIDE                                    \\ 执行"定数等分"命令
选择要定数等分的对象:                              \\ 用拾取框选择直线
输入线段数目或 [块(B)]:3                           \\ 输入等分数目 3，按 Enter 键
```

图 3-6

将对象定数等分后，若在图形中没有发现图形的变化与等分的点，那么用户需要在"点样式"对话框中设置选择易于观察的点样式即可。

注意：等分点的作用

使用"定数等分"命令创建的点对象，主要用做绘制其他图形时的捕捉点，生成的点标记值是起到等分测量的作用，而并非将图形断开。

3.1.5　定距等分点

| 案例 | 无 | 视频 | 定距等分点.avi | 时长 | 03'41" |

定距等分点是一种标记符号，是指在选定的对象上按指定的长度放置点的标记符号。其执行方法有如下三种。

(方法 01)　执行"绘图|点|定距等分"菜单命令。

方法 02　在命令行输入 MEASURE 命令并按<Enter>键。

方法 03　单击"默认"标签里"绘图"面板下拉列表中的"定距等分"按钮。

例如，用定距等分命令等分一条直线，如图 3-7 所示。

操作步骤如下：

命令: _MEASURE	\\ 执行"定距等分"命令
选择要定距等分的对象:	\\ 用拾取框选择直线
指定线段长度或 [块(B)]:100	\\ 输入等分距离 100，按 Enter 键

图 3-7

注意：定距等分与定数等分的区别

"定距等分"与"定数等分"命令的操作方法基本相同，都是对图形进行有规律的分割，但前者是按指定间距插入点或图块，直到余下部分不足一个间距为止，后者则是按指定段数等分图形。

3.2　线的绘制

在 AutoCAD 2015 中，所有的图形都是由点、线等最基本的元素构成的，调用线的绘制命令，可以绘制直线、构造线、射线、多段线、多线和样条曲线等。

3.2.1　绘制直线

| 案例 | 无 | 视频 | 绘制直线.avi | 时长 | 03'59" |

在 AutoCAD 中，"直线"命令是最常用的绘图命令之一，执行直线命令的方法有以下几种。

方法 01　执行"绘图 | 直线"菜单命令。

方法 02　在命令行输入 LINE 命令并按<Enter>键，快捷键为<L>。

方法 03　单击"默认"标签里"绘图"面板中的"直线"按钮。

执行该命令后，用户可以连续指定下一点绘制出一系列的直线段，但此时连续线段不是一个整体，每条线段各自独立。

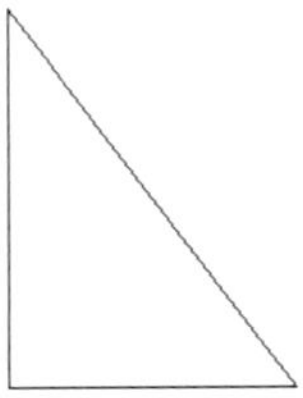

实例——绘制直角三角形

执行"直线"命令通过正交模式绘制任意直角三角形，如图 3-8 所示。

图 3-8

命令: _LINE	\\ 执行"直线"命令
指定第一个点:	\\ 用鼠标在屏幕上单击指定第一点
指定下一点或 [放弃(U)]:	\\ 按 F8 切换正交模式，将鼠标向下移动任意指定另一点。
指定下一点或 [放弃(U)]:	\\ 将鼠标向右移动任意指定另一点
指定下一点或 [闭合(C)/放弃(U)]:C	\\ 输入 "C" 与第一点闭合

注意： 精确的绘制直线

在使用 "直线" 命令绘制图形时，可通过输入相对坐标或极坐标与捕捉控制点相结合的方式确定直线端点，以快速绘制精确长度的直线。

3.2.2 绘制射线

案例	无	视频	绘制射线.avi	时长	03'41"

在 AutoCAD 中，"射线" 命令主要用于绘制辅助线，是绘图空间中起始于指定点并且仅向一个方向无限延伸的直线。

执行射线命令的方法有以下几种。

方法 01 执行 "绘图 | 射线" 菜单命令。

方法 02 在命令行输入 RAY 命令并按<Enter>键。

方法 03 单击 "默认" 标签里 "绘图" 面板下拉列表中的 "射线" 按钮。

执行该命令后，命令行提示 "指定起点:" 时，使用鼠标在图形区域任意指定一点，随后系统命令行提示 "指定通过点:" 时，在图形区域指定任意方向上的一点，即绘制完一条射线，命令行会继续提示 "指定通过点"，可以继续绘制以原指定起点为起点的多条射线，绘制完成后按<Esc>键或回车键结束绘制。

例如，如图 3-9 所示为执行 "射线" 命令以圆心为起点，绘制 3 条穿过圆弧的射线。

```
命令:_RAY                \\ 执行 "射线" 命令
指定起点:                 \\ 开启 "圆心" 捕捉，用鼠标在屏幕上单击圆心指定起点
指定通过点:               \\ 用鼠标在圆弧上任意指定第一个点
指定通过点:               \\ 用鼠标在圆弧上任意指定第二个点
指定通过点:               \\ 用鼠标在圆弧上任意指定第三个点
指定通过点:               \\ 按回车键结束绘制
```

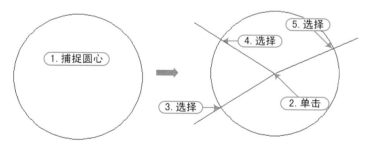

图 3-9

技巧： 绘制指定角度的射线

用户在绘制通过指定点的射线时，如果要使其保持一定的角度，最后采用输入点的极坐标的方式来进行绘制，长度可以为不为零的任意数。

3.2.3 绘制构造线

案例	无	视频	绘制构造线.avi	时长	08'40"

在 AutoCAD 中，"构造线"命令主要用于绘制辅助线，在建筑绘图中常用做图形绘制过程中的中轴线，没有起点和终点，两端可以无限延伸。

执行构造线命令的方法有以下几种。

方法 01 执行"绘图 | 构造线"菜单命令。

方法 02 在命令行输入 XLINE 命令并按<Enter>键，快捷键为<XL>。

方法 03 单击"默认"标签里"绘图"面板下拉列表中的"构造线"按钮。

执行该命令后，命令行将提示"指定点或 [水平(H)/垂直(V)/角度(A)/二等分(B)/偏移(O)]:"，各选项说明如下。

（1）指定点：用于指定构造线通过的一点，通过两点来确定一条构造线。

（2）水平（H）：用于创建水平的构造线。

（3）垂直（V）：用于创建垂直的构造线。

（4）角度（A）：创建与 x 轴成指定角度的构造线，也可以选择一条参照线，再指定构造线与该线之间的角度。

（5）二等分（B）：用于创建二等分指定角的构造线，此时必须指定等分角度的定点、起点和端点。

（6）偏移（O）：可创建平行于指定线的构造线，此时必须指定偏移距离，基线和构造线位于基线的哪一侧。

通过选择不同的选项可以绘制不同类型的构造线，如图 3-10 所示。

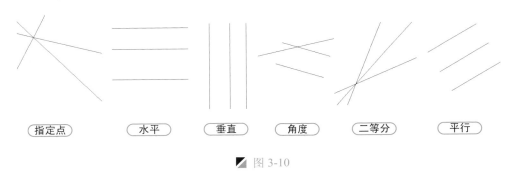

指定点　　水平　　垂直　　角度　　二等分　　平行

图 3-10

3.2.4 绘制多段线

案例	无	视频	绘制多段线.avi	时长	09'23"

在 AutoCAD 中，"多段线"命令主要用于绘制各种复杂的直线与圆弧的组合图形。

执行多段线命令的方法有以下几种。

方法 01 执行"绘图 | 多段线"菜单命令。

方法 02 在命令行输入 PLINE 命令并按<Enter>键，快捷键为<PL>。

方法 03 单击"默认"标签里"绘图"面板中的"多段线"按钮。

执行该命令后，命令行提示如下：

指定起点:	\\ 指定起点
指定下一个点或 [圆弧(A)/半宽(H)/长度(L)/放弃(U)/宽度(W)]:	\\ 指定一点
指定下一点或 [圆弧(A)/闭合(C)/半宽(H)/长度(L)/放弃(U)/宽度(W)]:	\\ 继续指定点直至到多段线的终点

各命令选项具体说明如下。

（1）圆弧（A）：选择此命令会切换至圆弧绘制命令。

（2）半宽（H）：用于设置多段线的半宽度，用户可以分别指定所绘对象的起点半宽和终点半宽。

（3）闭合（C）用于自动封闭多段线，系统默认以多段线的起点作为闭合终点。

（4）长度（L）：用于指定绘制的直线段的长度，在绘制时，系统将沿着绘制上一段直线的方向接着绘制直线，如果上一段对象是圆弧，则方向为圆弧端点的切线方向。

（5）放弃（U）：用于撤销上一次的操作。

（6）宽度（W）：此选项用于设置多段线的宽度。

例如，执行"多段线"命令绘制"箭头"符号，如图 3-11 所示。

命令:_PLINE	\\ 执行"多段线"命令
指定起点:	\\ 在屏幕上单击指定起点
指定下一个点或 [圆弧(A)/半宽(H)/长度(L)/放弃(U)/宽度(W)]:W	\\ 输入 W，按 Enter 键
指定起点宽度 <0.0000>:0	\\ 输入 0，按 Enter 键
指定端点宽度 <0.0000>:20	\\ 输入 20，按 Enter 键
指定下一个点或 [圆弧(A)/半宽(H)/长度(L)/放弃(U)/宽度(W)]:	
\\ 按 F8 切换正交模式，将鼠标向右移动到合适位置单击确定端点	
指定下一点或 [圆弧(A)/闭合(C)/半宽(H)/长度(L)/放弃(U)/宽度(W)]:W	\\ 输入 W，按 Enter 键
指定起点宽度 <0.0000>:4	\\ 输入 4，按 Enter 键
指定端点宽度 <0.0000>:4	\\ 输入 4，按 Enter 键
指定下一点或 [圆弧(A)/闭合(C)/半宽(H)/长度(L)/放弃(U)/宽度(W)]:	
\\ 将鼠标向右移动到合适位置单击确定端点	
指定下一点或 [圆弧(A)/闭合(C)/半宽(H)/长度(L)/放弃(U)/宽度(W)]:	\\ 按回车键结束绘制

图 3-11

在绘制多段线中，执行"半宽（H）"选项与"宽度（W）"选项输入数据相同时，在绘图区显示效果的区别如图 3-12 所示。

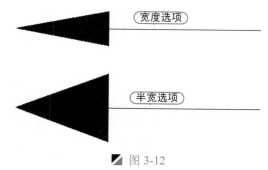

图 3-12

注意：多段线的特性

> 多段线是各种复杂的直线与圆弧的组合图形，绘制的图形是一个整体并非断开。

3.2.5　绘制样条曲线

| 案例 | 无 | 视频 | 绘制样条曲线.avi | 时长 | 11'54" |

在 AutoCAD 中，"样条曲线"命令主要用于绘制各种具有不规则变化曲率半径的曲线，如地形外貌轮廓线等。

执行样条曲线命令的方法有以下几种。

方法 01　执行"绘图｜样条曲线｜拟合点/控制点"菜单命令。

方法 02　在命令行输入 SPLINE 命令并按<Enter>键，快捷键为<SPL>。

方法 03　单击"默认"标签里"绘图"面板下拉列表中的"样条曲线拟合"/"样条曲线控制点"按钮。

执行该命令后，命令行提示如下：

指定第一个点或 [方式(M)/节点(K)/对象(O)]:	\\ 指定第一点
输入下一个点或 [起点切向(T)/公差(L)]:	\\ 指定第二点

其主要选项说明如下。

（1）对象(O)：此项是将二维或三维的二次或三次样条曲线拟合多段线转换为等价的样条曲线后，删除该多段线。

（2）公差(L)：用于设置样条曲线的拟合公差，这里的拟合公差指的是实际样条曲线与输入的控制点之间所允许偏移距离的最大值。公差越小，样条曲线与拟合点越接近，当给定拟合公差时，绘出的样条曲线不会全部通过各个控制点，但一定通过起点和终点。

在 AutoCAD 中，可以使用控制点或拟合点创建或编辑样条曲线。如图 3-13 所示，左侧的样条曲线将沿着控制多边形显示控制顶点，而右侧的样条曲线显示拟合点。

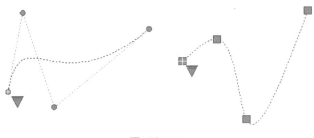

图 3-13

在选定样条曲线上使用三角形夹点可在显示控制顶点和显示拟合点之间进行切换，如图 3-14 所示。

注意：转换的变化

> 拟合点方法通常可以得到 3 阶样条曲线，将显示从控制点切换为拟合点会自动将选定样条曲线更改为 3 阶。最初使用更高阶数表达式创建的样条曲线可能因此更改形状。

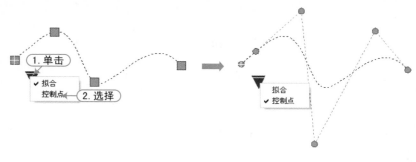

图 3-14

3.2.6　绘制多线

| 案例 | 无 | 视频 | 绘制多线.avi | 时长 | 06'43" |

在 AutoCAD 中，"多线"命令主要用于绘制任意多条平行线的组合图形，一般用于电子线路图、建筑墙体的绘制等。

执行多线命令的方法有以下几种。

方法 01　执行"绘图 | 多线"菜单命令。

方法 02　在命令行输入 MLINE 命令并按<Enter>键，快捷键为<ML>。

执行该命令后，命令行提示如下：

```
当前设置: 对正 = 上，比例 = 20.00，样式 = STANDARD          \\ 显示当前多线的设置情况
指定起点或 [对正(J)/比例(S)/样式(ST)]:                      \\ 绘制多线并进行设置
```

其主要选项说明如下。

（1）对正（J）：此项用于指定绘制多线时的对正方式，共有 3 种对正方式。其中"上（T）"是指在光标下方绘制多线，因此在指定点处将会出现具有最大正偏移值的直线；"无（Z）"是指将光标作为原点绘制多行；"下（B）"是指在光标上方绘制多线，因此在指定点处将出现具有最大负偏移值的直线，如图 3-15 所示。

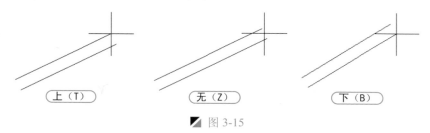

图 3-15

（2）比例（S）：此项用于设置多线的平行线之间的距离，可输入 0、正值或负值，输入 0 时各平行线重合，输入负值时平行线的排列将倒置。如图 3-16 所示。

比例为10　　　比例为20

图 3-16

（3）样式（ST）：此项用于设置多线的绘制样式。默认样式为标准型（STANDARD），用户可以根据提示输入所需多线样式名。

注意：多线宽度的计算

> 用户在绘制施工图的过程中，如果需要使用多线的方式来绘制墙体对象，这时用户可以通过设置多线的不同比例来设置墙体的厚度。

3.3 矩形的绘制

| 案例 | 电视机模型.dwg | 视频 | 矩形的绘制.avi | 时长 | 11'09" |

在 AutoCAD 2015 中，绘制矩形最简单的方法就是使用系统自身提供的"矩形"（REC）命令来进行绘制，矩形的各边不可单独进行编辑，它们是一个整体的闭合多段线。

在 AutoCAD 中执行"矩形"命令时，可以指定矩形的基本参数，如长度、宽度、旋转角度，并可控制角的类型，如圆角、倒角或直角等，执行矩形命令的方法有以下几种。

方法 01 执行"绘图 | 矩形"菜单命令。

方法 02 在命令行输入 RECTANG 命令并按<Enter>键。

方法 03 单击 "默认"标签里"绘图"面板中的"矩形"按钮□·。

执行该命令后，命令行提示如下：

| 指定第一个角点或 [倒角(C)/标高(E)/圆角(F)/厚度(T)/宽度(W)]: | \\ 指定第一个角点 |
| 指定另一个角点或 [面积(A)/尺寸(D)/旋转(R)]: | \\ 指定另一个角点 |

其主要选项说明如下。

（1）倒角(C)：可以绘制一个带有倒角的矩形，绘制时必须指定两个倒角的距离。设定好两个倒角距离后，命令行会接着提示"指定第一个角点或 [倒角(C)/标高(E)/圆角(F)/厚度(T)/宽度(W)]:"，根据提示完成矩形绘制。

（2）标高(E)：一般用于三维绘图，指定矩形所在平面高度。

（3）圆角(F)：可以绘制一个带有圆角的矩形，必须指定圆角半径。

（4）厚度(T)：可以设置具有一定厚度的矩形，一般用于三维绘图。

（5）宽度(W)：设置矩形的线宽。

（6）面积(A)：可以通过指定矩形的面积来确定矩形的长和宽。

（7）尺寸(D)：可以通过指定矩形的宽度、高度和矩形的另一角点的方向来确定矩形。

（8）旋转(R)：可以通过指定矩形旋转的角度来绘制矩形。

通过选择不同的选项可以绘制不同类型的矩形，如图 3-17 所示。

实例——绘制电视机

利用"矩形"命令绘制电视机模型，其操作步骤如下。

Step 01 在桌面上双击 AutoCAD 2015 图标，启动 AutoCAD 2015 软件，系统自动创建一个空白文档。

Step 02 在"快速访问"工具栏单击"另存为"按钮 ，将弹出"图形另存为"对话框，将该文件保存为"案例\03\电视机模型.dwg"文件。

Step 03 在"常用"选项卡的"绘图"面板中单击"矩形"按钮□·，按照如下命令行提示绘制一个长为 1000mm，宽为 700mm，圆角半径为 10mm 的圆角矩形，其效果如图 3-18 所示。

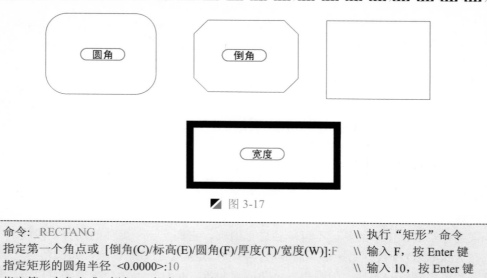

圆角　　倒角

宽度

图 3-17

命令: _RECTANG　　　　　　　　　　　　　　　　　　　　　　　\\ 执行"矩形"命令
指定第一个角点或 [倒角(C)/标高(E)/圆角(F)/厚度(T)/宽度(W)]:F　\\ 输入 F，按 Enter 键
指定矩形的圆角半径 <0.0000>:10　　　　　　　　　　　　　　\\ 输入 10，按 Enter 键
指定第一个角点或 [倒角(C)/标高(E)/圆角(F)/厚度(T)/宽度(W)]:　\\ 单击指定第一个角点
指定另一个角点或 [面积(A)/尺寸(D)/旋转(R)]:D　　　　　　　\\ 输入 D，按 Enter 键
指定矩形的长度 <10.0000>:1000　　　　　　　　　　　　　　\\ 输入 1000，按 Enter 键
指定矩形的宽度 <10.0000>:700　　　　　　　　　　　　　　\\ 输入 700，按 Enter 键
指定另一个角点或 [面积(A)/尺寸(D)/旋转(R)]:　　　　　　　\\ 单击鼠标指定另一个角点

图 3-18

Step 04　在"常用"选项卡的"绘图"面板中单击"矩形"按钮□·，按照上一步骤命令行提示的
操作方法，在矩形框内绘制合适位置（和大小）的电视屏幕和换台按钮等，其效果如图 3-19
所示。

图 3-19

(Step 05) 至此，电视机模型绘制完毕，在"快速访问"工具栏单击"保存"按钮 📙 ，将所绘制的电视机模型进行保存。

(Step 06) 在键盘上按<Alt+F4>或<Alt+Q>组合键，退出所绘制的文件对象。

提示：矩形的分解

> 使用"矩形"命令绘制的多边形是一条多段线，要想单独编辑某一条边，需要先执行"分解"命令，才能进行分解。

3.4 正多边形的绘制

案例	五角星.dwg	视频	正多边形的绘制.avi	时长	06'51"

在 AutoCAD 2015 中，绘制正多边形最简单的方法就是使用系统自身提供的"多边形"（POL）命令来进行绘制，正多边形是由 3~1024 条等长的封闭线段构成的，其默认的正多边形边数为 4。

在 AutoCAD 中，执行"多边形"命令可以很容易地绘制正多边形图形，执行多边形命令的方法有以下几种。

(方法 01) 执行"绘图 | 多边形"菜单命令。

(方法 02) 在命令行输入 POLYGON 命令并按<Enter>键。

(方法 03) 单击 "默认"标签里"绘图"面板中的"多边形"按钮 ⬠· 。

执行该命令后，命令行提示如下：

输入侧面数 <4>:	\\ 指定正多边形的边数
指定正多边形的中心点或 [边(E)]:	\\ 指定中心点
输入选项 [内接于圆(I)/外切于圆(C)] <C>:	\\ 根据需要选择选项
指定圆的半径:	\\ 输入数据或用鼠标指定半径

其主要选项说明如下。

（1）中心点：指定某一点来作为正多边形的中心点。

（2）边（E）：通过两点来确定其中一条边长绘制多边形。

（3）内接于圆（I）：指定正多边形内接圆半径来绘制正多边形。

（4）外切于圆（C）：指定正多边形外切圆半径来绘制正多边形。

实例——绘制五角星

利用"多边形"命令绘制五角星，其操作步骤如下。

(Step 01) 在桌面上双击 AutoCAD 2015 图标，启动 AutoCAD 2015 软件，系统自动创建一个空白文档。

(Step 02) 在"快速访问"工具栏单击"另存为"按钮 📙 ，将弹出"图形另存为"对话框，将该文件保存为"案例\03\五角星.dwg"文件。

(Step 03) 在"常用"选项卡的"绘图"面板中单击"多边形"按钮 ⬠· ，按照如下命令行提示绘制一外切于圆的正五边形，外切圆的半径为 100，其效果如图 3-20 所示。

命令: _POLYGON	\\ 执行"多边形"命令
输入侧面数 <4>:5	\\ 输入 5，按 Enter 键
指定正多边形的中心点或 [边(E)]:	\\ 用鼠标在屏幕上单击指定中心点

| 输入选项 [内接于圆(I)/外切于圆(C)] <I>:C | \\ 输入 C，按 Enter 键 |
| 指定圆的半径:100 | \\ 输入 100，按 Enter 键 |

▰ 图 3-20

Step 04 在"对象捕捉"选项卡中选择"端点"复选框，然后在"常用"选项卡的"绘图"面板中单击"直线"按钮 ╱，如图 3-21 所示连接正多边形的端点 AC、AD、BE、BD 和 CE。最后选择多边形将其删除，完成五角星的绘制。

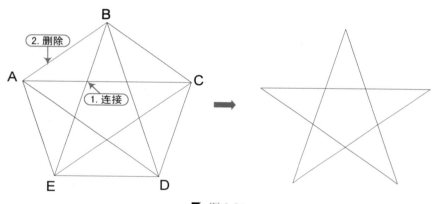

▰ 图 3-21

Step 05 在"快速访问"工具栏单击"保存"按钮 █，将所绘制的五角星进行保存。

Step 06 在键盘上按<Alt+F4>或<Alt+Q>组合键，退出所绘制的文件对象。

技巧：绘制旋转的多边形

> 如果需要绘制旋转的正多边形，只需要在输入圆半径时，输入相应的极坐标即可。

3.5 圆和圆弧的绘制

在 AutoCAD 2015 中，圆类图形的绘制应用很多，都属于曲线对象，其绘制方法相对线性对象要复杂一些。

3.5.1 圆的绘制

| 案例 | 六角螺母.dwg | 视频 | 圆的绘制.avi | 时长 | 07'52" |

在 AutoCAD 中，利用"圆"命令可以绘制任意半径的圆，执行圆命令的方法有以下几种。

Step 01 执行"绘图丨圆"菜单命令。

Step 02 在命令行输入 CIRCLE 命令并按<Enter>键，快捷键为<C>。

Step 03 单击 "默认"标签里"绘图"面板中的"圆"按钮 ⊙ 。

执行该命令后，命令行提示如下：

指定圆的圆心或 [三点(3P)/两点(2P)/切点、切点、半径(T)]: \\ 指定圆心或选择其他选项

其主要选项说明如下。

（1）圆心：以此点为中心，并确定圆半径所绘制的圆对象。

（2）三点（3P）：此命令通过指定圆周上三点来画圆。

（3）两点（2P）：此命令通过指定圆周上两点来画圆。两点为直径的两个端点。

（4）切点、切点、半径（T）：先指定两个相切对象，再指定半径值的方法画圆。

通过上面所讲的命令行提示选项，可以用 4 种方法来绘制圆，而在执行"绘图丨圆"菜单命令绘制圆时，会出现 6 种不同的画圆方法，如图 3-22 所示。

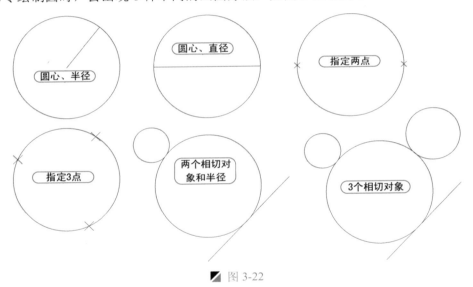

图 3-22

注意：拾取切点时

在使用"相切、相切、半径"命令绘制圆时，系统总是在距拾取点最近的部位绘制相切的圆，因此，拾取相切对象时，拾取的位置不同，得到的结果有可能也不相同，如图 3-23 所示。

图 3-23

实例——绘制六角螺母

利用"圆"命令绘制六角螺母，其操作步骤如下。

Step 01 在桌面上双击 AutoCAD 2015 图标，启动 AutoCAD 2015 软件，系统自动创建一个空白文档。

Step 02 在"快速访问"工具栏单击"另存为"按钮 🔲，将弹出"图形另存为"对话框，将该文件保存为"案例\03\六角螺母.dwg"文件。

Step 03 在"常用"选项卡的"绘图"面板中单击"圆"按钮 ⊘，按照如下命令行提示绘制一个半径为 20mm 的圆，其效果如图 3-24 所示。

```
命令: _CIRCLE                                          \\ 执行"圆"命令
指定圆的圆心或 [三点(3P)/两点(2P)/切点、切点、半径(T)]:    \\ 在屏幕上单击指定圆心
指定圆的半径或 [直径(D)]: 20                              \\ 输入 20，按 Enter 键
```

Step 04 继续在"常用"选项卡的"绘图"面板中单击"圆"按钮 ⊘，按照上一步骤的方式绘制一个与上次同心的圆，其半径为 17mm，如图 3-25 所示。

Step 05 在"常用"选项卡的"绘图"面板中单击"多边形"按钮 ⬠·，按照如下命令行提示绘制一个外切于圆的正六边形，其效果如图 3-26 所示。

◢ 图 3-24

```
命令: _POLYGON                                         \\ 执行"多边形"命令
输入侧面数 <4>:6                                        \\输入 6，按 Enter 键
指定正多边形的中心点或 [边(E)]:                           \\ 单击圆的圆心
输入选项 [内接于圆(I)/外切于圆(C)] <C>:C                  \\输入 C，按 Enter 键
指定圆的半径:20                                         \\输入 20，按 Enter 键
```

◢ 图 3-25

◢ 图 3-26

Step 06 至此，六角螺母绘制完毕，在"快速访问"工具栏单击"保存"按钮 🔲，将所绘制的六角螺母进行保存。

Step 07 在键盘上按<Alt+F4>或<Alt+Q>组合键，退出所绘制的文件对象。

3.5.2 圆弧的绘制

案例	太极图.dwg	视频	圆弧的绘制.avi	时长	12'37"

在 AutoCAD 中，绘制圆弧的方法很多，执行圆弧命令的方法有以下几种。

方法 01 执行"绘图丨圆弧"菜单命令。

方法 02 在命令行输入 ARC 命令并按<Enter>键。

方法 03 单击"默认"标签里"绘图"面板中的"圆弧"按钮 ⌒。

在"圆弧"下拉列表中，会出现 11 种绘制圆弧的方法，如图 3-27 所示。

图 3-27

其主要选项说明如下。

（1）三点（P）：给定 3 个点绘制一段圆弧，需指定圆弧的起点、通过的第二个点和端点。

（2）起点、圆心、端点（S）：通过指定圆弧的起点、圆心和端点来绘制圆弧。

（3）起点、圆心、角度（T）：通过指定圆弧的起点、圆心和角度来绘制圆弧。要在"指定包含角："提示下输入角度值，如果当前环境设置逆时针为角度方向，并输入正的角度值，则所绘制的圆弧是从起始点绕圆心沿逆时针方向绘制，如果输入为负值角度，则沿顺时针方向绘制圆弧。

（4）起点、圆心、长度（A）：通过指定圆弧的起点、圆心和弦长来绘制圆弧。所给的弦长不得超过起点到圆心距离的两倍，另外，在命令行的"指定弦长"提示下，所输入的值如果是负值，则该值的绝对值将作为对应整圆的空缺部分圆弧的弦长。

（5）起点、端点、角度（N）：通过指定圆弧的起点、端点和角度来绘制圆弧。

（6）起点、端点、方向（D）：通过指定圆弧的起点、端点和方向来绘制圆弧。当命令行显示"指定圆弧的起点切向："提示时，可以移动鼠标动态地确定圆弧在起点外的切线方向与水平方向的夹角。

（7）起点、端点、半径（R）：通过指定圆弧的起点、端点和半径来绘制圆弧。

（8）圆心、起点、端点（C）：通过指定圆弧的圆心、起点和端点来绘制圆弧。

（9）圆心、起点、角度（E）：通过指定圆弧的圆心、起点和圆弧所对应的角度来绘制圆弧。

（10）圆心、起点、长度（L）：通过指定圆弧的圆心、起点及圆弧所对应的弦长来绘制圆弧。

（11）继续（O）：选择此命令时，在命令行提示"指定圆弧的起点[圆心(C)]:"时，直接按下<Enter>键，系统将以最后一次绘制的线段或绘制圆弧过程中的最后一点作为新圆弧的起点，以最后所绘制多段线的方向或圆弧终点处的切线方向为新圆弧在起始点外的切线方向，然后再指定一点，就可以绘制出一个新的圆弧。

提示：圆弧的曲率方向

在绘制圆弧时，注意圆弧的曲率是遵循逆时针方向的，所以在选择指定圆弧的两个端点和半径模式时，需要注意端点的指示顺序，否则有可能导致圆弧的凹凸形状与预期相反。

实例——绘制太极图

利用"圆弧"命令绘制太极图，其操作步骤如下。

Step 01 在桌面上双击 AutoCAD 2015 图标，启动 AutoCAD 2015 软件，系统自动创建一个空白文档。

Step 02 在"快速访问"工具栏单击"另存为"按钮，将弹出"图形另存为"对话框，将该文件保存为"案例\03\太极图.dwg"文件。

Step 03 在"常用"选项卡的"绘图"面板中单击"圆"按钮，在绘图区域指定圆心，绘制一个半径为 100mm 的圆，如图 3-28 所示。

Step 04 执行"绘图｜圆弧｜起点、端点、半径"菜单命令，命令行提示"指定圆弧的起点或[圆心(C)]:"时，捕捉圆上测的象限点作为起点，再捕捉圆心作为端点，拖动鼠标，输入半径值 50mm；然后重复使用该命令捕捉圆的下侧象限点为起点，再捕捉圆心为端点，拖动鼠标，输入半径值 50mm。其效果如图 3-29 所示。

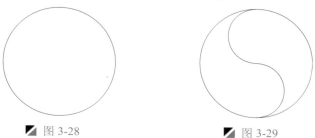

图 3-28   图 3-29

Step 05 在"常用"选项卡的"绘图"面板中单击"圆"按钮，分别捕捉两个圆弧的圆心，绘制两个半径为 10mm 的圆，其效果如图 3-30 所示。

Step 06 单击"绘图"面板中的"图案填充"按钮，显示"图案填充选项卡"，如图 3-31 所示，选择样例为"SOLID"，然后单击拾取点按钮。

图 3-30   图 3-31

Step 07 在以圆弧为界限的左半部分单击，然后在上侧小圆内部单击，得到的填充效果如图 3-32 所示。

图 3-32

Step 08 至此，太极图绘制完毕。在"快速访问"工具栏单击"保存"按钮 🖫，将所绘制的太极图进行保存。

Step 09 在键盘上按<Alt+F4>或<Alt+Q>组合键，退出所绘制的文件对象。

3.6 椭圆和椭圆弧的绘制

| 案例 | 洗脸盆.dwg | 视频 | 椭圆和椭圆弧的绘制.avi | 时长 | 07'07" |

在 AutoCAD 2015 中，根据"椭圆"命令可以绘制任意形状的椭圆和椭圆弧。

在 AutoCAD 中，执行椭圆和椭圆弧命令的方法有以下几种。

方法 01 执行"绘图 | 椭圆"菜单命令。

方法 02 在命令行输入 ELLIPSE 命令并按<Enter>键。

方法 03 单击"默认"标签里"绘图"面板中的"椭圆"按钮 ⊙· 或"椭圆弧"按钮 ⊙·。

执行命令后，命令行提示如下：

指定椭圆的轴端点或 [圆弧(A)/中心点(C)]:   \\ 直接指定端点则画椭圆，输入 A 则绘制椭圆弧

绘制椭圆的方法有两种，如图 3-33 所示。

1)"圆心"（C）：绘制中先指定椭圆的中心点，再指定一条轴的轴端点和另一条轴的半轴长度画椭圆。

2)"轴、端点（E）"：绘制中先指定一条轴的两端点，再指定另一条轴的半轴长度方法画椭圆。

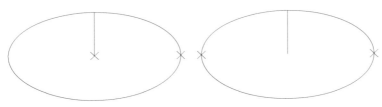

图 3-33

直接单击"椭圆弧"按钮 ⊙· 时，命令行提示"指定椭圆弧的轴端点或 [中心点(C)]:"后可以直接绘制椭圆弧，绘制的方法与椭圆的绘制方法相似，在指定椭圆两个轴长度后在指定椭圆弧的起始角和终止角即可绘制出椭圆弧。

实例——绘制洗脸盆

利用"椭圆"和"椭圆弧"命令绘制洗脸盆，其操作步骤如下。

Step 01 在桌面上双击 AutoCAD 2015 图标，启动 AutoCAD 2015 软件，系统自动创建一个空白文档。

Step 02 在"快速访问"工具栏单击"另存为"按钮 🖫，将弹出"图形另存为"对话框，将该文件保存为"案例\03\洗脸盆.dwg"文件。

Step 03 在"常用"选项卡的"绘图"面板中单击"椭圆"（圆心）按钮 ⊙·，按照如下命令行提示绘制一个长轴半轴为 210mm，短轴半轴为 130mm 的椭圆，其效果如图 3-34 所示。

命令: _ELLIPSE   \\ 执行"椭圆"命令
指定椭圆的中心点: \\ 用鼠标在屏幕上单击指定中心点
指定轴的端点:210   \\ 输入 210，按 Enter 键
指定另一条半轴长度或 [旋转(R)]:130   \\ 输入 130，按 Enter 键

Step 04 在"常用"选项卡的"绘图"面板中单击"椭圆弧"按钮 ⟨⟩▾，按照如下命令行提示绘制一个以原椭圆中心为中心点，长轴半轴为230mm，短轴半轴为150mm，起始角度为180°，终止角度为0°的椭圆弧，其效果如图3-35所示。

命令: _ELLIPSE	\\ 执行"椭圆弧"命令
指定椭圆弧的轴端点或 [中心点(C)]:C	\\ 输入C，按Enter键
指定椭圆弧的中心点:	\\ 用鼠标单击原椭圆中心点
指定轴的端点:230	\\ 输入230，按Enter键
指定另一条半轴长度或 [旋转(R)]:150	\\ 输入150，按Enter键
指定起点角度或 [参数(P)]:180	\\ 输入180，按Enter键
指定端点角度或 [参数(P)/包含角度(I)]:0	\\ 输入0，按Enter键

Step 05 在"常用"选项卡的"绘图"面板中单击"直线"按钮 ✏，打开"正交模式"，分别以椭圆弧的两个端点为起点，垂直向上绘制两条长210mm的垂直线。绘制完后重复使用"直线"命令连接两条垂直线的上端点，其效果如图3-36所示。

■ 图3-34

■ 图3-35

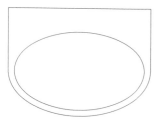

■ 图3-36

Step 06 至此，洗脸盆绘制完成，在"快速访问"工具栏单击"保存"按钮 💾，将所绘制的洗脸盆进行保存。

Step 07 在键盘上按<Alt+F4>或<Alt+Q>组合键，退出所绘制的文件对象。

3.7 综合练习——二维图形的绘制

案例	盘类零件.dwg	视频	综合练习.avi	时长	05'25"

为了使用户对 AutoCAD 二维图形的绘制有一个初步的了解，下面以如图3-37所示的"盘类零件"的绘制来进行讲解，其操作步骤如下。

Step 01 在桌面上双击 AutoCAD 2015 图标，启动 AutoCAD 2015 软件，系统自动创建一个空白文档。

Step 02 在"快速访问"工具栏单击"另存为"按钮 💾，将弹出"图形另存为"对话框，将该文件保存为"案例\03\盘类零件.dwg"文件。

Step 03 在"常用"选项卡的"绘图"面板中单击"椭圆"（圆心）按钮 ⬭▾，按照如下命令行提示绘制一个主轴半轴为52mm，辅轴半轴为74mm的椭圆，其效果如图3-38所示。

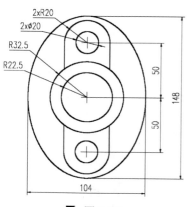

■ 图3-37

命令: _ELLIPSE	\\ 执行"椭圆"命令
指定椭圆的中心点:	\\ 用鼠标在屏幕上单击指定中心点
指定轴的端点:52	\\ 输入 52,按 Enter 键
指定另一条半轴长度或 [旋转(R)]:74	\\ 输入 74,按 Enter 键

Step 04 在"常用"选项卡的"绘图"面板中单击"圆"按钮⊙,以原椭圆中心点为圆心,分别绘制两个直径为 65mm 和 45mm 的圆。其效果如图 3-39 所示。

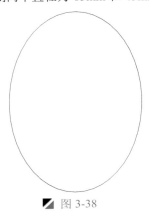

图 3-38

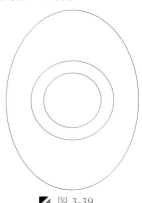

图 3-39

Step 05 在"常用"选项卡的"绘图"面板中单击"直线"按钮✏,打开"正交模式"以圆心为起点,分别向上和向下绘制两条长度为 50mm 的直线,然后再次执行"圆"命令,分别以两条直线的外端点为圆心,分别绘制两个直径为 20mm 的圆,其效果如图 3-40 所示。

Step 06 在"常用"选项卡的"绘图"面板中单击"圆"按钮⊙,分别以两个小圆的圆心为圆心,绘制两个半径为 20mm 的圆,如图 3-41 所示。

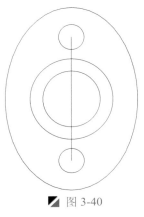

图 3-40

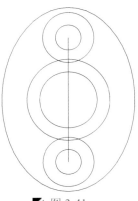

图 3-41

Step 07 在"常用"选项卡的"绘图"面板中单击"直线"按钮✏,如图 3-42 所示分别绘制两条直线连接上下两个外圆的象限点。

Step 08 在"常用"选项卡的"修改"面板中单击"修剪"按钮 ✂ 修剪 ,随后在绘图区空白处先单击一下鼠标右键,然后移动鼠标将多余的线段及圆弧进行修剪,中间的直线可以直接删除,就能得到想要绘制的图形,如图 3-43 所示。

读书破万卷

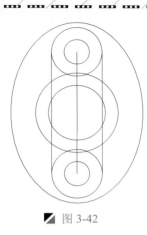

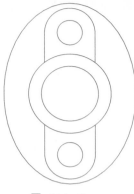

图 3-42   图 3-43

Step 09　在"快速访问"工具栏单击"保存"按钮🖫，将所绘制的盘类零件进行保存。

Step 10　在键盘上按<Alt+F4>或<Alt+Q>组合键，退出所绘制的文件对象。

4

ACAD 二维图形的编辑

本章导读

　　在 AutoCAD 2015 中，系统提供了功能强大的二维图形编辑命令，可以对二维图形对象进行复制、偏移、镜像、删除、移动、旋转等操作，使图形绘制更精确、更直观、更有效率。

本章内容

- ☑ 目标选择
- ☑ 删除和复制图形
- ☑ 缩放和拉伸图形
- ☑ 镜像和移动图形
- ☑ 偏移和旋转图形
- ☑ 打断、修剪和延伸图形
- ☑ 图形的倒角与圆角
- ☑ 编辑夹点模式
- ☑ 编辑多段线和多线
- ☑ 对象的填充

4.1 目标选择

在 AutoCAD 2015 中，对图形进行编辑操作前，首先需要选择要编辑的对象，正确合理地选择对象可以提高工作效率，系统用虚线亮显表示所选择的对象。

4.1.1 设置对象选择模式

| 案例 | 无 | 视频 | 设置对象选择模式.avi | 时长 | 03'44" |

在 AutoCAD 中，执行目标选择前可以设置选择集模式、拾取框大小和夹点功能，用户可以通过"选项"对话框来进行设置，执行方法有如下几种。

方法 01 在 AutoCAD 绘图区右击鼠标，从弹出的快捷菜单中选择"选项"命令。

方法 02 执行"工具 | 选项"菜单命令。

方法 03 单击 AutoCAD 界面标题栏左端的 ▲ 图标，在弹出的下拉菜单中再单击"选项"按钮 选项。

方法 04 在命令行输入 OPTIONS 命令并按<Enter>键。

通过以上任意一种方法，可以打开"选项"对话框，将对话框切换到"选择集"选项卡，如图 4-1 所示，就可以通过各选项来对"选择集"进行设置。

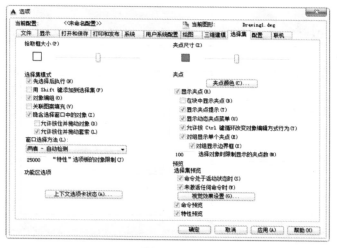

图 4-1

注意：选择集的设置

"选择集"选项卡的各选项具体功能说明参见 1.3.6 节。

4.1.2 选择对象的方法

| 案例 | 无 | 视频 | 选择对象的方法.avi | 时长 | 18'46" |

在 AutoCAD 中，选择对象的方法有很多，可以通过单击对象逐个选取对象，也可通过矩形窗口或交叉窗口选择对象，还可以选择最近创建对象，前面的选择集或图形中的所有对象，也可向选择集中添加对象或从中删除对象。

在命令行输入 SELECT，命令行提示如下：

> 选择对象: ?
> 需要点或 窗口(W)/上一个(L)/窗交(C)/框(BOX)/全部(ALL)/栏选(F)/圈围(WP)/圈交(CP)/编组(G)/添加(A)/删除(R)/多个(M)/前一个(P)/放弃(U)/自动(AU)/单个(SI)/子对象(SU)/对象(O)
> 选择对象:

在选择对象的命令行中，各个主要选项的具体说明如下。

（1）需要点：默认情况下，可以直接选取对象，此时的光标为一个小方框（拾取框）。可以利用该方框逐个拾取对象。

（2）窗口(W)：选择矩形（由两点定义）中的所有对象。从左到右指定角点创建窗口选择（从右到左指定角点则创建窗交选择），如图 4-2 所示。

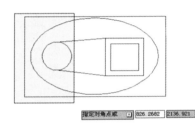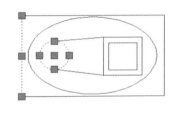

图 4-2

（3）上一个(L)：选择最近一次创建的可见对象。对象必须在当前空间（模型空间或图纸空间）中，并且一定不要将对象的图层设定为冻结或关闭状态。

（4）窗交(C)：选择区域（由两点确定）内部或与之相交的所有对象。窗交显示的方框为虚线或高亮度方框，这与窗口选择框不同，如图 4-3 所示。

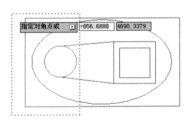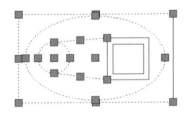

图 4-3

（5）框(BOX)：选择矩形（由两点确定）内部或与之相交的所有对象。如果矩形的点是从右至左指定的，则框选与窗交等效。否则，框选与窗选等效。

（6）全部(ALL)：选择模型空间或当前布局中除冻结图层或锁定图层上的对象之外的所有对象。

（7）栏选(F)：选择与选择栏相交的所有对象。栏选方法与圈交方法相似，只是栏选不闭合，并且栏选可以自交，如图 4-4 所示。栏选不受 PICKADD 系统变量的影响。

（8）圈围(WP)：选择多边形（通过待选对象周围的点定义）中的所有对象。该多边形可以为任意形状，但不能与自身相交或相切。将绘制多边形的最后一条线段，所以该多边形在任何时候都是闭合的，如图 4-5 所示。圈围不受 PICKADD 系统变量的影响。

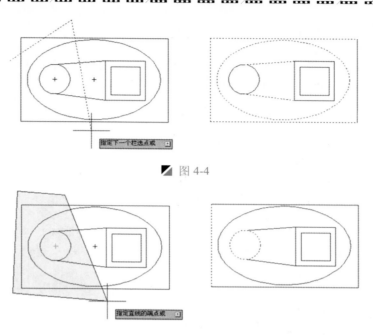

图 4-4

图 4-5

（9）圈交(CP)：选择多边形（通过在待选对象周围指定点来定义）内部或与之相交的所有对象。该多边形可以为任意形状，但不能与自身相交或相切。将绘制多边形的最后一条线段，所以该多边形在任何时候都是闭合的，如图 4-6 所示。圈交不受 PICKADD 系统变量的影响。

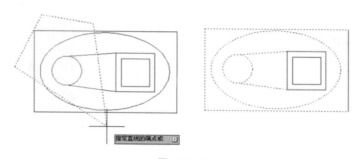

图 4-6

（10）编组(G)：在一个或多个命名或未命名的编组中选择所有对象。

（11）添加(A)：切换到添加模式：可以使用任何对象选择方法将选定对象添加到选择集。自动和添加为默认模式。

（12）删除(R)：切换到删除模式：可以使用任何对象选择方法从当前选择集中删除对象。删除模式的替换模式是在选择单个对象时按下 Shift 键，或者是使用"自动"选项。

（13）多个(M)：在对象选择过程中单独选择对象，而不亮显它们，这样可加速高度复杂对象的对象选择。

（14）前一个(P)：选择最近创建的选择集。从图形中删除对象将清除"上一个"选项设置。

注意：在两个空间中切换

如果在两个空间中切换将忽略"前一个"选择集。

（15）放弃（U）：放弃选择最近加到选择集中的对象。

（16）自动(AU)：切换到自动选择：指向一个对象即可选择该对象。指向对象内部或外部的空白区，将形成框选方法定义的选择框的第一个角点。自动和添加为默认模式。

提示："自动"模式的有效性

在"选项"对话框中，若在"选择集"选项卡的"选择集模式"区域中勾选"隐含选择窗口中的对象"复选框，则"自动"模式永远有效。

（17）单选(SI)：切换到单选模式：选择指定的第一个或第一组对象而不继续提示进一步选择。

（18）子对象(SU)：使用户可以逐个选择原始形状，这些形状是复合实体的一部分或三维实体上的顶点、边和面。可以选择这些子对象的其中之一，也可以创建多个子对象的选择集。选择集可以包含多种类型的子对象。按住<Ctrl>键操作与选择 SELECT 命令的"子对象"选项相同，如图 4-7 所示。

图 4-7

（19）对象(O)：结束选择子对象的功能。使用户可以使用对象选择方法。

4.1.3 快速选择对象

案例	无	视频	快速选择对象.avi	时长	05'06"

在 AutoCAD 中，提供了快速选择功能，当需要选择一些共同特性的对象时，可以利用打开"快速选择"对话框创建选择集来启动"快速选择"命令。

打开"快速选择"对话框的方法如下：

方法 01　在 AutoCAD 绘图区右击鼠标，从弹出的快捷菜单中选择"快速选择"命令。

方法 02　执行"工具 | 快速选择"菜单命令。

方法 03　在命令行输入 QSELECT 命令并按<Enter>键。

执行"快速选择"命令后，将弹出"快速选择"对话框，如图 4-8 所示。

在"快速选择"对话框中，各个主要选项具体说明如下：

（1）应用到：确定是否在整个绘图区应用选择过滤器。

（2）选择对象按钮　：临时关闭"快速选择"对话框，允许用户选择要对其应用过滤条件的对象。

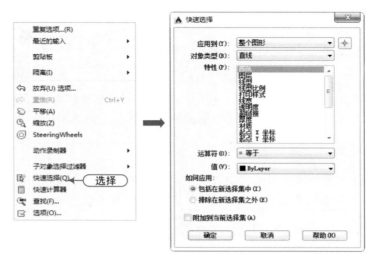

图 4-8

注意："选择对象"按钮的激活

只有在选择了"如何应用"区域中的"包括在新选择集中"单选按钮，并且"附加到当前选择集"复选框未被选中时，"选择对象"按钮才可用。

（3）对象类型：指定要包含在过滤条件中的对象类型。如果过滤条件正应用于整个图形，则"对象类型"列表包含全部的对象类型，包括自定义。否则，该列表只包含选定对象的对象类型。

（4）特性：指定过滤器的对象特性。此列表包括选定对象类型的所有可搜索特性。选定的特性决定"运算符"和"值"中的可用选项。

（5）运算符：控制过滤的范围。根据选定的特性，选项可包括"等于"、"不等于"、"大于"、"小于"和"* 通配符匹配"。

（6）值：指定过滤器的特性值。

（7）如何应用：指定是将符合给定过滤条件的对象包括在新选择集内或是排除在新选择集之外。选择"包括在新选择集中"将创建其中只包含符合过滤条件的对象的新选择集。选择"排除在新选择集之外"将创建其中只包含不符合过滤条件的对象的新选择集。

（8）附加到当前选择集：指定是由 QSELECT 命令创建的选择集替换还是附加到当前选择集。

例如，针对如图 4-9 所示的图形，利用"快速选择"命令删除图形中所有的中心线。

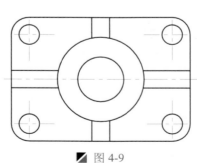

图 4-9

Step 01 执行"工具|快速选择"菜单命令打开"快速选择"对话框，在对话框的"特性"列表框中选择"图层"，在"值"下拉列表中选择"中心线"，然后单击"确定"按钮，这样图形中所有的"中心线"对象就会被选中，如图 4-10 所示。

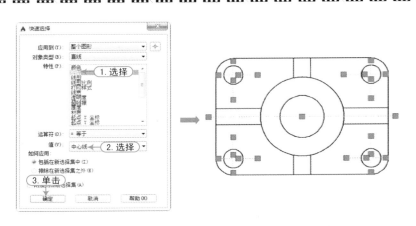

图 4-10

Step 02　执行"删除"命令（E）将选中的对象删除，如图 4-11 所示。

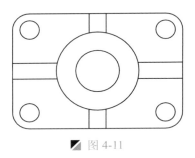

图 4-11

4.1.4　过滤选择

案例	无	视频	过滤选择.avi	时长	04'48"

在 AutoCAD 中，用户可以使用对象特性或对象类型来将对象包含在选择集中或排除对象。

在命令行输入 FILTER 命令可以打开"对象选择过滤器"对话框，如图 4-12 所示。

图 4-12

在"对象选择过滤器"对话框中，各个主要选项具体说明如下。

（1）选择过滤器用于选择过滤器类型。如圆、直线、圆弧、图层、颜色及线型对象特性，以及关系语句。

（2）X、Y、Z：按对象定义附加过滤参数。例如，如果选择"直线起点"，可以输入要过滤的 X、Y 和 Z 坐标值。

（3）添加到列表：向过滤器列表中添加当前的"选择过滤器"特性。除非手动删除，否则添加至未命名过滤器的过滤器特性在当前工作任务中仍然可用。

（4）替换：用"选择过滤器"中显示的某一过滤器特性替换过滤器特性列表中选定的特性。

（5）添加选定对象：向过滤器列表中添加图形中的一个选定对象。

（6）编辑项目：将选定的过滤器特性移动到"选择过滤器"区域进行编辑。已编辑的过滤器将替换选定的过滤器特性。

（7）删除：从当前过滤器中删除选定的过滤器特性。

（8）清除列表：从当前过滤器中删除所有列出的特性。

（9）当前：显示保存的过滤器。选择一个过滤器列表将其置为当前。

（10）另存为：保存过滤器及其特性列表。

（11）删除当前过滤器列表：从默认过滤器文件中删除过滤器及其所有特性。

4.1.5 对象编组

案例	无	视频	对象编组.avi	时长	03'28"

在 AutoCAD 中，可以将图形对象进行编组以创建一种选择集，一旦组中任何一个对象被选中，那么组中的全部对象都会被选中，从而使编辑对象操作变得更有效率。

执行编组命令的方法有以下几种。

方法 01　单击"默认"标签下 "组"面板中 的"组"按钮🔲。

方法 02　执行"工具 | 组"菜单命令。

方法 03　在命令行输入 GROUP 命令并按<Enter>键，快捷键为<G>。

执行该命令后，命令行提示如下：

```
命令: GROUP                                                    \\ 执行"组"命令
选择对象或 [名称(N)/说明(D)]:                                   \\ 选择"名称"选项
输入编组名或 [?]: 1                                            \\ 输入名称
选择对象或 [名称(N)/说明(D)]: 指定对角点: 找到 7 个             \\ 选择对象
组"1"已创建。                                                  \\ 创建组对象
```

如图 4-13 所示为执行编组命令前和执行编组命令后所选择对象的区别。

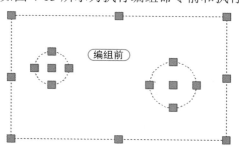

图 4-13

用户可以使用多种方式编辑编组,包括更改其成员资格、修改其特性、修改编组的名称和说明,以及从图形中将其删除。

注意:解决无法编组的问题

在进行编组操作时,用户可能会发现虽然执行了编组操作,但所选的对象并没有进行编组,这时用户可以打开"选项"对话框,在"选择集"选项卡中选择"对象编组"复选框即可,如图 4-14 所示。

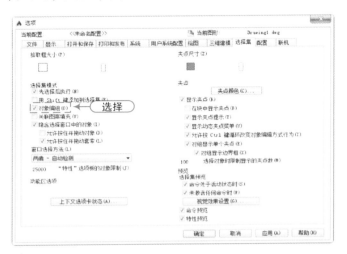

▨ 图 4-14

4.2 删除图形

| 案例 | 无 | 视频 | 删除图形.avi | 时长 | 01'57" |

在 AutoCAD 2015 中,"删除"命令主要用于删除图形的某部分,可以用删除命令从图形中擦除出现错误或多余的线段。

执行方法有如下几种。

(方法 01) 在命令行输入 ERASE 命令并按<Enter>键,快捷键为<E>。

(方法 02) 执行"修改丨删除"菜单命令。

(方法 03) 单击"默认"标签下"修改"面板中的"删除"按钮 ✐。

执行命令后,命令行会提示"选择对象:",此时屏幕上的十字光标会变成一个拾取框,然后选择要删除的对象,按回车键结束。也可以先选择对象,再单击工具栏上的删除按钮。

注意:"删除"命令的恢复

使用 OOPS 命令,可以恢复最后一次使用"删除"命令删除的对象,如果要连续向前恢复被删除的对象,则需要使用取消命令 UNDO。

4.3 复制图形

| 案例 | 无 | 视频 | 复制图形.avi | 时长 | 07'04" |

在 AutoCAD 2015 中，"复制"命令可以将选定的对象复制到任意指定的位置，也可以进行多重连续复制。

执行方法有如下几种。

方法 01 在命令行输入 COPY 命令并按<Enter>键，快捷键为<CO>。

方法 02 执行"修改 | 复制"菜单命令。

方法 03 单击"默认"标签下"修改"面板中的"复制"按钮 %。

执行命令后，命令行会提示如下：

```
命令: _COPY                                          \\ 执行"复制"命令
选择对象:                                            \\ 选择需要复制的对象
当前设置:                                            \\ 显示当前默认的复制模式
指定基点或 [位移(D)/模式(O)] <位移>:                 \\ 指定复制对象的基准点或选择其他选项
指定第二个点或 [阵列(A)] <使用第一个点作为位移>:\\ 指定第二点
指定第二个点或 [阵列(A)/退出(E)/放弃(U)] <退出>:    \\ 在该提示下连续指定新点，实现多重复制
```

在执行"复制"命令时，其命令行中各主要选项具体说明如下。

（1）指定基点：指定一个坐标点作为复制对象的基点。

（2）位移（D）：直接输入位移值，表示以选择对象时的拾取点为基点，以拾取点坐标为移动方向纵横比，移动指定位移后所确定的点为基点。

（3）模式（O）：控制是否自动重复该命令，即确定复制模式是单个还是多个。

（4）阵列(A)：将选择的对象进行阵列复制操作。

（5）退出（E）：选择此项结束复制操作。

（6）放弃（U）：选择此项放弃上一次的复制操作。

例如，执行"复制"命令绘制图形，如图 4-15 所示。

```
命令: _COPY                                          \\ 执行"复制"命令
选择对象:                                            \\ 选中需要复制的圆，按 Enter 键
指定基点或 [位移(D)/模式(O)] <位移>:                 \\ 指定圆心为复制基点
指定第二个点或 [阵列(A)] <使用第一个点作为位移>:     \\ 捕捉第一个点 B
指定第二个点或 [阵列(A)/退出(E)/放弃(U)] <退出>:     \\ 捕捉第二个点 C
指定第二个点或 [阵列(A)/退出(E)/放弃(U)] <退出>:     \\ 捕捉第三个点 D，按 Enter 键
```

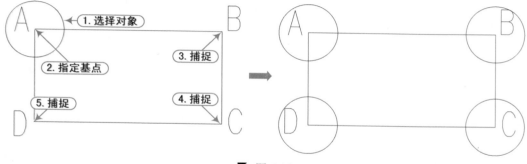

图 4-15

注意：复制命令中的"阵列"操作

由于新版本的"复制"命令（CO），提供了"阵列(A)"和"模式(O)"选项。

（1）阵列(A)，可以按照指定的距离来一次性复制多个对象，如图 4-16 所示；若选择"布满(F)"项，则在指定的距离内布置多个对象，如图 4-17 所示。

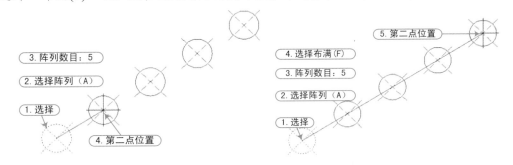

图 4-16   图 4-17

（2）若选择"模式（O）"，则显示当前的两种复制模式，即"单个（S）"和"多个（M）"。"单个（S）"复制模式表示只能进行一次复制操作，而"多个（M）"复制模式表示可以进行多次复制操作。

4.4 缩放对象

案例	无	视频	缩放对象.avi	时长	04'39"

在 AutoCAD 2015 中，"缩放"命令可以将选定的对象按指定的比例因子改变实体的尺寸大小，但不改变其状态，比例因子大于 1 时将放大对象，比例因子介于 0 和 1 之间时将缩小对象。

执行方法有如下几种。

方法 01　在命令行输入 SCALE 命令并按<Enter>键，快捷键为<SC>。

方法 02　执行"修改丨缩放"菜单命令。

方法 03　单击"默认"标签下"修改"面板中的"缩放"按钮 缩放。

执行命令后，命令行会提示如下：

```
命令:_SCALE                        \\ 执行"缩放"命令
选择对象:                          \\ 选择缩放对象
指定基点:                          \\ 确定缩放基点
指定比例因子或 [复制(C)/参照(R)]:   \\ 输入绝对比例因子或参照
```

各主要选项具体说明如下。

（1）指定比例因子：用户可以直接指定比例因子，比例因子大于 1 时将放大对象，比例因子介于 0 和 1 之间时将缩小对象。

（2）复制(C)：可以复制缩放对象，即缩放对象时，保留原对象，如图 4-18 所示。

（3）参考(R)：采用参考方向缩放对象时，系统提示："指定参考长度:"，通过指定两点来定义参照长度，系统继续提示"指定新的长度或 [点(P)] <1.0000>:"，指定新长度，按 Enter 键。若新长度值大于参考长度值，则放大对象，否则，缩小对象。如图 4-19 所示。

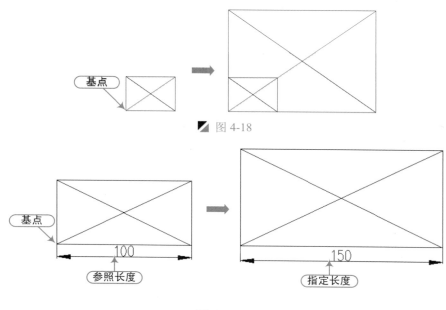

■ 图 4-18

■ 图 4-19

注意：缩放的区分

> 在 AutoCAD 中，要注意区分"缩放对象"和"缩放视图"之间的区别。前者会改变图形的大小，后者仅改变视图的比例，不会改变图形的大小（参见 2.2.1 节）。

4.5　拉伸图形

| 案例 | 无 | 视频 | 拉伸图形.avi | 时长 | 09'08" |

在 AutoCAD 2015 中，"拉伸"命令可以将选定的对象进行拉伸或移动，而不改变没有选定的部分，也可以调整对象的大小。

执行方法有如下几种。

方法 01　在命令行输入 STRETCH 命令并按<Enter>键,快捷键为<S>。

方法 02　执行"修改 | 拉伸"菜单命令。

方法 03　单击"默认"标签下"修改"面板中的"拉伸"按钮 拉伸。

执行命令后，命令行会提示如下：

```
命令: _STRETCH                              \\ 执行"拉伸"命令
选择对象:                                    \\ 选择需要拉伸的对象
指定基点或 [位移(D)] <位移>:                  \\ 指定或输入拉伸的基点
指定第二个点或 <使用第一个点作为位移>:        \\ 指定或输入第二点
```

在执行"拉伸"命令时，根据对象的类型，遵循以下规则进行拉伸。

（1）直线：位于窗口外的端点不动，位移窗口内的端点移动。

（2）圆弧：与直线类似，但在圆弧改变的过程中，圆弧的弦高保持不变，同时调整圆心的位置和圆弧起始角、终止角的值。

（3）区域填充：位于窗口外的端点不动，位于窗口内的的端点移动，以此改变图形。

（4）多段线：与直线和圆弧相似，但多段线两端的宽度、切线方向及曲线拟合信息均不改变。

（5）其他对象：如果其定义点位于选择窗口内，对象发生移动，否则不动，其中圆对象的定义点为圆心，形和块对象的定义点为插入点，文字和属性定义的定义点为字符串基线的左端点。

执行拉伸命令移动对象后，该对象与其他对象的连接线段也将被拉伸，如图 4-20 所示。

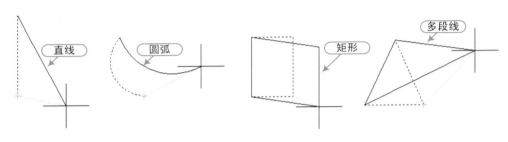

图 4-20

例如，如图 4-21 所示将图形执行拉伸命令，操作步骤如下。

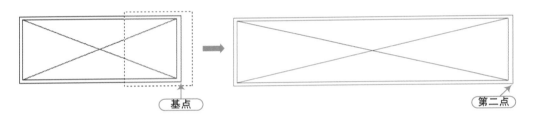

图 4-21

```
命令：_STRETCH                              \\ 执行"拉伸"命令
选择对象：                                  \\ 以交叉窗口或交叉多边形选择对象，如图所示
选择对象：                                  \\ 按 Enter 键
指定基点或 [位移(D)] <位移>：                \\ 指定矩形的右下角点
指定第二个点或 <使用第一个点作为位移>：       \\ 开启"正交"模式，向右侧任意指定一点
```

注意：不能拉伸的对象

如果对象是文字、块或圆，它们不会被拉伸，当对象整体在交叉窗口选择范围内时，它们只可以被移动，而不能被拉伸。

4.6 镜像图形

案例	无	视频	镜像图形.avi	时长	06'20"

在 AutoCAD 2015 中，经常会遇到一些对称图形，系统提供了图形镜像功能，只须先绘出对称图形的一部分，然后利用"镜像"命令复制出对称的另一部分图形。

在 AutoCAD 中,"镜像"命令可以通过指定一条镜像线来生成已有图形对象的镜像对象。执行方法有如下几种。

方法 01　在命令行输入 MIRROR 命令并按<Enter>键,快捷键为<MI>。

方法 02　执行"修改 | 镜像"菜单命令。

方法 03　单击"默认"标签下"修改"面板中的"镜像"按钮 镜像。

执行命令后,命令行会提示如下:

```
命令:_MIRROR                          \\ 执行"镜像"命令
选择对象:                             \\ 选择需要镜像的对象
指定镜像线的第一点:                    \\ 确定镜像线第一点
指定镜像线的第二点:                    \\ 确定镜像线第二点
要删除源对象吗? [是(Y)/否(N)] <N>:    \\ 确定是否删除镜像对象,默认不删除源对象
```

在 AutoCAD 中,使用系统变量 MIRRTEXT 可以控制文字对象的镜像方向,如果 MIRRTEXT 的值为 1,则文字对象完全镜像,镜像出来的文字变得不可读,如果 MIRRTEXT 的值为 0,则文字对象方向不镜像,如图 4-22 所示。

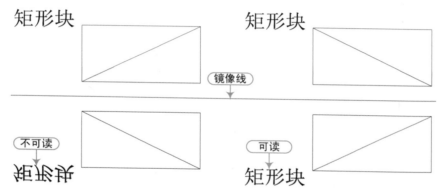

图 4-22

例如,如图 4-23 所示利用"镜像"命令绘制图形,其操作步骤如下。

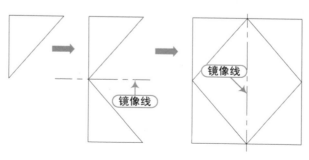

图 4-23

```
命令:_MIRROR                \\ 执行"镜像"命令
选择对象:                    \\ 选择三角形,按 Enter 键
指定镜像线的第一点:          \\ 单击水平镜像线的左端点
指定镜像线的第二点:          \\ 单击水平镜像线的右端点
```

要删除源对象吗？[是(Y)/否(N)] <N>:	\\ 按 Enter 键
命令：_MIRROR	\\ 继续执行"镜像"命令
选择对象：	\\ 选择上次镜像后得到的图形，按 Enter 键
指定镜像线的第一点：	\\ 单击垂直镜像线的上端点
指定镜像线的第二点：	\\ 单击垂直镜像线的下端点
要删除源对象吗？[是(Y)/否(N)] <N>:	\\ 按 Enter 键

提示：镜像文字

> 默认情况下，镜像文字对象时，不更改文字的方向。

4.7 移动图形

案例	无	视频	移动图形.avi	时长	01'58"

在 AutoCAD 2015 中，利用"移动"命令可以将原对象以指定的角度和方向进行移动，所移动的对象并不改变其方向和大小，是指对象的重定位。

执行方法有如下几种。

方法 01　在命令行输入 MOVE 命令并按<Enter>键，快捷键为<M>。

方法 02　执行"修改|移动"菜单命令。

方法 03　单击"默认"标签下"修改"面板中的"移动"按钮　移动。

执行命令后，命令行会提示如下：

命令：_MOVE	\\ 执行"移动"命令
选择对象：	\\ 选择需要移动的对象
指定基点或 [位移(D)] <位移>:	\\ 指定移动基点
指定第二个点或 <使用第一个点作为位移>:	\\ 指定或输入位移距离，按空格键确定

例如，如图 4-24 所示利用"移动"命令绘制图形，其操作步骤如下。

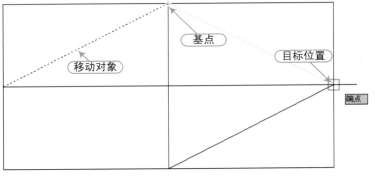

图 4-24

命令：_MOVE	\\ 执行"移动"命令
选择对象：	\\ 选择直线，如图所示
指定基点或 [位移(D)] <位移>:	\\ 用鼠标单击中心垂直线上端点，如图所示
指定第二个点或 <使用第一个点作为位移>:	\\ 用鼠标单击中心水平线右端点，如图所示

注意：移动的区分

在 AutoCAD 中，要注意区分"移动图形"和"平移视图"之间的区别，参见 2.2.1 节。

4.8　偏移图形

案例	无	视频	移动图形.avi	时长	08'28"

在 AutoCAD 2015 中，利用"偏移"命令可以将选定的图形对象以一定的距离增量值单方向复制一次。

在 AutoCAD 中，偏移命令可以偏移直线、圆弧、圆、椭圆和椭圆弧、二维多段线、构造线、射线和样条曲线等对象，但是点、图块、属性和文本不能被偏移。

执行"偏移"命令方法如下几种。

方法 01　在命令行输入 OFFSET 命令并按<Enter>键,快捷键为<O>。

方法 02　执行"修改｜偏移"菜单命令。

方法 03　单击"默认"标签下"修改"面板中的"偏移"按钮。

执行命令后，命令行会提示如下：

```
命令：_OFFSET                                          \\ 执行"偏移"命令
指定偏移距离或 [通过(T)/删除(E)/图层(L)] <10.0000>:     \\ 指定或输入偏移距离
选择要偏移的对象，或 [退出(E)/放弃(U)] <退出>:          \\ 选择需要偏移的对象
指定要偏移的那一侧上的点，或 [退出(E)/多个(M)/放弃(U)] <退出>: \\ 指定偏移的方向
选择要偏移的对象，或 [退出(E)/放弃(U)] <退出>:          \\ 重复执行偏移或按 Enter 键结束偏移
```

各主要选项具体说明如下。

（1）指定偏移距离：选择要偏移的对象后，输入偏移距离以复制对象。

（2）通过(T)：选择对象后，通过指定一个通过点来偏移对象，这样偏移复制出的对象经过通过点。

（3）删除(E)：用于确定是否在偏移后删除源对象。

（4）图层(L)：选择此选项，命令行会提示"输入偏移对象的图层选项 [当前(C)/源(S)] <当前>:"，确定偏移对象的图层特性。

使用"偏移"命令复制对象时，复制结果不一定与原对象相同，例如，对圆或椭圆作偏移后，新圆、新椭圆与旧圆、旧椭圆有同样的圆心，但新圆的半径和新椭圆的轴长要发生变化，如图 4-25 所示。

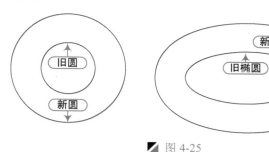

图 4-25

注意：偏移的拾取方式和距离值

> 偏移命令是一个单对象编辑命令，只能以直接拾取方式选取对象，通过指定偏移距离的方式来复制对象时，距离值必须大于 0。

例如，利用"偏移"命令完成如图 4-26 所示图形的绘制，其操作步骤如下。

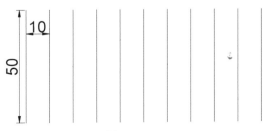

图 4-26

Step 01 在"常用"选项卡的"绘图"面板中单击"直线"按钮，开启"正交"模式，在绘图区绘制一条长 50mm 的垂直线。

Step 02 在"常用"选项卡的"绘图"面板中单击"偏移"按钮，按照如下命令行提示将垂直线向右偏移 10 次，每条线的间距为 10mm。

```
命令：_OFFSET                                          \\ 执行"偏移"命令
指定偏移距离或 [通过(T)/删除(E)/图层(L)] <10.0000>:10   \\ 输入 10，按 Enter 键
选择要偏移的对象，或 [退出(E)/放弃(U)] <退出>:          \\ 选择垂直线
指定要偏移的那一侧上的点，或 [退出(E)/多个(M)/放弃(U)] <退出>:M  \\ 输入 M，按 Enter 键
指定要偏移的那一侧上的点，或 [退出(E)/放弃(U)] <下一个对象>:
                              \\ 用鼠标在垂直线的右侧单击 10 次，按 Enter 键
```

4.9　旋转图形

案例	无	视频	旋转图形.avi	时长	05'33"

在 AutoCAD 2015 中，利用"旋转"命令可以将选定的图形绕着指定的基点进行旋转。

在 AutoCAD 中，可以通过转角方式、复制旋转和参照方式旋转对象。

执行"旋转"命令方法有如下几种。

方法 01 在命令行输入 ROTATE 命令并按<Enter>键，快捷键为<RO>。

方法 02 执行"修改|旋转"菜单命令。

方法 03 单击"默认"标签下"修改"面板中的"旋转"按钮。

执行命令后，命令行会提示如下：

```
命令：_ROTATE                              \\ 执行"旋转"命令
选择对象：                                 \\ 选择需要旋转的对象
指定基点：                                 \\ 确定基点
指定旋转角度，或 [复制(C)/参照(R)] <0>:    \\ 输入旋转角度
```

各主要选项具体说明如下。

（1）指定旋转角度：输入旋转角度，系统自动按逆时针方向旋转。

（2）复制(C)：输入 C，系统提示"旋转一组选定对象"，将指定的对象复制旋转。

（3）参照(R)：用于确定环形阵列的方法、阵列数目、环形阵列的填充角度，以及各项目间的夹角，可以将对象从指定的角度旋转到新的绝对角度。

注意：旋转的方向

可以使用系统变量 ANGDIR 和 ANGBASE 设置旋转时的正方向和零角度方向，也可以执行"格式 | 单位"命令，在打开的"图形单位"对话框中设置。

例如，利用"旋转"命令将图形旋转，如图 4-27 所示，其操作步骤如下：

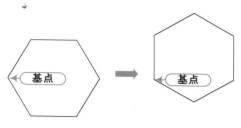

图 4-27

命令：_ROTATE	\\ 执行"旋转"命令
选择对象：	\\ 选择正六边形
指定基点：	\\ 用鼠标单击正六边形最左端端点
指定旋转角度，或 [复制(C)/参照(R)] <0>:30	\\ 输入 30，按 Enter 键

4.10 打断图形

在 AutoCAD 2015 中，利用打断命令可以将一个对象打断为两个对象，也可用两个打断点来打断对象，直线、圆弧、圆、多段线、椭圆、样条曲线以及圆环等对象均可以进行打断，但块、标注和面域等对象不能进行打断。

4.10.1 打断命令

案例	无	视频	打断命令.avi	时长	04'07"

在 AutoCAD 中，执行"打断"命令可以删除对象在指定点之间的部分。

执行"打断"命令方法有如下几种。

方法 01　在命令行输入 BREAK 命令并按<Enter>键，快捷键为
。

方法 02　执行"修改 | 打断"菜单命令。

方法 03　单击"默认"标签下"修改"面板下拉列表中的"打断"按钮。

执行命令后，命令行会提示如下：

命令：_BREAK	\\ 执行"打断"命令
选择对象：	\\ 选择需要打断的对象
指定第二个打断点 或 [第一点(F)]:	\\ 指定第二个打断点

在执行打断命令时，系统默认选择对象的拾取点作为第一点，用户需指定第二点。如果选择"[第一点（F）]"选项，便可以重新确定第一个断点。在确定第二点时，若在命令行输入@，可以是第一点和第二个点重合，从而将对象一分为二。

例如，如图 4-28 所示为对直线执行打断命令的操作。

▰ 图 4-28

注意：圆的打断

在对圆或圆弧图形使用打断命令时，系统会自动按逆时针方向把第一个断点和第二个断点之间的那段圆弧删除，如图 4-29 所示。

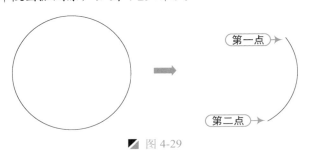

▰ 图 4-29

4.10.2 打断于点命令

| 案例 | 无 | 视频 | 打断于点命令.avi | 时长 | 02'55" |

在 AutoCAD 中，"打断于点"命令是从打断命令中派生出来的，此命令可以将对象在一点处断开成两个对象。

单击"默认"标签下"修改"面板下拉列表中的"打断于点"按钮 。执行命令后，要选择需要被打断的对象，然后指定打断点，即可从该点打断对象。

该命令将对象在一点处断开成两个对象，如图 4-30 所示。

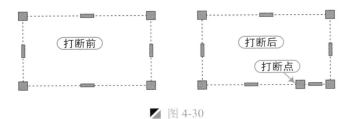

▰ 图 4-30

4.11 修剪图形

| 案例 | 无 | 视频 | 修剪图形.avi | 时长 | 06'15" |

在 AutoCAD 2015 中，修剪命令可以根据修剪边界将超出边界的线条修剪掉，可以选定一个或多个对象，在指定修剪边界的一侧部分精确地剪切掉，修剪的对象可以是任意的平面线条。

执行"修剪"命令方法有如下几种。

方法 01　在命令行输入 TRIM 命令并按<Enter>键，快捷键为<TR>。

方法 02　执行"修改｜修剪"菜单命令。

方法 03　单击"默认"标签下"修改"面板中的"修剪"按钮 ┦-- 修剪 ⏷。

执行命令后，命令行会提示如下：

```
命令: _TRIM                          \\ 执行"修剪"命令
选择对象或 <全部选择>:               \\ 选择作为边界的对象
  选择要修剪的对象，或按住 Shift 键选择要延伸的对象，或[栏选(F)/窗交(C)/投影(P)/边(E)/删除
(R)/放弃(U)]:                        \\ 根据需要选择删除或其他选项
```

各主要选项具体说明如下。

（1）栏选（F）：用来修剪与选择栏相交的所有对象。选择栏是一系列临时线段，它们是用两个或多个栏选点指定的，选择栏不构成闭合环。如图 4-31 所示。

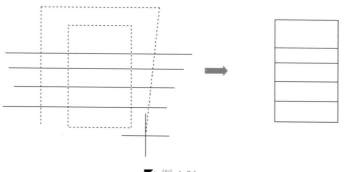

■ 图 4-31

（2）窗交（C）：选择矩形区域（由两点确定）内部或与之相交的对象，如图 4-32 所示。

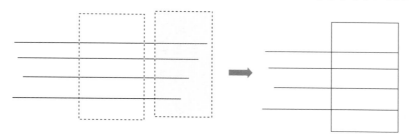

■ 图 4-32

（3）投影（P）：用于确定修剪操作的空间，主要是指三维空间中两个对象的修剪，此时可以将对象投影到某一平面上进行修剪操作。

（4）边（E）确定对象是在另一对象的延长边处进行修剪，还是仅在三维空间中与该对象相交的对象处进行修剪。

（5）删除（R）：删除选定的对象。此选项提供了一种用来删除不需要的对象的简便方式，而无须退出 TRIM 命令。

（6）放弃（U）：撤销由 TRIM 命令所做的最近一次更改。

例如，利用"修剪"命令完成如图 4-33 所示图形的绘制，其操作步骤如下。

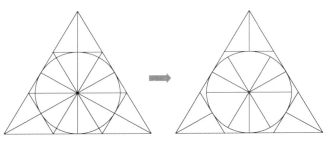

图 4-33

命令:_TRIM	\\ 执行"修剪"命令
选择对象或 <全部选择>:	\\ 按空格键
选择要修剪的对象,或按住 Shift 键选择要延伸的对象,或[栏选(F)/窗交(C)/投影(P)/边(E)/删除(R)/放弃(U)]:	\\ 如图所示选择需要删除的线段,按 Enter 键

提示: 修剪与延伸命令的转换

在进行修剪操作时按住<Shift>键,可以转换执行"延伸"(EXTEND)命令,当选择要修剪的对象时,若某条线段未与修剪边界相交,则按住<Shift>键后单击该线段,可将其延伸到最近的边界。

4.12 延伸图形

案例	无	视频	延伸图形.avi	时长	03'35"

在 AutoCAD 2015 中,如果想让对象相交,但拉长的距离不知道,这时可以使用"延伸"命令。圆弧、椭圆弧、直线及射线等对象都可以被延伸。

延伸就是使对象的终点落到指定的某个对象的边界上,有效的边界对象有圆弧、块、圆、椭圆、浮动的视口边界、直线、多段线、射线、面域、样条曲线、构造线及文本等对象。

执行"延伸"命令方法有如下几种。

方法 01　在命令行输入 EXTEND 命令并按<Enter>键,快捷键为<EX>。

方法 02　执行"修改 | 延伸"菜单命令。

方法 03　单击"默认"标签下"修改"面板中的"延伸"按钮-/ 延伸 ▾。

执行命令后,命令行会提示如下:

命令:_EXTEND	\\ 执行"延伸"命令
选择对象或 <全部选择>:	\\ 选择作为边界的对象
选择要延伸的对象,或按住 Shift 键选择要修剪的对象,或[栏选(F)/窗交(C)/投影(P)/边(E)/放弃(U)]:	\\选择需要延伸的对项或利用其他选项进行操作

执行延伸命令时,命令行中各选项的含义与"修剪"命令中的选项含义相同。

例如,利用"延伸"命令完成如图 4-34 所示图形的绘制,其操作步骤如下。

命令:_EXTEND	\\ 执行"延伸"命令
选择对象或 <全部选择>:	\\ 用鼠标单击选择水平直线,按 Enter 键
选择要延伸的对象,或按住 Shift 键选择要修剪的对象,或[栏选(F)/窗交(C)/投影(P)/边(E)/放弃(U)]:	\\用鼠标选择两条垂直线延伸,按 Enter 键

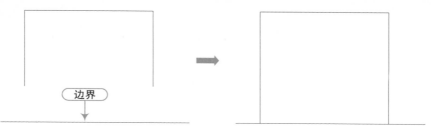

边界

图 4-34

提示：延伸命令中进行修剪

在执行延伸命令时，无须退出 EXTEND 命令就可以修剪对象。按住<Shift>键，同时选择要修剪的对象。

4.13 图形的倒角与圆角

在 AutoCAD 2015 中，利用倒角命令和圆角命令可以修改对象使其以圆角或平角相接。

4.13.1 圆角命令

| 案例 | 无 | 视频 | 圆角命令.avi | 时长 | 04'00" |

在 AutoCAD 中，执行"圆角"命令可以按指定半径的圆弧并与对象相切来连接两个对象，这两个对象可以是圆弧、圆、椭圆、直线、多段线等。

执行"圆角"命令方法有如下几种。

方法 01　在命令行输入 FILLET 命令并按<Enter>键，快捷键为<F>。

方法 02　执行"修改 | 圆角"菜单命令。

方法 03　单击"默认"标签下"修改"面板中的"圆角"按钮 ◻ 圆角 ▾。

执行命令后，命令行会提示如下：

```
命令:_FILLET                                                    \\ 执行"圆角"命令
选择第一个对象或 [放弃(U)/多段线(P)/半径(R)/修剪(T)/多个(M)]:   \\ 选择第一个目标对象
选择第二个对象，或按住 Shift 键选择对象以应用角点或 [半径(R)]:   \\ 选择第二个目标对象
```

各主要选项具体说明如下。

（1）选择第一个对象：选择第一个对象，该对象用来定义二维圆角的两个对象之一，或者是要加圆角的三维实体边。

（2）放弃（U）：恢复在命令中执行的上一个操作。

（3）多段线（P）：在二维多段线中两条直线段相交的每个顶点处插入圆角圆弧。

提示：多段线创建圆角

您还可以在指定此选项之前，通过选择多段线线段为开放多段线的端点创建圆角。

（4）半径（R）：用来定义圆角圆弧的半径。

（5）修剪（T）：用来控制 FILLET 是否将选定的边修剪到圆角圆弧的端点。

（6）多个（M）：给多个对象集加圆角。

例如，利用"圆角"命令完成如图 4-35 所示图形的绘制，其操作步骤如下：

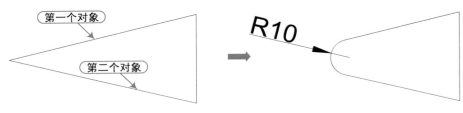

图 4-35
▰ 图 4-35

```
命令:_FILLET                                          \\ 执行"圆角"命令
选择第一个对象或 [放弃(U)/多段线(P)/半径(R)/修剪(T)/多个(M)]:R   \\ 输入 R，按 Enter 键
指定圆角半径 <10.0000>:10                              \\ 输入 10，按 Enter 键
选择第一个对象或 [放弃(U)/多段线(P)/半径(R)/修剪(T)/多个(M)]:
                                        \\ 如图所示，选择上面的边作为第一个对象
选择第二个对象，或按住 Shift 键选择对象以应用角点或[半径(R)]:
                                        \\ 如图所示，选择下面的边作为第二个对象
```

4.13.2 倒角命令

| 案例 | 无 | 视频 | 倒角命令.avi | 时长 | 03'45" |

在 AutoCAD 中，执行"倒角"命令可以通过延伸或修剪的方法，用一条斜线连接两个非平行的对象，使用该命令应先设定倒角距离，再指定倒角线。

执行"倒角"命令方法有如下几种。

方法 01 在命令行输入 CHAMFER 命令并按<Enter>键，快捷键为<CHA>。

方法 02 执行"修改|倒角"菜单命令。

方法 03 单击"默认"标签下"修改"面板中的"倒角"按钮 ⬭ 倒角 ▾。

执行命令后，命令行会提示如下：

```
命令:_CHAMFER                             \\ 执行"倒角"命令
选择第一条直线或 [放弃(U)/多段线(P)/距离(D)/角度(A)/修剪(T)/方式(E)/多个(M)]:
                                  \\ 选择要进行倒角的第一条线段
选择第二条直线，或按住 Shift 键选择直线以应用角点或 [距离(D)/角度(A)/方法(M)]:
                                  \\ 选择要进行倒角的另一条线段
```

各主要选项具体说明如下。

（1）选择第一条直线：指定倒角所需的两条边中的第一条边或要倒角的二维对象的边。

（2）多段线（P）：将对多段线每个顶点处相交的直线段做倒角处理，倒角将成为多段线新的组成部分。

提示：多段线创建倒角

　　您还可以在指定此选项之前，通过选择多段线线段为开放多段线的端点创建倒角。

（3）距离（D）：设定倒角至选定边端点的距离。

（4）角度（A）：用第一条线的倒角距离和第二条线的角度设定倒角距离。

（5）修剪（T）：控制 CHAMFER 是否将选定的边修剪到倒角直线的端点。

（6）方式（E）：控制 CHAMFER 使用两个距离还是一个距离和一个角度来创建倒角。

（7）多个（M）：为多组对象的边倒角。

注意：图案填充边界倒角

给通过直线段定义的图案填充边界加倒角会删除图案填充的关联性。如果图案填充边界是通过多段线定义的，将保留关联性。

例如，利用"倒角"命令完成如图 4-36 所示图形的绘制，其操作步骤如下。

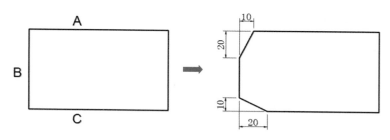

图 4-36

```
命令: _CHAMFER                                                    \\ 执行"倒角"命令
选择第一条直线或 [放弃(U)/多段线(P)/距离(D)/角度(A)/修剪(T)/方式(E)/多个(M)]:D
                                                                 \\ 输入 D，按 Enter 键
指定 第一个 倒角距离 <10.0000>:10                                   \\ 输入 10，按 Enter 键
指定 第二个 倒角距离 <10.0000>:20                                   \\ 输入 20，按 Enter 键
选择第一条直线或 [放弃(U)/多段线(P)/距离(D)/角度(A)/修剪(T)/方式(E)/多个(M)]: M
                                                                 \\ 输入 M，按 Enter 键
选择第一条直线或 [放弃(U)/多段线(P)/距离(D)/角度(A)/修剪(T)/方式(E)/多个(M)]:
                                                                 \\ 用鼠标选择单击直线 A
选择第二条直线，或按住 Shift 键选择直线以应用角点或 [距离(D)/角度(A)/方法(M)]:
                                                                 \\ 用鼠标选择单击直线 B
选择第一条直线或 [放弃(U)/多段线(P)/距离(D)/角度(A)/修剪(T)/方式(E)/多个(M)]:
                                                                 \\ 用鼠标选择单击直线 B
选择第二条直线，或按住 Shift 键选择直线以应用角点或 [距离(D)/角度(A)/方法(M)]:
                                                                 \\ 用鼠标选择单击直线 C，按 Enter 键
```

4.14 编辑夹点模式

案例	无	视频	编辑夹点模式.avi	时长	09'13"

在 AutoCAD 2015 中，用户可以通过"选项"对话框中的"选择集"选项卡进行夹点大小和显示的设置。

在 AutoCAD 中，使用不同类型的夹点模式以其他方式重新塑造、移动或操纵对象，相对于其他编辑对象而言，使用夹点功能修改图形更方便、快捷。利用夹点可以对对象进行拉伸、旋转、移动及镜像等一系列操作。

1. 拉伸对象

不执行任何命令时选择对象，显示其夹点，然后单击其中任意一个夹点作为拉伸的基点，命令行提示如下：

```
** 拉伸 **
指定拉伸点或 [基点(B)/复制(C)/放弃(U)/退出(X)]:
```

各主要选项具体说明如下。

（1）基点（B）：用于重新确定拉伸基点。

（2）复制（C）：允许确定一系列的拉伸点，用以实现多次拉伸。

（3）放弃（U）：用于取消上一步的操作。

（4）退出（X）：用于退出当前的操作。

例如，如图 4-37 所示为使用夹点拉伸对象。

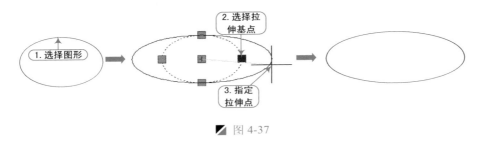

图 4-37

注意：特殊对象的拉伸

对于某些对象夹点（例如，块参照夹点），拉伸将移动对象而不是拉伸它。

2. 移动对象

在夹点编辑模式下确定基点后，在命令行输入 MO 进入移动模式，命令行将提示如下信息：

```
** MOVE **
指定移动点 或 [基点(B)/复制(C)/放弃(U)/退出(X)]:
```

通过输入点的坐标或拾取点的方式来确定平移对象的目的点，便可以基点为起点进行平移，将对象平移到以目的点为终点的新位置。

例如，如图 4-38 所示为使用夹点移动对象。

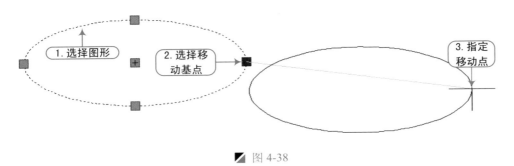

图 4-38

提示：移动对象的变化

> 移动对象是指仅在位置上的平移，对象的大小和方向都不会改变。

3. 旋转对象

在夹点编辑模式下确定基点后，在命令行输入 RO 进入旋转模式，命令行将提示如下信息：

> ** 旋转 **
> 指定旋转角度或 [基点(B)/复制(C)/放弃(U)/参照(R)/退出(X)]:

通常在默认情况下，输入角度值后或通过拖动的方式确定了旋转角度后，便可以将对象绕着基点旋转指定的角度，用户也可以选择"参考"，以参考的方式来旋转对象。

例如，如图 4-39 所示为使用夹点旋转对象。

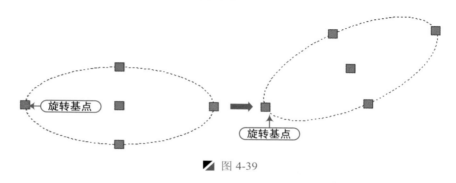

旋转基点

旋转基点

◢ 图 4-39

4. 缩放对象

在夹点编辑模式下确定基点后，在命令行输入 SC 进入缩放模式，命令行将提示如下信息：

> ** 比例缩放 **
> 指定比例因子或 [基点(B)/复制(C)/放弃(U)/参照(R)/退出(X)]:

通常在默认情况下，输入比例因子后，系统会相对于基点进行缩放对象的操作，比例因子大于 1 即为放大对象；否则，比例因子小于 1 大于 0 为缩小对象。

例如，如图 4-40 所示为使用夹点缩放对象。

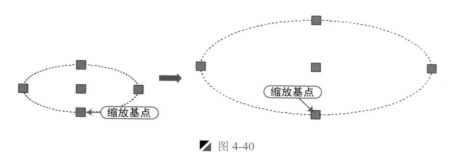

缩放基点

缩放基点

◢ 图 4-40

5. 镜像对象

在夹点编辑模式下确定基点后，在命令行输入 MI 进入镜像模式，命令行将提示如下信息：

```
**  镜像  **
指定第二点或 [基点(B)/复制(C)/放弃(U)/退出(X)]:
```

当指定了镜像线上的第二个点后，系统将会以基点作为镜像线上的第一点，新指定的点为镜像线上的第二点，然后将对象进行镜像操作同时删除原对象。

例如，如图 4-41 所示为使用夹点镜像对象。

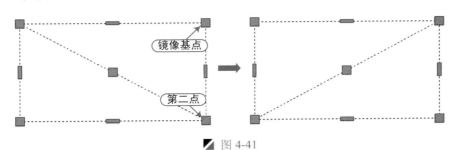

图 4-41

4.15 编辑多段线

| 案例 | 无 | | 视频 | 编辑多段线.avi | | 时长 | 08'11" |

在 AutoCAD 2015 中，通过多段线编辑命令可以对多段线进行编辑，以满足用户的不同需求。

执行"编辑多段线"命令方法有如下几种。

方法 01 在命令行输入 PEDIT 命令并按<Enter>键。

方法 02 执行"修改|对象|多段线"菜单命令。

方法 03 选择要编辑的多段线对象并单击鼠标右键，在弹出的快捷菜单上选择"多段线|编辑多段线"命令，如图 4-42 所示。

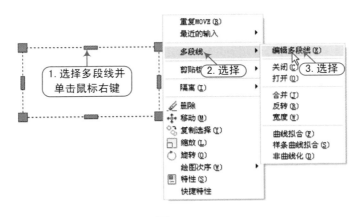

图 4-42

执行命令后，命令行会提示如下：

```
命令：_PEDIT                              \\ 执行"编辑多段线"命令
选择多段线或 [多条(M)]:                    \\ 选择要编辑的多段线对象
输入选项 [闭合(C)/合并(J)/宽度(W)/编辑顶点(E)/拟合(F)/样条曲线(S)/非曲线化(D)/线型生成
(L)/反转(R)/放弃(U)]:                      \\ 根据要求设置各个选项
```

各主要选项具体说明如下。

（1）打开（O）/闭合（C）：可以将多段线进行闭合或者打开处理。

（2）合并（J）：用于合并直线段、圆弧或者多段线，使所选对象成为一条多段线，合并的前提是各段对象首尾相连。

（3）宽度（W）：可以修改多段线的宽度，根据命令行提示输入新宽度即可，如图4-43所示。

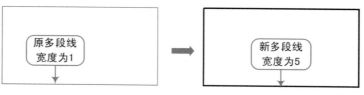

图 4-43

（4）编辑顶点（E）：可以修改多段线的顶点。

（5）拟合（F）：将多段线的拐角用光滑的圆弧曲线连接，如图4-44所示。

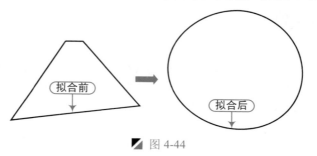

图 4-44

（6）样条曲线（S）：创建样条曲线的近似线，如图4-45所示。

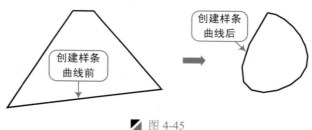

图 4-45

（7）非曲线化（D）：删除由拟合或样条曲线插入的其他顶点并拉直所有多段线线段，即拟合（F）和样条曲线（S）选项的相反操作，如图4-46所示。

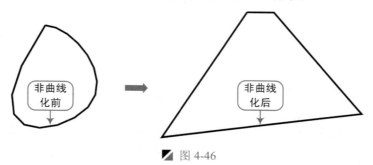

图 4-46

（8）线型生成（L）：此选择用于控制多段线线型生成方式的开关，选择此选项后，命令行提示"输入多段线线型生成选项 [开(ON)/关(OFF)]:"，用户也可以分别指定所绘对象的起点半宽和端点半宽。

（9）反转（R）：反转多段线顶点的顺序。

（10）放弃（U）：返回 PEDIT 命令的起始处。

4.16 编辑多线

| 案例 | 无 | 视频 | 编辑多线.avi | 时长 | 11'01" |

在 AutoCAD 2015 中，可以通过编辑多线不同的交点对其进行修改，以完成各种绘制的需要。

执行"编辑多线"命令的方法有如下几种。

方法 01 在命令行输入 MLEDIT 命令并按<Enter>键。

方法 02 执行"修改｜对象｜多线"菜单命令。

执该行命令后，将弹出"多线编辑工具"对话框，如图 4-47 所示。通过该对话框可以创建或修改多线的模式。对话框中第一列是十字交叉形式的，第二列是 T 形式的，第三列是拐角结合点和节点，第四列是多线被剪切和被连接的形式，选择所需要的示例图形，单击"确定"按钮即可设置。

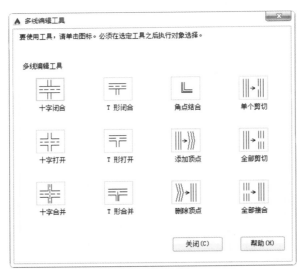

▮ 图 4-47

在"多线编辑工具"对话框中，各主要选项具体功能如下。

（1）十字闭合：在两条多线之间创建闭合的十字交点。

（2）十字打开：在两条多线之间创建打开的十字交点。打断将插入第一条多线的所有元素和第二条多线的外部元素。

（3）十字合并"：在两条多线之间创建合并的十字交点。选择多线的次序并不重要。

"十字闭合"、"十字打开"和"十字合并"，如图 4-48 所示。

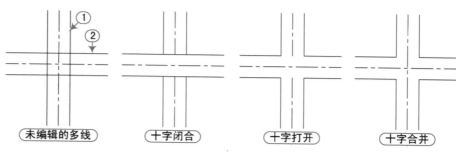

图 4-48

（4）T 形闭合：在两条多线之间创建闭合的 T 形交点。将第一条多线修剪或延伸到与第二条多线的交点处。

（5）T 形打开：在两条多线之间创建打开的 T 形交点。将第一条多线修剪或延伸到与第二条多线的交点处。

（6）T 形合并：在两条多线之间创建合并的 T 形交点。将多线修剪或延伸到与另一条多线的交点处。

"T 形闭合"、"T 形打开"和"T 形合并"如图 4-49 所示。

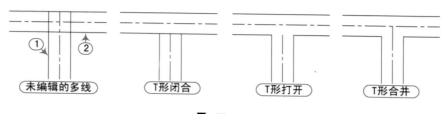

图 4-49

（7）角点结合：在多线之间创建角点结合。将多线修剪或延伸到它们的交点处。如图 4-50 所示。

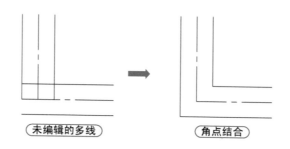

图 4-50

（8）添加顶点：向多线上添加一个顶点。如图 4-51 所示。

（9）删除顶点：从多线上删除一个顶点。如图 4-52 所示。

（10）单个剪切：在选定多线元素中创建可见打断。

（11）全部剪切：创建穿过整条多线的可见打断。

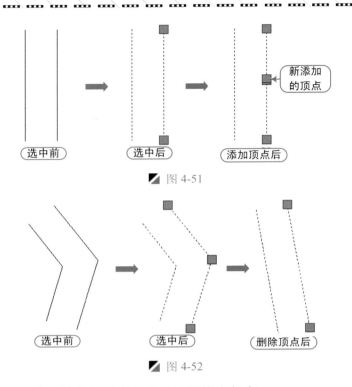

图 4-51

图 4-52

（12）全部接合：将已被剪切的多线线段重新接合起来。

"单个剪切"、"全部剪切"和"全部结合"的效果如图 4-53 所示。

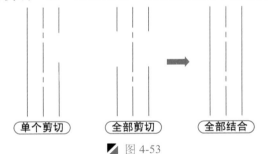

图 4-53

4.17 对象的填充

在 AutoCAD 2015 中，要重复绘制某些图案以填充图形中的一个区域，来表达该区域的特征，这种填充操作称为图案填充，可以使用填充图案、纯色或渐变色来填充，还可以创建新的图案填充对象。

4.17.1 图案填充的设置

| 案例 | 无 | 视频 | 图案填充的设置.avi | 时长 | 22'50" |

在 AutoCAD 中，图案填充可以用填充图案或渐变色填充来填充封闭区域或选定对象。执行"图案填充"命令的方法有如下几种。

方法 01　在命令行输入 BHATCH 命令并按<Enter>键，其快捷键为<H>。

方法 02　执行"绘图丨图案填充"菜单命令。

方法 03　单击"默认"标签下"绘图"面板中的"图案填充"按钮。

　　执行命令后，根据命令行提示，选择"设置（T）"选项可以打开"图案填充和渐变色"对话框，如图 4-54 所示。设置好填充的图案、比例和填充原点等，再根据要求选择封闭的图形区域，即可对其进行图案填充，如图 4-55 所示。

图 4-54

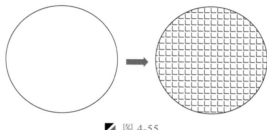

图 4-55

　　通过打开"图案填充和渐变色"对话框，可以对"图案填充"进行设置，包括设置"类型"、"图案"、"角度"、"比例"及"图案填充原点"等。

　　在"图案填充和渐变色"对话框中，其主要选项具体说明如下。

　　（1）类型（Y）：在其下拉列表中，用户可以选择图案的类型，包括"预定义"、"用户定义"和"自定义"3 个选项。"用户定义"的图案基于图形中的当前线型；"自定义"的图案是在任何自定义 PAT 文件中定义的图案，这些文件已添加到搜索路径中；而"预定义"的图案存储在随程序提供的文件中（AutoCAD：acad.pat 或 acadiso.pat；AutoCAD LT：acadlt.pat 或 acadltiso.pat）。

　　（2）图案（P）：显示选择的 ANSI、ISO 和其他行业标准填充图案。选择"实体"可创建实体填充。只有将"类型"设定为"预定义"，"图案"选项才可用。单击其右侧的⋯按钮，弹出"图案填充选项板"对话框，如图 4-56 所示。

　　（3）颜色（C）：使用填充图案和实体填充的指定颜色替代当前颜色。

　　（4）样例：显示选定图案的预览图像。单击样例可显示"填充图案选项板"对话框。

　　（5）自定义图案（M）：列出可用的自定义图案。最近使用的自定义图案将出现在列表顶部。只有将"类型"设定为"自定义"，"自定义图案"选项才可用。

提示：自定义填充图案的加载

　　由于 AutoCAD 软件自身并没有提供自定义填充图案，这时用户应该将自定义的填充图案对象加载到 AutoCAD 安装目录下的"Support"文件夹中。

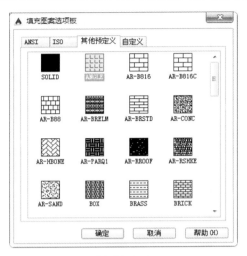

图 4-56

（6）角度（G）：指定填充图案的角度（相对当前 UCS 坐标系的 X 轴）。在其下拉列表中可以设置图案填充时的角度，如图 4-57 所示为不同填充角度的效果。

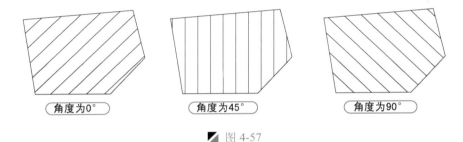

图 4-57

（7）比例（S）：放大或缩小预定义或自定义图案。只有将"类型"设定为"预定义"或"自定义"，此选项才可用，如图 4-58 所示为不同填充比例的效果。

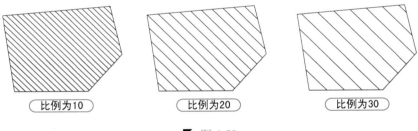

图 4-58

（8）间距（C）：指定用户定义图案中的直线间距。只有将"类型"设定为"用户定义"，此选项才可用。

（9）使用当前原点（T）：使用存储在 HPORIGIN 系统变量中的图案填充原点。

（10）指定的原点：使用其以下选项指定新的图案填充原点。

（11）添加：拾取点（K）：通过选择由一个或多个对象形成的封闭区域内的点，确定图案填充边界。单击▣按钮，系统自动切换至绘图区，在需要填充的区域内任意指定一点，出现的虚线区域被选中，再按空格键，得到填充的效果如图 4-59 所示。

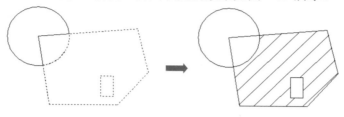

图 4-59

（12）添加：选择对象（B）：单击▣按钮，系统自动切换至绘图区，在需要填充的对象上单击，得到填充的效果如图 4-60 所示。

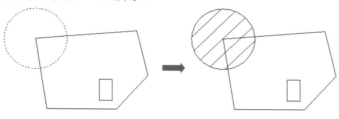

图 4-60

（13）删除边界（D）：单击该按钮可以取消系统自动计算或用户指定的边界，如图 4-61 所示。

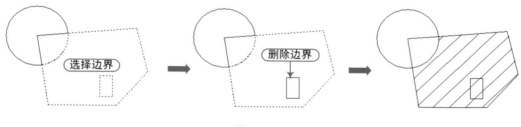

图 4-61

（14）重新创建边界（R）：重新设置图案填充边界。

（15）查看选择集（V）：查看已定义的填充边界，单击该按钮后，绘图区会亮显共边线。

（16）注释性（N）：指定图案填充为注释性。此特性会自动完成缩放注释过程，从而使注释能够以正确的大小在图纸上打印或显示 (HPANNOTATIVE)。

（17）关联（A）：指定图案填充或填充为关联图案填充。关联的图案填充或填充在用户修改其边界对象时将会更新 (HPASSOC)。

（18）创建独立的图案填充（H）：控制当指定了几个单独的闭合边界时，是创建单个图案填充对象，还是创建多个图案填充对象。

（19）绘图次序（W）：用户可以在其下拉列表中为图案填充指定绘图次序。

（20）继承特性（I）：单击该按钮，可将现有的图案填充或填充对象的特性应用到其他图案填充或填充对象中。

单击"图案填充和渐变色"对话框右下角"更多选项"按钮，可以打开对话框更多选项进行填充设置，其中包括"孤岛"、"边界保留"、"边界集"、"允许的间隙"和"继承选项"的设置，如图4-62所示。

图 4-62

例如，利用"图案填充"命令绘制地板布置图，如图4-63所示。

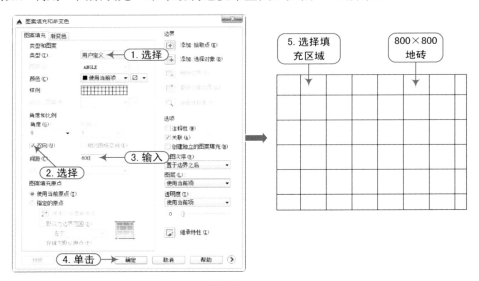

图 4-63

4.17.2 图案填充的编辑

案例	无	视频	图案填充的编辑.avi	时长	02'11"

在 AutoCAD 中，无论关联填充图案还是非关联填充图案，用户只需选择填充的图案，即可显示"图案填充编辑器"面板，如图4-64所示。用户可以在此重新设置填充的区域、填充图案、比例和角度等。

图 4-64

AutoCAD 将关联图案填充对象作为一个块进行处理，它的夹点只有一个，位于填充区域外接矩形的中心点上。如图 4-65 所示。

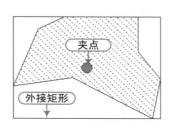

图 4-65

提示：填充边界的编辑

如果要对图案填充本身的边界轮廓直接进行夹点编辑，则要在"选项"对话框中选择"在块中显示夹点"和"关联图案填充"，就可以选择边界进行编辑，如图 4-66 所示。

图 4-66

4.18　综合练习——绘制会议桌椅

案例	会议桌椅.dwg	视频	绘制会议桌椅.avi	时长	12'24"

为了使用户对 AutoCAD 二维图形的编辑有一个初步的了解，下面以会议桌椅的绘制来进行讲解，其操作步骤如下。

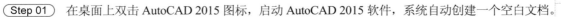

Step 01　在桌面上双击 AutoCAD 2015 图标，启动 AutoCAD 2015 软件，系统自动创建一个空白文档。

Step 02　在"快速访问"工具栏单击"另存为"按钮 📙，将弹出"图形另存为"对话框，将该文件保存为"案例\04\会议桌椅.dwg"文件。

Step 03　在"常用"选项卡的"绘图"面板中单击"矩形"按钮 □·，绘制一个长度为 5000mm，宽度为 3000mm 的矩形，如图 4-67 所示。

Step 04　利用"分解"命令（X），将矩形分解成四条线段；再利用"圆角"命令（F），将矩形的四个直角绘制成半径为 800mm 的四个圆角，如图 4-68 所示。

　图 4-67

　图 4-68

Step 05　利用"直线"命令（L），在圆角与直线的交点绘制出分别为水平和竖直的 4 条线段，如图 4-69 所示会议桌绘制完毕。

Step 06　利用"直线"命令（L），绘制长度为 570mm 的线段；利用"偏移"命令（O）绘制出偏移距离为 500mm 的线段；然后利用"圆弧"命令（ARC）在两线段左端点之间绘制圆弧，并且利用偏移命令在两线段另一侧绘制出相同的圆弧，如图 4-70 所示。

　图 4-69

　图 4-70

Step 07　利用"圆角"命令（F），将圆弧与线段的四个交点绘制成半径为 20mm 的 4 个圆角，如图 4-71 所示。

Step 08　利用两次"偏移"命令（O），将右侧的圆弧向左偏移的距离分别为 60mm 和 80mm，然后利用"圆角"命令（F），将圆弧与线段的末相交处绘制成半径为 20mm 的 4 个圆角，如图 4-72 所示椅子绘制完毕。

　图 4-71

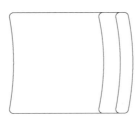
　图 4-72

Step 09　利用"移动"命令（M），将绘制好的椅子对象放到合适的位置，如图 4-73 所示。

Step 10　利用"阵列"命令（AR），阵列出 1 排 5 列椅子，如图 4-74 所示。

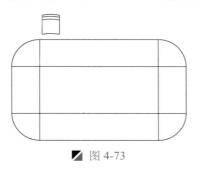
■ 图 4-73

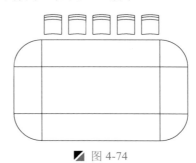
■ 图 4-74

Step 11　利用"镜像"命令（MI），将 5 把椅子镜像到桌子另一侧，如图 4-75 所示。

提示：镜像线端点

在使用镜像命令中选取镜像线的端点时，选择会议桌宽的中点为镜像线端点。

Step 12　利用旋转、移动和阵列命令在桌子四个圆角处放置 4 把椅子，如图 4-76 所示。

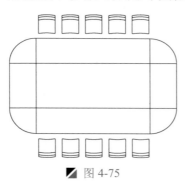
■ 图 4-75

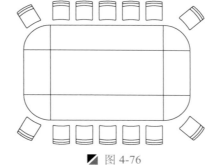
■ 图 4-76

Step 13　利用旋转和移动命令在桌子左右放置 3 把椅子，如图 4-77 所示会议桌椅全部绘制完毕。

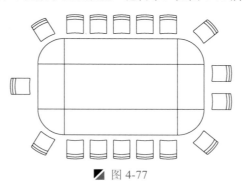
■ 图 4-77

Step 14　在"快速访问"工具栏单击"保存"按钮🖫，将所绘制的会议桌椅进行保存。

Step 15　在键盘上按<Alt+F4>或<Alt+Q>组合键，退出所绘制的文件对象。

5

图块、外部参照与设计中心

本章导读

在 AutoCAD 2015 中，如果图形中有大量相同或相似的内容，或者所绘制的图形与已有的图形相同，则可以把要重复创建的图形创建成块，需要时直接插入；也可以使用外部参照功能，把已有的图形文件以参照的形式插入到当前图形中，如果需要的对象是另一个文件中的一部分，则可通过设计中心完成。

本章内容

- ▪ 图块的概念和特点
- ▪ 创建与编辑图块
- ▪ 编辑与管理块属性
- ▪ 设计中心的使用
- ▪ 外部参照的使用

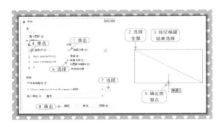

5.1　图块的概念和特点

在 AutoCAD 2015 中绘制图形时，有时需要插入某些特殊符号，此时就会用到图块及图块属性；利用图块与图块属性绘图，可以提高绘图的效率和质量，常用于绘制复杂重复的图形。

块是一个或多个对象组成的对象组合，常用于绘制复杂、重复的图形。一旦一组对象组合成块，就可以根据作图需要将这组对象插入到图中任意指定位置，而且还可以按不同的比例和旋转角度插入。

在 AutoCAD 中的块具有以下特点。

1. 提高绘图速度

在 AutoCAD 中绘制图形时，常常要绘制一些重复出现的图形，将这些图像创建成块保存起来，在需要时用插入块的方法实现图形的绘制，即将"绘图"变成了"拼图"，避免了大量的重复性工作，提高了绘图效率。

2. 节省存储空间

在 AutoCAD 中要保存每一对象的相关信息，如对象的类型、位置、图层、线型及颜色等，这些信息要占用存储空间。如果把相同的图形事先定义成一个块，在绘制图形时，虽然在块的定义中包含了图形的全部对象，但系统只需要一次这样的定义，对块的每次插入，AutoCAD 仅需要记住这个对象的有关信息（如块名、插入点坐标及插入比例等）。

3. 便于修改图形

在 AutoCAD 中绘制图形时，一张工程图纸往往需要多次修改，如果对旧图纸上的每一项进行修改，既费时又不方便；但如果原来的各项是通过插入块的方法绘制的，那么只要简单地进行再定义，就可对图中的所有项进行修改。

4. 可以添加属性

很多块还要求有文字信息以进一步解释其用途。在 AutoCAD 中允许用户为块创建这些文字属性，并可在插入的块中指定是否显示这些属性。此外，还可以从图中提取这些信息并将它们传送到数据库中。

5.2　创建与编辑图块

在 AutoCAD 2015 中，块作为一个整体图形单元，可以是绘制在几个图层上的不同颜色、线型和线宽特性对象的组合，各个对象可以有自己独立的图层、颜色和线型等特性。在插入块时，块中每个对象的特性都可以被保留。

5.2.1　创建图块

案例	无	视频	创建图块.avi	时长	05'55"

在 AutoCAD 中，块的定义就是将图形中选定的一个或几个实体组合成一个整体，为其命名并保存，它被视为一个实体在图形中随时进行调用和保存。

"创建图块"命令的执行方法有如下几种。

方法 01　在命令行输入 BLOCK 命令并按<Enter>键，快捷键为<B>。

方法 02　执行"绘图 | 块 | 创建"菜单命令。

方法 03　单击"默认"标签下"块"面板中的"创建"按钮 🔲 创建 。

通过以上任意一种方法，可以打开"块定义"对话框，运用此对话框来实现创建图块，如图 5-1 所示。

▨ 图 5-1

在"块定义"对话框中，各个主要选项具体说明如下。

（1）名称（N）：输入块的名称，最多可使用 255 个字符，当行中包含多个块时，还可以在下拉列表中选择已有的块。

（2）基点：指定块插入的基点，可以在 X、Y、Z 文本框中输入，也可以直接单击"拾取点"按钮 🔲，切换到绘图窗口并选择基点。

（3）对象：指定新块中要包含的对象，以及创建块之后如何处理这些对象，是保留还是删除选定的对象或者是将它们转换成块实例。

（4）在屏幕上指定：用于指定新块中要包含的对象等，关闭对话框时，将提示用户指定对象。

（5）选择对象（T）：暂时关闭"块定义"对话框，允许用户选择块对象。选择完对象后，按 Enter 键可返回到该对话框。

（6）保留（R）：创建块以后，将选定对象保留在图形中作为区别对象。

（7）转换为块（C）：创建块以后，将选定对象转换成图形中的块实例。

（8）删除（D）：创建块以后，从图形中删除选定的对象。

（9）快速选择按钮：单击该按钮显示"快速选择"对话框，该对话框定义选择集，如图 5-2 所示。

（10）方式：设置组成块的对象的显示方式。

（11）设置：设置块的基本属性，单击"块单位"下拉列表，可以选择从 AutoCAD 设计中心中拖动块时的缩放单位。

（12）超链接（U）：单击该按钮显示"插入超链接"对话框，可以使用该对话框将某个超链接与块定义相关联。如图 5-3 所示。

（13）说明：指定块的文字说明。

例如，将矩形架创建为块，其操作步骤如图 5-4 所示。

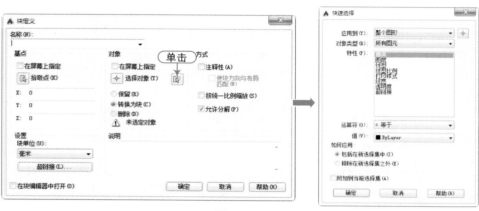

图 5-2

图 5-3

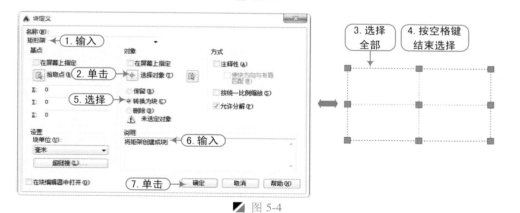

图 5-4

如图 5-5 所示为创建块前和创建块后被选中的变化。

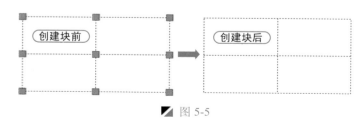

图 5-5

注意：内部图块与外部图块的区别

> 创建块时，必须先绘制出要创建为块的对象，如果新块的名称与已定义的块名称相同，系统将弹出警告对话框，要求用户重新定义块的名称；另外，使用 BLOCK 命令创建的块只能由所在的图形使用，而不能由其他图形使用，即称为内部图块；如果希望在其他图形中也使用块，则需要使用 WBLOCK 命令创建块，即称为外部图块。

5.2.2 插入图块

案例	无	视频	插入图块.avi	时长	04'00"

在 AutoCAD 中，当在图形文件中定义了图块后，即可在内部文件中进行插入块操作，还可以改变所插入块或图形的比例与旋转角度。

"插入图块"命令的执行方法有如下几种。

方法 01 在命令行输入 INSERT 命令并按<Enter>键，快捷键为<I>。

方法 02 执行"插入 | 块"菜单命令。

方法 03 单击"默认"标签下"块"面板中的"插入"按钮。

通过以上任意一种方法，可以打开"插入"对话框，运用此对话框来实现插入图块，如图 5-6 所示。

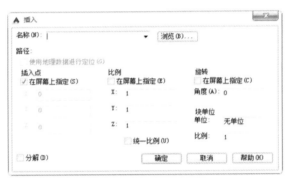

图 5-6

在"插入"对话框中，各个主要选项具体说明如下。

（1）名称（N）：用于输入要插入的块名，或者在其下拉列表中选择要插入的块对象的名称。

（2）浏览（B）：用于浏览文件，单击该按钮打开"选择图形文件"对话框，用户可在该对话框中选择要插入的外部块文件，如图 5-7 所示。

（3）插入点：用于指定块的插入点。

（4）比例：用于指定插入块的缩放比例。如果指定负的 X、Y 和 Z 缩放比例因子，则插入块的镜像图像。

（5）旋转：在当前 UCS 中指定插入块的旋转角度。

（6）分解：用于分解块并插入该块的各个部分。选定"分解"时，只可以指定统一比例因子。

图 5-7

例如，如图 5-8 所示为矩形架（块）的选择插入操作。

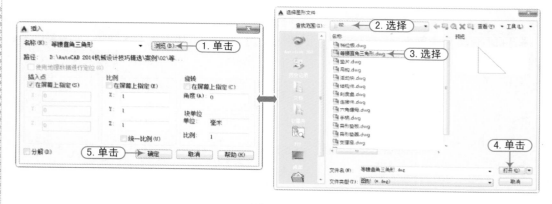

图 5-8

执行上面的步骤操作后，命令行中提示确定插入点的位置，并且在光标上附着待插入的图块对象，将鼠标移动至餐厅相应的位置，单击以确定插入点即可。

5.2.3 图块的存储

案例	无	视频	图块的储存.avi	时长	04'20"

在 AutoCAD 中，用户可以将图块进行存盘操作，从而以后能在任何一个文件中使用。执行"WBLOCK"命令可以将块以文件的形式写入磁盘，其快捷键为"W"。

"WBLOCK"命令执行后，系统将打开"写块"对话框如图 5-9 所示。

在"写块"对话框中，各个主要选项具体说明如下。

（1）块（B）：指定要另存为文件的现有块，从列表中选择名称。

（2）整个图形（E）：选择要另存为其他文件的当前图形。

（3）对象（O）：选择要另存为文件的对象，指定基点并选择下面的对象。

（4）文件名和路径（F）：指定文件名和保存块或对象的路径。

（5）插入单位（U）：用于选择从 AutoCAD 设计中心中拖动块时的缩放单位。

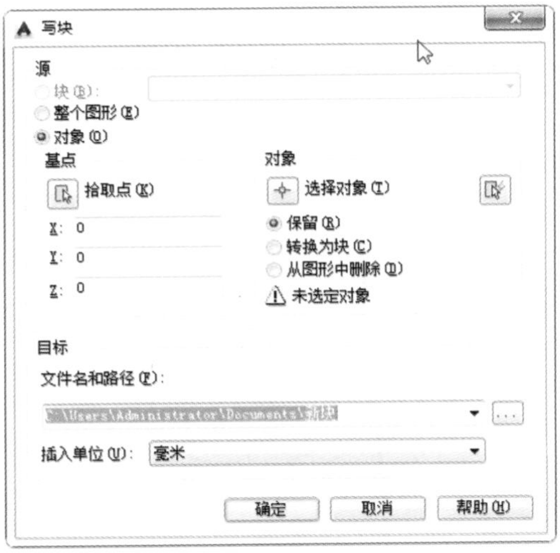

图 5-9

注意：将"虚拟"图块保存为实体图块

如果用户要通过"BLOCK"命令将所定义的图块保存在磁盘上，那么这时用户就应在"源"选项区域中选择"块"单选按钮，并在其后的下拉列表中选择指定的块对象，然后确定保存的路径和名称，即可将"虚拟"图块保存为实体图块。

例如，如图 5-10 所示为图块的存储操作步骤。

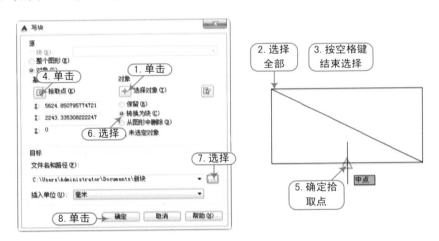

图 5-10

5.2.4 设置插入基点

案例	无	视频	设置插入基点.avi	时长	03'04"

在 AutoCAD 中，执行"绘图 | 块 | 基点"菜单命令，或在命令行输入 BASE 命令，可以设置当前图形的插入基点，当把某一图形文件作为块插入时，系统默认将该图的坐标原

点作为插入点，这样往往会给绘图带来不便。这时就可以使用"基点"命令，对图形文件指定新的插入基点。

执行 BASE 命令后，可以直接在"输入基点："提示下指定作为块插入基点的坐标。

5.3　编辑与管理块属性

在 AutoCAD 2015 中，块属性是附属于块的非图形信息，是块的组成部分，可包含在块定义中的文字对象。在定义一个快时，属性必须提前定义而后选定，通常属性用于在块的插入过程中进行自动注释。

5.3.1　创建块属性

| 案例 | 无 | 视频 | 创建块属性.avi | 时长 | 08'19" |

在 AutoCAD 中，块的属性是将数据附着到块上的标签或标记，属性中可能包括零件编号、价格、注释和物主的名称等。

对图块定义属性的方法有以下几种。

方法 01　在命令行输入 ATTDEF 命令并按<Enter>键，快捷键为<AT>。

方法 02　执行"绘图｜块｜定义属性"菜单命令。

方法 03　单击"默认"标签里"块"面板下拉列表中的"定义属性"按钮🏷。

通过以上任意一种方法，可以打开"属性定义"对话框，运用此对话框来定义图块的属性，如图 5-11 所示。

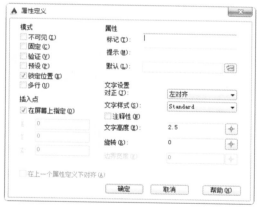

图 5-11

在"属性定义"对话框中，各个主要选项具体说明如下。

（1）模式：用于设置属性的模式。

（2）不可见（I）：指定插入块时不显示或打印属性值。

（3）固定（C）：在插入块时指定属性的固定属性值。此设置用于永远不会更改的信息。

（4）验证（V）：插入块时提示验证属性值是否正确。

（5）预设（P）：插入块时，将属性设置为其默认值而无需显示提示。

（6）锁定位置（K）：锁定块参照中属性的位置。解锁后，属性可以相对于使用夹点编辑的块的其他部分移动，并且可以调整多行文字属性的大小。

（7）多行（U）：指定属性值可以包含多行文字，并且允许指定属性的边界宽度。

（8）插入点：指定属性位置。输入坐标值，或选择"在屏幕上指定"，并使用定点设备来指定属性相对于其他对象的位置。

注意：插入点确定后

> 确定该插入点后，系统将以该点为参照点，按照在"文字选项"选项区域的"对正"下拉列表中确定的文字排列方式放置属性值。

（9）属性：设定属性数据。

（10）标记（T）：指定用来标识属性的名称。使用任何字符组合（空格除外）输入属性标记。小写字母会自动转换为大写字母。

（11）提示（M）：指定在插入包含该属性定义的块时显示的提示。

（12）默认（L）：指定默认属性值。

（13）文字设置：设定属性文字的对正、样式、高度和旋转。

（14）在上一个属性定义下对齐（A）：将属性标记直接置于之前定义的属性的下面，如果之前没有创建属性定义，则此选项不可用。

设置完"属性定义"对话框中的各项参数后，单击对话框中的"确定"按钮，系统将完成一次属性定义。用户可以根据以上方法为块定义多个属性。

例如，要创建一个带属性的图块，其操作步骤如下。

Step 01　在桌面上双击 AutoCAD 2015 图标，启动 AutoCAD 2015 软件，系统自动创建一个空白文档。

Step 02　在"常用"选项卡的"绘图"面板中单击"圆"按钮⊙，绘制一个半径为 300mm 的圆，然后再在此面板中单击"多边形"按钮，绘制一个与圆内接的正六边形，如图 5-12 所示。

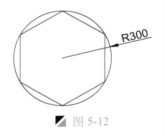

图 5-12

Step 03　单击"默认"标签里"块"面板下拉列表中的"定义属性"按钮，将弹出"属性定义"对话框，然后按照如图 5-13 所示对其进行属性定义。

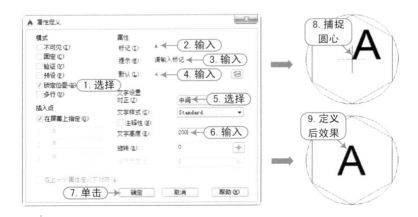

图 5-13

Step 04 在命令行输入"WBLOCK"命令，打开"写块"对话框，然后按照如图 5-14 所示完成写块的操作，至此，即可创建带属性的块。

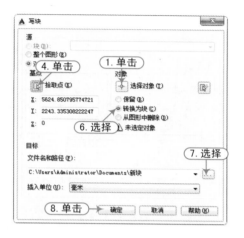

图 5-14

5.3.2 块属性的修改

案例	无	视频	快属性的修改.avi	时长	03'26"

在 AutoCAD 中，当用户插入带属性的图块后，可对其图块的属性进行修改。

对所插入块图属性的修改方法有以下几种。

方法 01 在命令行输入 DDEDIT 命令并按<Enter>键。

方法 02 直接双击带属性块的对象。

通过以上任意一种方法，可以打开"增强属性编辑器"对话框，运用此对话框来修改所插入图块的属性，如图 5-15 所示。

图 5-15

在"增强属性编辑器"对话框中，各个主要选项具体说明如下。

（1）属性：显示指定给每个属性的标记、提示和值，只能更改属性值。

（2）文字选项：设定用于定义图形中属性文字的显示方式的特性。在"特性"选项卡上更改属性文字的颜色，如图 5-16 所示。

（3）特性：定义属性所在的图层以及属性文字的线宽、线型和颜色。如果图形使用打印样式，可以使用"特性"选项卡为属性指定打印样式，如图 5-17 所示。

图 5-16

图 5-17

（4）选择块（B）：在使用定点设备选择块时临时关闭对话框。

（5）应用（A）：确定已经进行的修改。

执行"修改 | 对象 | 文字 | 比例"菜单命令，或在"文字"工具栏中单击"缩放文字"按钮，可以按同一缩放比例因子同时修改多个属性定义的比例。

执行"修改 | 对象 | 文本 | 对正"菜单命令，或在"文字"工具栏中单击"对正文字"按钮，可以在不改变属性定义位置的前提下重新定义文字的插入基点。

5.3.3 编辑块属性

案例	无		视频	编辑快属性.avi		时长	01'53"

在 AutoCAD 中，当定义和插入块后，可以对块中的属性特性和属性值进行编辑更改。

启动"编辑块属性"命令的方法有以下几种。

方法 01　在命令行输入 EATTEDIT 命令并按<Enter>键。

方法 02　执行"修改 | 对象 | 属性 | 单个"菜单命令。

方法 03　单击"插入"标签里"块"面板中的"编辑属性"按钮 。

执行命令后，在绘图窗口中选择需要编辑的块对象后，系统将打开"增强属性编辑器"对话框，如图 5-18 所示，在该对话框中可以完成对块中的属性特性和属性值进行编辑更改。

图 5-18

另外，用户也可以使用 ATTEDIT（属性）命令编辑块属性。执行该命令并选择需要编辑的块对象后，系统将打开"编辑属性"对话框，在其中即可编辑或修改块的属性值，如图 5-19 所示。

图 5-19

注意：块属性的编辑与修改

注意区分"块属性的编辑"和"块属性的修改"其执行方式的区别。

5.3.4 管理块属性

| 案例 | 无 | 视频 | 管理块属性.avi | 时长 | 03'25" |

在 AutoCAD 中，块属性管理器用来管理当前图形中块的属性定义，在该管理器中可以在块中编辑属性定义，从块中删除属性以及更改插入块时系统提示用户输入属性值的顺序。

启动"管理块属性"命令的方法有以下几种。

方法 01　在命令行输入 BATTMAN 命令并按<Enter>键。

方法 02　执行"修改｜对象｜属性｜块属性管理器"菜单命令。

方法 03　单击"插入"标签里"块定义"面板中的"管理属性"按钮。

通过以上任意一种方法，可以打开"块属性管理器"对话框，运用此对话框来管理块中的属性，如图 5-20 所示。

图 5-20

在"块属性管理器"对话框中，各个主要选项具体说明如下。

（1）选择块（L）：显示指用户可以使用定点设备从绘图区域选择块。如果选择"选择块"，对话框将关闭，直到用户从图形中选择块或按 ESC 键取消。

注意：选择新块时

如果修改了块的属性，并且未保存所做的更改就选择一个新块，系统将提示在选择其他块之前先保存更改。

（2）块（L）：列出具有属性的当前图形中的所有块定义。选择要修改属性的块。

（3）属性列表框：显示所选块中每个属性的特性。

（4）同步（Y）：更新具有当前定义的属性特性的选定块的全部实例。此操作不会影响每个块中赋给属性的值。

（5）上移（U）：在提示序列的早期阶段移动选定的属性标签。选定固定属性时，"上移"按钮不可用。

（6）下移（D）：在提示序列的后期阶段移动选定的属性标签。选定常量属性时，"下移"按钮不可使用。

（7）编辑（E）：打开"编辑属性"对话框，从中可以修改属性特性，如图 5-21 所示。

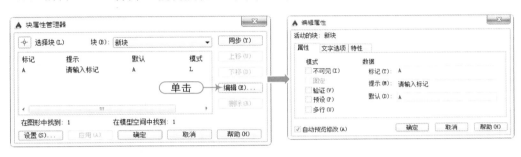

图 5-21

（8）删除（R）：从块定义中删除选定的属性。如果在选择"删除"之前已选择了"设置"对话框中的"将修改应用到现有参照"，将删除当前图形中全部块实例的属性。对于仅具有一个属性的块，"删除"按钮不可使用。

（9）设置（S）：打开"块属性设置"对话框，从中可以自定义"块属性管理器"中属性信息的列出方式，如图 5-22 所示。

图 5-22

注意："块属性管理器"对话框的打开

在绘图过程中，只有在所绘制的图形中包含带属性的块时，我们才能打开"块属性管理器"对话框。

5.4 设计中心的使用

在 AutoCAD 2015 中,对于一个比较复杂的设计工程来说,对图形的管理显得十分重要,这时可以使用 AutoCAD 的设计中心来管理图形设计资源,AutoCAD 的设计中心为用户提供了一个直观且高效的工具,与 Windows 资源管理器类似,可以方便地在当前图形中插入块、引用光栅图像及外部参照,在图形之间复制、图层、线型、文字样式、标注样式及用户定义的内容等。

提示:设计中心的功能

> 使用设计中心可以实现以下操作。
> (1)浏览用户计算机、网络驱动器和 Web 页上的图形内容(例如图形或符号库)。
> (2)查看任意图形文件中块和图层的定义表,然后将定义插入、附着、复制和粘贴到当前图形中。
> (3)更新(重定义)块定义。
> (4)创建指向常用图形、文件夹和 Internet 网址的快捷方式。
> (5)向图形中添加内容(例如外部参照、块和图案填充)。
> (6)在新窗口中打开图形文件。
> (7)将图形、块和图案填充拖动到工具选项板上以便于访问。
> (8)可以在打开的图形之间复制和粘贴内容(如图层定义、布局和文字样式)。

5.4.1 启动设计中心

案例	无		视频	启动设计中心.avi		时长	09'19"

在 AutoCAD 中,使用"设计中心"选项板可以选择和观察设计中心中的图形,用户可以通过以下几种方法来打开"设计中心"选项板。

（方法 01） 在命令行输入 ADCENTER 命令并按<Enter>键。
（方法 02） 执行"工具 | 选项板 | 设计中心"菜单命令。
（方法 03） 在键盘上按<Ctrl+2>组合键。

通过以上任意一种方法,可以打开"设计中心"选项板,此选项板包含一组工具按钮和选项卡,使用此选项板可以选择和观察设计中心中的图形,如图 5-23 所示。

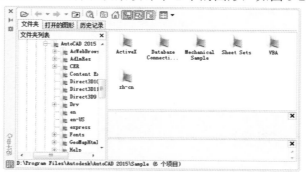

图 5-23

在"设计中心"选项板中，各个主要选项具体说明如下。

（1）文件夹：显示设计中心的资源，可以将设计中心的内容设置为本计算机的桌面或是本地计算机的资源信息，也可以是网上邻居的信息。

（2）打开的图形：用于显示当前工作任务中打开的所有图形，包括最小化的图形，如图 5-24 所示。

（3）历史记录：用于显示最近在设计中心打开的文件的列表。显示历史记录后，在一个文件上单击鼠标右键显示此文件信息或从"历史记录"列表中删除此文件，如图 5-25 所示。

图 5-24

图 5-25

（4）树状图切换：用于显示和隐藏树状视图。如果绘图区域需要更多的空间，请隐藏树状图。树状图隐藏后，可以使用内容区域浏览器并加载内容。

（5）收藏夹：在内容区域中显示"收藏夹"文件夹的内容。"收藏夹"文件夹包含经常访问项目的快捷方式。要在"收藏夹"中添加项目，可以在内容区域或树状图中的项目上单击右键，然后单击"添加到收藏夹"。要删除"收藏夹"中的项目，可以使用快捷菜单中的"组织收藏夹"选项，然后使用快捷菜单中的"刷新"选项，如图 5-26 所示。

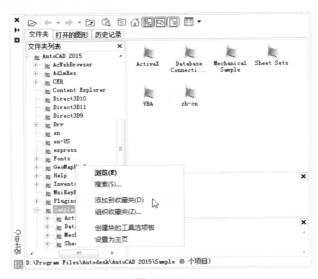

图 5-26

提示：DesignCenter 文件夹

DesignCenter 文件夹将被自动添加到收藏夹中。此文件夹包含具有可以插入在图形中的特定组织块的图形。

（6）加载：单击此按钮显示"加载"对话框（标准文件选择对话框）。使用"加载"浏览本地和网络驱动器或 Web 上的文件，然后选择内容加载到内容区域。

（7）预览：用于显示和隐藏内容区域窗格中选定项目的预览。如果选定项目没有保存的预览图像，"预览"区域将为空。

（8）说明：用于显示和隐藏内容区域窗格中选定项目的文字说明。如果同时显示预览图像，文字说明将位于预览图像下面。如果选定项目没有保存的说明，"说明"区域将为空。

（9）视图：为加载到内容区域中的内容提供不同的显示格式。可以从"视图"列表中选择一种视图，或者重复单击"视图"按钮 在各种显示格式之间循环切换。默认视图根据内容区域中当前加载的内容类型的不同而有所不同。

（10）搜索：单击此按钮显示"搜索"对话框，从中可以指定搜索条件以便在图形中查找图形、块和非图形对象，如图 5-27 所示。

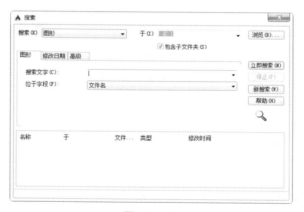

图 5-27

5.4.2 插入对象

案例	无	视频	插入对象.avi	时长	03'32"

在 AutoCAD 中，设计中心提供了两种插入图块的方法：一是按默认比例和旋转方式；二是精确指定坐标、比例和旋转角度方式。

1. 按默认比例和旋转方式

按默认比例和旋转方式插入图块时，系统根据鼠标拉出的线段的长度与角度比较图形文件和所插入块的单位比例，以此比例自动缩放插入块的尺寸。

插入图块的具体步骤如下。

Step 01 从"项目列表"或"查找"结果列表中选择要插入的图块，按住鼠标左键，将其拖动到打开的图形。

Step 02 松开鼠标左键，被选择的对象就插入到当前被打开的图形当中，利用当前设置的捕捉方式，可以将对象插入到任何存在的图形中。

Step 03 按下鼠标左键，指定一点作为插入点，移动鼠标，则鼠标的位置点与插入点之间的距离为缩放比例，按下鼠标左键来确定比例。用同样方法移动鼠标，鼠标指定的位置与插入点连线与水平线角度为旋转角度，被选择的对象就根据鼠标指定的比例和角度被插入到图形中。

注意：通过设计中心插入图块的要求

> 如果正在执行其他命令，不能进行插入块的操作，必须首先结束当前命令。

2. 精确指定坐标、比例和旋转角度方式

按默认缩放比例和旋转方式插入图块时容易造成块内的尺寸放生错误，这时可以利用精确指定坐标、比例和旋转角度插入图块的方式插入图块。

具体步骤如下。

Step 01 从"项目列表"或"查找"结果列表中选择要插入的图块，拖动对象到绘图区。

Step 02 单击鼠标右键，从弹出的快捷菜单中选择"插入为块"。

Step 03 在弹出的"插入"对话框中确定插入基点、输入比例和旋转角度等数值，或在屏幕上拾取确定以上参数，如图 5-28 所示。

图 5-28

Step 04 单击"确定"按钮，被选择的对象根据指定的参数被插入到图形中。

技巧：通过搜索方式插入图块

> 单击"搜索"按钮，打开"搜索"对话框，通过搜索的方式插入图块，其方法具体的操作步骤如图 5-29 所示。

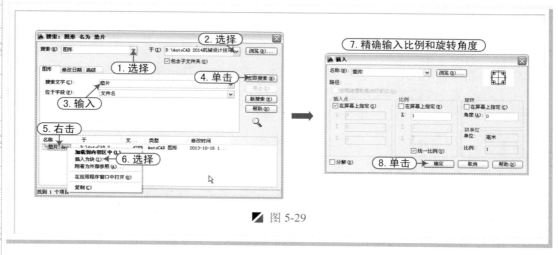

图 5-29

5.5 外部参照的使用

在 AutoCAD 2015 中，外部参照是指一个图形文件对另一个图形文件的引用，即把已有的其他图形文件链接到当前图形文件中，AutoCAD 可以将整个图形作为参照图形（外部参照）附着到当前图形中。通过外部参照、参照图形中所做的修改将反映在当前图形中。附着的外部参照链接至另一个图形，并不真正插入，因此，使用外部参照可以生成图形，而不会显著增加图形文件的大小。

提示：外部参照的优点

使用外部参照有以下优点。

（1）参照图形中对图形对象的更改可以及时反映到当前图形中，以确保用户使用最新参照信息。

（2）由于外部参照只记录链接信息，所以图形文件相对于插入块来说比较小，尤其是参照图形本身很大时这一优势就更加明显。

（3）外部参照的图形一旦被修改，则当前图形将会自动进行更新，以反映外部参照图形所做的修改。

（4）适合于多个设计者的协同工作。

（5）通过使用参照图形，用户可以通过在图形中参照其他用户的图形协调用户之间的工作，从而与其他设计师所做的修改保存同步。

（6）用户也可以使用组成图形装配一个主图形，主图形将会随工程的开发而被修改，确保显示参照图形的最新版本。

（7）打开图形时，将自动重载每个参照图形，从而反映参照图形文件的最新状态，请勿在图形中使用参照图形中已存在的图层名、标注样式、文字样式和其他命名元素，当工程完成并准备归档时，将附着的参照图形和当前图形永久合并（绑定）到一起。

5.5.1 管理外部参照

案例	无	视频	管理外部参照.avi	时长	04'26"

在 AutoCAD 中，一个图形中可能会存在多个外部参照图形，用户必须了解各个外部参照的所有信息，才能对含有外部参照的图形进行有效的管理，这就需要通过"外部参照"选项板来实现，用户可以在"外部参照"选项板中对外部参照进行编辑和管理。

打开"外部参照"选项板的方法有如下几种。

Step 01 在命令行输入 XREF 命令并按<Enter>键。

Step 02 执行"插入 | 外部参照"菜单命令。

通过以上任意一种方法，可以打开"外部参照"选项板，单击选项板右上方的"列表图"或"树状图"按钮，可以设置外部参照列表框以何种形式显示，如图 5-30 所示。

图 5-30   图 5-31

在"外部参照"选项板中，单击"附着"按钮，会出现如图 5-31 所示的下拉菜单，下拉菜单中各主要选项的具体说明如下。

（1）附着 DWG（D）：选择后会弹出"选择参照文件"对话框，选择要附着的文件，单击"打开"按钮，弹出"附着外部参照"对话框，如图 5-32 所示。

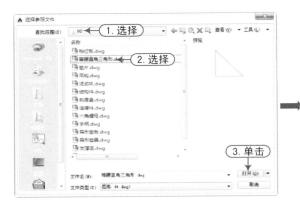
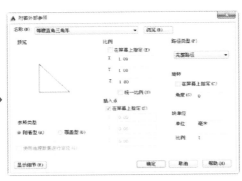

图 5-32

（2）附着图像（I）：选择后会弹出"选择参照文件"对话框，选择要附着的文件，单击"打开"按钮，弹出"附着图像"对话框，如图5-33所示。

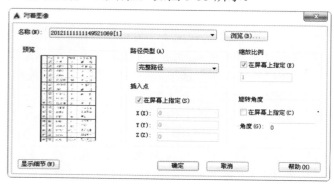

图 5-33

（3）附着DWF（F）：选择该命令后，即可选择附着DWF文件。

（4）附着DGN（N）：选择该命令后，即可选择附着DGN文件。

当附着外部参照对象后，即可在"文件参照"列表框中显示所参照的对象。选择该外部参照的文件并单击鼠标右键，然后从弹出的快捷菜单中，用户可以进行外部参照的附着、拆离、重载、打开、卸载和绑定操作，如图5-34所示。

同样，在列表框中选择外部参照对象后，在"详细信息"列表框中，可以修改参照的类型，以及相关的路径等信息，如图5-35所示。

图 5-34

图 5-35

5.5.2 附着外部参照

案例	无			视频	附着外部参照.avi		时长	06'12"

在AutoCAD中，将图形作为外部参照时，会将该参照图形链接到当前图形；打开或重载外部参照时，对参照图形所做的任何修改都会显示在当前图形中。一个图形可以作为外部参照同时附着到多个图形中，反之，也可以将多个图形作为参照图形附着到单个图形中。

附着外部参照的执行方法有如下几种。

(方法 01) 在命令行输入 XATTACH 命令或 EXTERNALREFERENCES 命令并按<Enter>键。

(方法 02) 执行"插入丨外部参照/DWG 参照"菜单命令。

调用外部参照的行管命令后，系统将打开"选择参照文件"对话框，选择要附着的图形文件后，单击"打开"按钮，将打开"附着外部参照"对话框，如图 5-36 所示。

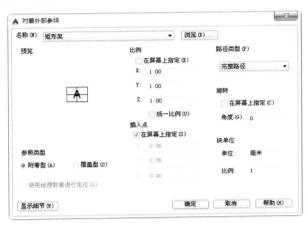

图 5-36

在"附着外部参照"对话框中，各个主要选项具体说明如下。

（1）名称（N）：表示附着了一个外部参照之后，该外部参照的名称将出现在"名称"下拉列表中，当选择了一个附着的外部参照时，将显示其路径。

（2）参照类型：指定外部参照为附着还是覆盖。与附着型的外部参照不同，当附着覆盖型外部参照的图形作为外部参照附着到另一图形时，将忽略该覆盖型外部参照。

（3）路径类型（P）：表示指定外部参照的保存路径是完整路径、相对路径还是无路径。将"路径类型"设置为"相对路径"之前，必须保存当前图形，对于嵌入的外部参照而言，相对路径始终参照其直接主机的位置，并不一定参照现在打开的图形。

（4）无路径：表示不使用路径辅助外部参照时，系统首先会在宿主图形的文件夹中查找外部参照，当外部参照文件与宿主图形位于同一个文件夹时，该选项有用。

（5）相对路径：是使用当前驱动器号或宿主图形文件夹的部分指定的文件夹路径，这是灵活性最大的选项，可以使用户将图形集从当前驱动器移动到使用相同文件夹结构的其他驱动器中，即保存外部参照相对于宿主图形的位置。

（6）完整路径：当使用完整路径附着外部参照时，外部参照的精确位置将保存到主图形中，此选项的精确度最高，但灵活性最小，如果移动工程文件夹，系统将无法融入任何使用完整路径附着的外部参照。

（7）插入点：可以选择在 X、Y、Z 文本框里直接输入插入点坐标的方式给出外部参照的插入点，也可以选择"在屏幕上指定"复选框，在屏幕上指定插入点的坐标。

（8）比例：用于设置所插入的外部参照的缩放比例。

（9）旋转：可以选择在对话框里直接输入旋转角度值，也可以选择"在屏幕上指定"复选框，则可以在退出该对话框后用定点设备或在命令提示下旋转对象。

（10）块单位：设置块的单位和比例。

在指定插入点、缩放比例和旋转角度后，单击"确定"按钮，完成外部参照的附着。

提示："外部参照"选项板的使用技巧

> 使用"外部参照"选项板时，建议打开自动隐藏功能或锚定选项板。随后在指定外部参照的插入点时，此选项板将自动隐藏。

例如，使用三个图形文件创建一个新图形，如图 5-37 所示分别是图 1.dwg、图 2.dwg 和图 3.dwg 中的图形。

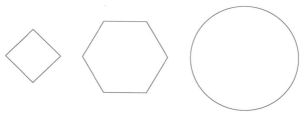

图 5-37

Step 01 单击标题栏中的"新建"按钮 ，新建一个文件。

Step 02 单击"插入｜参照"命令，打开"选择参照文件"对话框。

Step 03 在"选择参照文件"对话框中找到图 1.dwg 文件，单击"打开"按钮打开"附着外部参照"对话框。

Step 04 在"附着外部参照"对话框中的"参照类型"选项组中选择"附着型"单选按钮，在"插入点"选项组中取消勾选"在屏幕上指定"复选框，确认 X、Y 和 Z 均为 0，单击"确定"按钮，将外部参照图 1.dwg 插入到当前文件中。

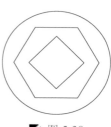

图 5-38

Step 05 重复以上的过程，将图 2.dwg 和图 3.dwg 插入到文件中，结果如图 5-38 所示。

5.5.3 剪裁外部参照

| 案例 | 无 | 视频 | 剪裁外部参照.avi | 时长 | 05'47" |

在 AutoCAD 中，剪裁外部参照就是将选定的外部参照剪裁到指定边界，剪裁边界可以是多段线、矩形。也可以是顶点在图形边界内的多边形，可以通过夹点调整剪裁外部参照的边界。

剪裁边界时，不会改变外部参照对象，而只会改变它们的显示方式。

剪裁外部参照或块时将应用以下注意事项。

（1）在三维空间的任何位置都能指定剪裁边界，但通常平行于当前 UCS。

（2）如果选择了多段线，剪裁边界应用于该多段线所在的平面。

（3）外部参照或块中的图像始终被剪裁为矩形的边界。在将多边形剪裁用于外部参照图形中的图像时，剪裁边界应用于多边形边界的矩形范围内，而不是用在多边形自身范围。

在 AutoCAD 中，用户可以通过以下几种方法来执行剪裁外部参照命令。

方法 01　在命令行输入 XCLIP 命令并按<Enter>键。

方法 02　执行"修改｜剪裁｜外部参照"菜单命令。

方法 03　单击"插入"标签下"参照"面板中的"剪裁"按钮 🗗 。

调用上述命令后，系统提示如下。

> 选择对象:
> 输入剪裁选项[开(ON)/关(OFF)/剪裁深度(C)/删除(D)/生成多段线(P)/新建边界(N)] <新建边界>:
> \\ 输入 N 或直接按 Enter 键
> 指定剪裁边界或选择反向选项:[选择多段线(S)/多边形(P)/矩形(R)/反向剪裁(I)] <矩形>:

在命令行提示中，各主要选项的具体含义说明如下。

（1）开（ON）：打开外部参照剪裁边界，即在宿主图形中不显示外部参照或块的被剪裁部分。

（2）关（OFF）：关闭外部参照剪裁边界，在当前图形中显示外部参照或块的全部几何信息，忽略剪裁边界。

（3）剪裁深度（C）：在外部参照或块上设定前剪裁平面和后剪裁平面，系统将不显示由边界和指定深度所定义的区域外的对象。剪裁深度应用在平行于剪裁边界的方向上，与当前 UCS 无关。

（4）删除（D）：为选定的外部参照或块删除剪裁边界。

（5）生成多段线（P）：自动绘制一条与剪裁边界重合的多段线。此多段线采用当前的图层、线型、线宽和颜色设置。

（6）新建边界（N）：定义一个矩形或多边形剪裁边界，或者用多段线生成一个多边形剪裁边界。

注意：新边界的创建

> 只有在删除旧的剪裁边界后，才能为选定的外部参照参考底图创建一个新边界。

（7）多段线、多边形、矩形：分别表示以什么形状来指定剪裁边界。

（8）反向剪裁（I）：反转剪裁边界的模式：剪裁边界外部或边界内部的对象。

例如，按照指定的矩形剪裁边界得到的剪裁外部参照图图形，如图 5-39 所示。

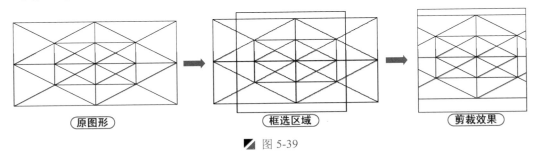

原图形　　　　　　框选区域　　　　　　剪裁效果

图 5-39

注意：参照剪裁的特性

> 剪裁仅应用于外部参照或块的单个实例，而非定义本身。不能改变外部参照和块中的对象，只能更改它们的显示方式。

5.5.4 绑定外部参照

案例	无		视频	绑定外部参照.avi		时长	03'49"

在 AutoCAD 中，用户在对包含外部参照的最终图形进行存档时，可以选择如何存储图形中的外部参照。系统提供了两种选择：一是将外部参照图形与最终图形一起存储，二是将外部参照图形绑定至最终图形。

将外部参照绑定到图形上后，外部参照将成为图形中的固有部分，不再是外部参照文件，可以通过使用"XREF"命令的"绑定"选项绑定外部参照图形的整个数据库，包括其所有依赖外部参照的命名对象（块、标注样式、图层、线型和文字样式）。

绑定外部参照的执行方法有如下几种。

方法 01　在命令行输入 XBIND 命令并按<Enter>键。

方法 02　执行"修改｜对象｜外部参照｜绑定"菜单命令。

执行上述命令后，系统将打开"外部参照绑定"对话框，如图 5-40 所示。

图 5-40

在该对话框中，"外部参照"列表框用于显示所选择的的外部参照。可以将其展开，显示该外部参照的各种定义名，如标注样式、图层、线型和文字样式等。"绑定定义"列表框用于显示将被绑定的外部参照的有关设置定义。

用户也可以在"外部参照"选项板的"文件参照"列表框中选择一个外部参照，来绑定外部参照。使用鼠标选择要绑定的外部参照文件，并单击鼠标右键，从弹出的快捷菜单中选择"绑定"命令，再设置"绑定类型"，同样弹出"绑定外部参照"对话框，这时其"外部参照"选项板的"文件参照"列表框中将不会显示已经绑定了的参照文件，如图 5-41 所示。

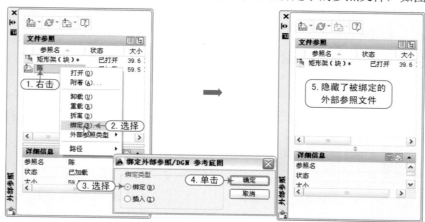

图 5-41

5.6 综合练习——绘制墙纸图案

案例	绘制墙纸图案.dwg	视频	绘制墙纸图案.avi	时长	07'01"

为了使用户对 AutoCAD 图块、外部参照与设计中心有一个初步的了解，下面以"绘制墙纸图案"来进行讲解，其操作步骤如下。

Step 01 在桌面上双击 AutoCAD 2015 图标，启动 AutoCAD 2015 软件，系统自动创建一个空白文档。

Step 02 在"常用"选项卡的"绘图"面板中单击"圆"按钮⊙，绘制一个半径为 40mm 的圆，并使用 BLOCK 命令把该圆创建为块。然后保存文件至桌面，其效果如图 5-42 所示。

▮ 图 5-42

Step 03 创建一个新文件，在"常用"选项卡的"绘图"面板中单击"多边形"按钮⬠，绘制一个内接于圆的正五边形，其参照圆的半径为 25mm，然后继续在"绘图"面板中单击"直线"按钮／，在正五边形里连接各个顶点绘制一个五角星，最后把全部图形创建为块并保存到桌面，其效果如图 5-43 所示。

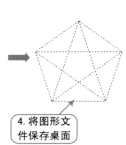

▮ 图 5-43

Step 04 继续创建一个新文件，在"常用"选项卡的"绘图"面板中单击"矩形"按钮 □·，绘制一个长和宽都为 100mm 的矩形，并使用 BLOCK 命令把该矩形创建为块。然后保存文件至桌面，其效果如图 5-44 所示。

图 5-44

Step 05 关闭上面的所有图形文件，然后在桌面上双击 AutoCAD 2015 图标，启动 AutoCAD 2015 软件，系统自动创建一个空白文档。

Step 06 在"快速访问"工具栏单击"另存为"按钮 ，将弹出"图形另存为"对话框，将该文件保存为"案例\05\绘制墙纸图案.dwg"文件。

Step 07 执行"插入 | DWG 参照"命令，在弹出的"选择参照文件"对话框中选择"矩形"，单击"打开"按钮，弹出"附着外部参照"对话框，然后在该对话框中单击确定按钮，出现矩形，如图 5-45 所示。

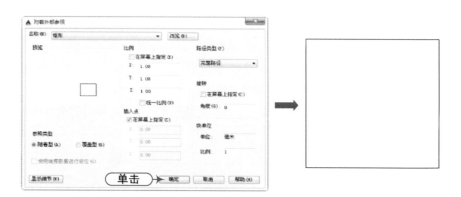

图 5-45

Step 08 重复执行"插入 | DWG 参照"命令，在弹出的"选择参照文件"对话框中选择"圆"，单击"打开"按钮，弹出"附着外部参照"对话框，然后在该对话框中单击确定按钮，出现圆并调整其位置，其效果如图 5-46 所示。

Step 09 继续重复执行"插入 | DWG 参照"命令，在弹出的"选择参照文件"对话框中选择"五角星"，单击"打开"按钮，弹出"附着外部参照"对话框，然后在该对话框中单击确定按钮，出现五角星并调整其位置，其效果如图 5-47 所示。

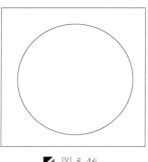

图 5-46

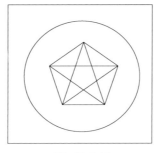
图 5-47

Step 10 至此，墙纸图案绘制完毕，在"快速访问"工具栏单击"保存"按钮，将所绘制的墙纸图案进行保存。

Step 11 在键盘上按<Alt+F4>或<Alt+Q>组合键，退出所绘制的文件对象。

读书破万卷

6

文字与尺寸的标注

本章导读

在 AutoCAD 2015 中，可以设置多种文字样式，以方便各种工程图的注释及标注的需要，要创建文字对象，有单行文字和多行文字两种方式。同时 AutoCAD 2015 包含了一套完整的尺寸标注命令和使用程序，可以轻松完成图形中要求的尺寸标注。

本章内容

- ☑ 创建文字样式
- ☑ 单行文字和多行文字的创建与编辑
- ☑ 尺寸标注的规则与组成
- ☑ 创建与设置标注样式
- ☑ 尺寸标注的类型
- ☑ 长度尺寸标注
- ☑ 半径、直径和圆心标注
- ☑ 角度标注与其他类型的标注
- ☑ 多重引线与形位公差的标注
- ☑ 编辑标注对象

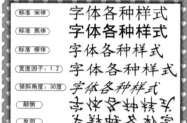
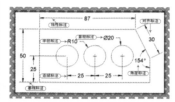

6.1 创建文字样式

| 案例 | | 视频 | 创建文字样式.avi | 时长 | 06'47" |

在 AutoCAD 2015 中，图形中的所有文字都具有与之相关联的文字样式。输入文字时，系统使用当前的文字样式来创建文字，该样式设置字体、大小、倾斜角度、方向和文字特征。如果需要使用其他文字样式来创建文字，可以将其他文字样式置于当前。

创建文字样式的执行方法有如下几种。

方法 01 在命令行输入 STYLE 命令并按<Enter>键，快捷键为<ST>。

方法 02 执行"格式｜文字样式"菜单命令。

方法 03 单击"默认"标签里"注释"面板下拉列表中的"文字样式"按钮，如图 6-1 所示。

图 6-1

执行上述命令，将弹出"文字样式"对话框，单击"新建"按钮，会弹出"新建文件样式"对话框，在"样式名"文本框中输入样式的名称，然后单击"确定"按钮，即可新建文字样式，如图 6-2 所示。

图 6-2

在"文字样式"对话框中，系统提供了一种默认文字样式是 Standard 文字样式，用户可以创建一个新的文字样式或修改文字样式，以满足绘图要求。

在"文字样式"对话框中，各主要选项具体说明如下。

（1）样式（S）：显示图形中的样式列表。样式名前的 ⚠ 图标指示样式为注释性。

（2）字体：用来设置样式的字体。

注意：样式字体的设置

> 如果更改现有文字样式的方向或字体文件，当图形重生成时所有具有该样式的文字对象都将使用新值。

（3）"大小"：用来设置字体的大小。

（4）"效果"： 修改字体的特性，例如高度、宽度因子、倾斜角以及是否颠倒显示、反向或垂直对齐。

（5）"颠倒（E）"：颠倒显示字符。

（6）"反向（K）"：反向显示字符。

（7）"垂直（V）"：显示垂直对齐的字符。只有在选定字体支持双向时"垂直"才可用。TrueType 字体的垂直定位不可用。

（8）"宽度因子（W）"：设置字符间距。系统默认"宽度因子"为 1，输入小于 1 的值将压缩文字。输入大于 1 的值则扩大文字。

（9）"倾斜角度（O）"：设置文字的倾斜角。输入一个–85 和 85 之间的值将使文字倾斜。文字的各种效果如图 6-3 所示。

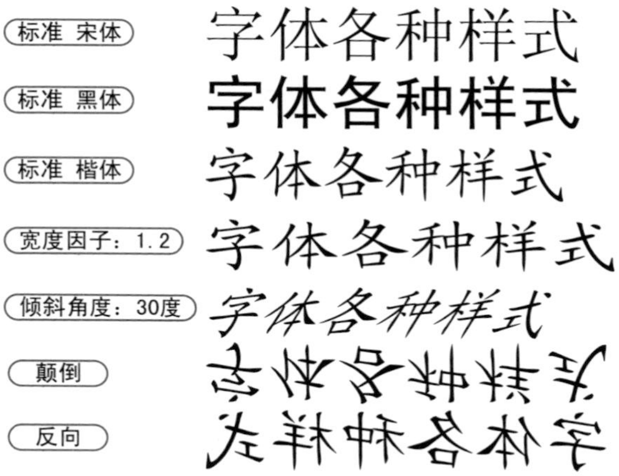

图 6-3

6.2 创建与编辑单行文字

在 AutoCAD 2015 中，输入文字也称创建文字标注，即为图形添加文字，用于表达各种信息，如技术要求、标题栏信息和标签等，而输入的文字又分为单行文字和多行文字两种。

6.2.1 创建单行文字

| 案例 | 无 | 视频 | 创建单行文字.avi | 时长 | 03'57" |

在 AutoCAD 中，使用单行文字可以创建一行或多行文字，所创建的每一行文字都是独立的对象，可以重新定位、调整格式或进行其他修改。创建单行文字时，首先要指定文字样式并设置对齐方式。

"单行文字"命令的执行方法有如下几种。

方法 01 在命令行输入 TEXT 命令并按<Enter>键，快捷键为<DT>。

方法 02 执行"绘图｜文字｜单行文字"菜单命令。

方法 03 单击"默认"标签下"注释"面板中的"单行文字"按钮A。

执行上述命令后，命令行提示如下：

```
命令：_TEXT                                          \\ 执行"单行文字"命令
当前文字样式："Standard"   文字高度：20.0000 注释性：否
指定文字的起点 或 [对正(J)/样式(S)]：               \\ 指定文字的起点
指定高度 <20.0000>：                                \\ 指定文字的高度
指定文字的旋转角度 <0>：                            \\ 在光标闪烁处输入文字
```

命令行各主要选项具体说明如下。

（1）当前文字样式：是指系统默认的文字样式及高度值。

（2）指定文字起点：是系统默认情况下，通过指定单行文字基线的起点位置创建文字。

（3）指定文字旋转角度：指定文字的旋转角度。文字旋转角度是指文字行的排列方向与水平线的夹角，默认角度为 0°。输入文字旋转角度，或按 Enter 键使用默认角度 0°，最后输入文字即可，也可以切换到 Windows 的中文输入状态下，输入中文。

（4）对正（J）：选择此选项后，系统会出现如下命令行提示来设置文字样式的对正方式。

```
输入选项 [左(L)/居中(C)/右(R)/对齐(A)/中间(M)/布满(F)/左上(TL)/中上(TC)/右上(TR)/左中
(ML)/正中(MC)/右中(MR)/左下(BL)/中下(BC)/右下(BR)]：
```

各选项的多种对正方式如图 6-4 所示。

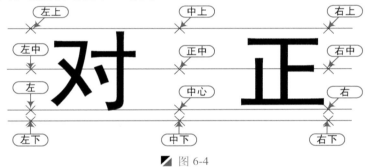

图 6-4

（5）"样式（S）"：选择此选项后，可以设置当前使用的文字样式，其命令行提示如下：

```
输入样式名或 [?] <Standard>：
```

例如，根据命令行提示创建单行文字，其具体的操作步骤如下，如图 6-5 所示。

```
命令：_TEXT                                          \\ 执行"单行文字"命令
当前文字样式："Standard"   文字高度：20.0000 注释性：否
指定文字的起点 或 [对正(J)/样式(S)]：               \\ 用鼠标单击绘图区任意位置，指定文字起点
指定高度 <20.0000>：300                             \\ 输入 300，按 Enter 键
指定文字的旋转角度 <0>：                            \\ 按 Enter 键，并在光标闪烁处输入文字
```

图 6-5

提示：合理的创建单行文字

> 将以适当的大小在水平方向显示文字，以便用户可以轻松地阅读和编辑文字；否则，文字将难以阅读（如果文字很小、很大或被旋转）。

6.2.2 编辑单行文字

案例	无	视频	编辑单行文字.avi	时长	03'09"

在 AutoCAD 中，在创建单行文字后，可以对其内容、特性等进行编辑，如更改文字内容、调整其位置，以及更改其字体大小等，以满足精确绘图的需要。

"单行文字编辑"命令的执行方法有如下几种。

方法 01   在命令行输入 DDEDIT 命令并按<Enter>键。

方法 02   执行"修改｜对象｜文字｜编辑"菜单命令。

执行上述命令后，命令行提示如下：

```
命令:_DDEDIT                                    \\ 执行"文字编辑"命令
选择注释对象或 [放弃(U)]:                        \\ 指定需要编辑的文本对象
```

双击文字对象，便可对单行文字的内容进行编辑了，其内容可编辑时的显示如图 6-6 所示。

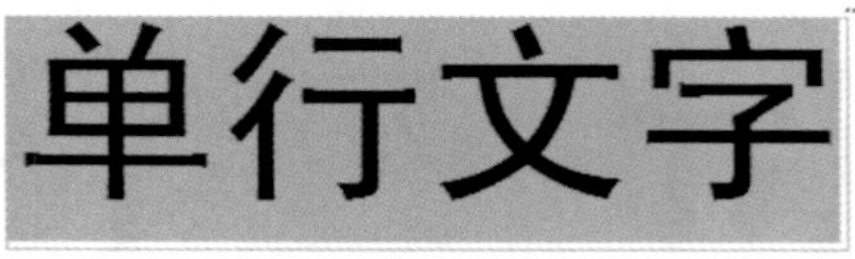

单行文字

图 6-6

另外，在菜单栏的"文字"级联菜单中还有"比例"（SCALETEXT）和"对正"（JUDTIFYTEXT）两条命令，使用这两条命令可分别对文字对象进行缩放比例和对正方式编辑。

提示：更改单行文字的特性

> 除了编辑单行文字的内容外，用户可在其"特性"面板中对单行文字进行更多的设置，如设置"宽度因子"、"倾斜"、"旋转"、"注释行比例"等，如图 6-7 所示。

图 6-7

6.3　创建与编辑多行文字

在 AutoCAD 2015 中，对于较长、较为复杂的内容，可以创建多行或段落文字。多行文字是由任意数目的文字行或段落组成的，布满指定的宽度，可以沿垂直方向无限延伸。

6.3.1　创建多行文字

案例	无	视频	创建多行文字.avi	时长	15'06"

在 AutoCAD 中，多行文字是一种易于管理和操作的文字对象，可以用来创建两行或两行以上的文字，而每行文字都是独立的、可被单独编辑的整体。

"多行文字"命令的执行方法有如下几种。

方法 01　在命令行输入 MTEXT 命令并按<Enter>键，快捷键为<MT>。

方法 02　执行"绘图 | 文字 | 多行文字"菜单命令。

方法 03　单击"默认"标签下"注释"面板中的"多行文字"按钮A。

执行上述命令后，命令行提示如下：

```
命令: _MTEXT                                                    \\ 执行"多行文字"命令
当前文字样式:"Standard"  文字高度: 2.5  注释性: 否
指定第一角点:                                                   \\ 指定编辑第一角点
指定对角点或 [高度(H)/对正(J)/行距(L)/旋转(R)/样式(S)/宽度(W)/栏(C)]:  \\ 指定第二角点
```

命令行各主要选项具体说明如下。

（1）高度（H）：指定文本框的高度值。

（2）对正（J）：用于确定所标注文字的对齐方式，确定文本的某一点与插入点对齐。

（3）行距（L）：设置多行文字的行距，是指相邻两个文本线之间的垂直距离。

（4）旋转（R）：设置文本的倾斜角度。

（5）样式（S）：指定当前文本的样式。

（6）宽度（W）：指定当前文本的宽度。

（7）栏（C）：设置文本编辑框的尺寸。

在"草图与注释"工作空间创建多行文字时，则会在面板区显示"文字编辑器"选项卡，其中包含"样式"、"格式"、"段落"、"插入"、"拼写检查"、"工具"和"选项"等 7个功能面板，如图 6-8 所示。

图 6-8

在"文字编辑器"选项卡中，各主要功能面板具体说明如下。

（1）样式：包括"样式"、"注释性"和"文字高度"等选项。"样式"为对多行文字对象应用文字样式。默认情况下，"标准"文字样式处于活动状态。

（2）格式：包括"粗体"、"斜体"、"下画线"、"上画线"、"字体"、"颜色"、"倾斜角度"、"追踪"和"宽度因子"等选项，使用鼠标单击"格式"面板上的倒三角按钮，将显示出更多的选项，如图 6-9 所示。

（3）段落：包括"段落"、"行距"、"项目符号编辑"，以及各种对齐方式。单击"对正"

按钮，显示文字"对正"下拉菜单，包括 9 个对齐选项可用，如图 6-10 所示；单击"行距"按钮，会显示出系统拟定的各个行距，也可以选择"更多"选项来进行更具体的设置，如图 6-11 所示。

图 6-9

图 6-10

图 6-11

注意：行距的定义

行距是多行段落中文字的上一行底部和下一行顶部之间的距离。

（4）插入：包括"符号"、"列"和"字段"等选项，单击"列"按钮，会显示出如图 6-12 所示的"分栏/列"下拉菜单；单击"符号"按钮@，显示出如图 6-13 所示的"符号"下拉菜单；单击"字段"按钮，弹出如图 6-14 所示的"字段"对话框。

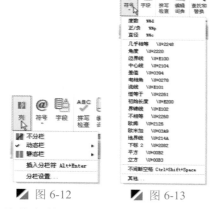

图 6-12

图 6-13

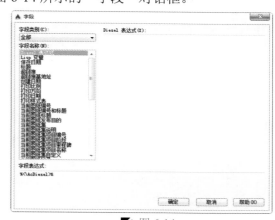

图 6-14

除此之外，还包括"查找和替换"、"拼写检查"、"放弃"、"重做"、"标尺"等选项。

"格式"面板中的"堆叠"按钮 是数学中分子/分母的形式，使用符号"/"和"^"来分隔，然后选择这部分文字，再单击该按钮即可，如图 6-15 所示。

图 6-15

提示： 上标和下标的创建

除了以上堆叠效果外，还可以创建上标和下标效果（这是 AutoCAD 低版本中上下标的输入方法），如图 6-16 所示。

1. 输入内容　　　2. 字符后输入 "^"　　　3. 单击 "堆叠" 按钮后形上标

1. 输入内容　　　2. 字符前输入 "^"　　　3. 单击 "堆叠" 按钮后形成下标

图 6-16

然而，在弹出的 "文字编辑器" 选项卡中，其中就有上标和下标按钮 x x ，只需要选择相应的数字，然后单击相应的上下标按钮即可，这样即直观又快捷。

6.3.2　编辑多行文字

| 案例 | 无 | 视频 | 编辑多行文字.avi | 时长 | 01'42" |

在 AutoCAD 中，用户可以通过 "特性" 选项板或 "在位文字编辑器" 来修改多行文字对象的位置和内容。

多行文字的编辑选项比单行文字多。例如，可以将对下画线、字体、颜色和文字高度的修改应用到段落中的单个字符、单词或短语。

调用 DDEDIT 命令的方法与编辑单行文字的方法相同。

6.4　尺寸标注的规则与组成

在 AutoCAD 2015 中，尺寸标注是用户经常用到的功能，尺寸标注可以精确的反应图形对象各部分的大小及其相互关系，此处标注包括基本尺寸标注、文字标注、尺寸公差、形位公差和表面粗糙度等内容。

6.4.1　尺寸标注的基本规则

| 案例 | 无 | 视频 | 尺寸标注的基本规则.avi | 时长 | 03'37" |

在 AutoCAD 中，尺寸标注一般要求对标注对象进行完整、准确、清晰的标注，标注对象以图形上标注的尺寸数值为依据反映其真实大小，因此进行标注尺寸时，不能遗漏尺寸，要全方位反映出标注对象的实际情况。

在我国的工程制图国家标准中，对尺寸标注的规则做出了一些规范，要求尺寸标注必须遵守以下基本准则。

（1）物体的真实大小应以图形上所标注的尺寸数值为依据，与图形的显示大小和绘图的精确度无关。

（2）图形中的尺寸以毫米为单位时，不需要标注尺寸单位的代号或名称。如果采用其他单位，则必须注明尺寸单位的代号或名称，如度、厘米和英寸等。

（3）图样中所标注的尺寸为该图样所表示的物体的最后完工尺寸，否则应另加说明。

（4）物体的每一尺寸，一般只标注一次，并应标注在最能清晰反映该结构的视图上。

尺寸标注是向图形中添加测量注释的过程。系统提供了 5 种基本的标注类型，这 5 种标注类型包含了所有的尺寸标注命令。

（1）径向标注：包含"半径"、"直径"和"折弯"等命令。

（2）线性标注：可以创建尺寸线水平、垂直和对齐的线性标注。包含"线性"、"对齐"、"基线"、"连续"和"倾斜"等命令。

（3）角度标注：用来测量两条直线或 3 个点之间的角度，包含"角度"命令。

（4）坐标标注：用来测量原点到测量点的坐标值，包含"坐标"命令。

（5）弧长标注：用于测量圆弧或多段线弧线段上的距离，包含"弧长"命令。

6.4.2 尺寸标注的组成

案例	无		视频	尺寸标注的组成.avi		时长	02'51"

在 AutoCAD 中，一个完整的尺寸标注应由尺寸界线、延伸线、箭头符号（尺寸起止符号）和尺寸文字等 4 部分组成，如图 6-17 所示。尺寸标注的关键数据，其余参数由预先设定的标注系统变量来自动提供并完成标注，从而简化了尺寸标注的过程。

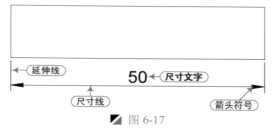

图 6-17

尺寸标注 4 个组成部分的具体说明如下。

（1）尺寸界线：是指图形对象尺寸的标注范围，它以延伸线为界，两端带有箭头。尺寸线与被标注的图形平行。尺寸线一般是一条线段，有时也可以是一条圆弧。

（2）延伸线：是指从被标注的图形对象到尺寸线之间的直线，也表示尺寸线的起始和终止。

（3）箭头符号（尺寸起止符号）：也称为终止符号，显示在尺寸线的两端。可以为箭头或标记指定不同的尺寸和形状。

（4）尺寸文字：表示被标注图形对象的标注尺寸数值，该数值不一定是延伸线之间的实际距离值，可以对标注文字进行文字替换。尺寸文字既可以放在尺寸线之上，也可以放在尺寸线之间，如果延伸线内放不下尺寸文本，系统会自动将其放在延伸线外。

注意：尺寸数据的准确性

由于尺寸标注命令可以自动测量所标注图形的尺寸，所以用户绘图时应尽量准确，这样可以减少修改尺寸文本所花费的时间，从而加快绘图速度。

6.5 创建与设置标注样式

在 AutoCAD 2015 中，在对图形进行标注时，可以使用系统中已经定义的标注样式，也可以创建新的标注样式来适应不同风格或类型的图纸。

6.5.1 打开"标注样式管理器"对话框

| 案例 | 无 | 视频 | 打开"标注样式管理器"对话框.avi | 时长 | 06'01" |

在 AutoCAD 中，用户在标注尺寸之前，第一步要建立标注样式，如果不建立标注样式而直接进行标注，系统会使用默认的 Standard 样式。如果用户认为使用的标注样式某些设置不合适，也可以通过"标注样式管理器"对话框进行设置来修改标注样式。

打开"标注样式管理器"对话框的方法有如下几种。

方法 01 在命令行输入 DIMSTYLE 命令并按<Enter>键，快捷键为<DST>。
方法 02 执行"格式 | 标注样式"菜单命令。
方法 03 单击"注释"标签下"标注"面板中右下角的"标注样式"按钮。

执行上述命令后，将打开"标注样式管理器"对话框，如图 6-18 所示。

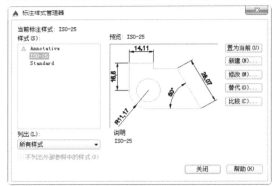

图 6-18

在"标注样式管理器"对话框中，各主要选项具体说明如下。

（1）当前标注样式：显示当前的标注样式名称。

（2）样式（S）：在列表框中显示图形中的所有标注样式。

（3）预览：在此可以预览所选标注样式。

（4）列出（L）：在该下拉列表中可以选择显示哪种标注样式。

（5）置为当前（U）：单击该按钮，可以将选定的标注样式设置为当前标注样式。

（6）新建（N）：单击该按钮，将打开"创建新标注样式"对话框，在该对话框中可以创建新的标注样式，单击该对话框中的"继续"按钮，将打开"新建标注样式：XXX"对话框，从而设置和修改标注样式的相关参数，如图 6-19 所示。

（7）修改（M）：显示"修改标注样式"对话框，从中可以修改标注样式。对话框选项与"新建标注样式"对话框中的选项相同。

（8）替代（O）：显示"替代当前样式"对话框，从中可以设定标注样式的临时替代值。对话框选项与"新建标注样式"对话框中的选项相同。替代将作为未保存的更改结果显示在"样式"列表中的标注样式下。

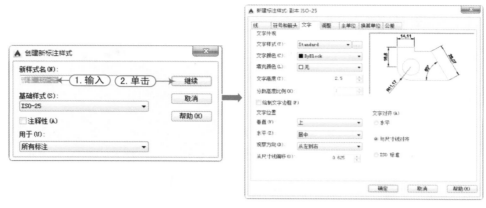

图 6-19

（9）比较（C）：显示"比较标注样式"对话框，从中可以比较两个标注样式或列出一个标注样式的所有特性，如图 6-20 所示。

图 6-20

（10）关闭：单击该按钮，将关闭该对话框。

（11）帮助（H）：单击该按钮，将打开"AutoCAD 2015 —帮助"窗口，在此可以查找需要的帮助信息，如图 6-21 所示。

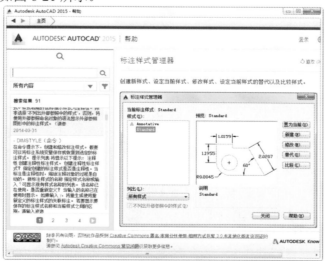

图 6-21

例如，如图 6-22 所示为两种不同标注样式的显示区别。

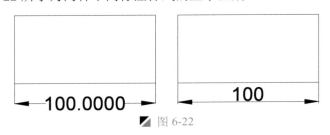

▰ 图 6-22

6.5.2 新建标注样式名称

| 案例 | 无 | 视频 | 新建标注样式名称.avi | 时长 | 01'36" |

在 AutoCAD 中，通过单击"标注样式管理器"对话框的"新建"按钮，可以打开"创建新标注样式"对话框，在该对话框中可以创建新的标注式样，如图 6-23 所示。

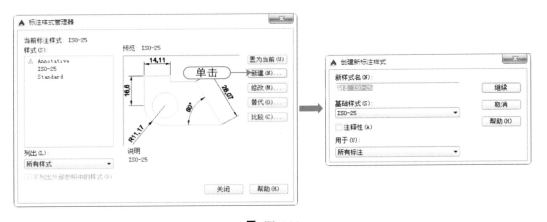

▰ 图 6-23

在"创建新标注样式"对话框中，各主要选项功能具体说明如下。

（1）新样式名（N）：在该文本框中可以设置新样式的名称。

（2）基础样式（S）：在该下拉列表中，设定作为新样式的基础的样式，如图 6-24 所示。对于新样式，仅更改那些与基础特性不同的特性。

提示：尺寸基础样式的选择

指定基础样式时，选择与新建样式相差不多的样式，可以减少后面对标注样式参数的修改量。

（3）用于（U）：创建一种仅适用于特定标注类型的标注子样式。用户可以在其下拉列表中选取所要限定的标注类型，如图 6-25 所示。

（4）注释性（A）：设置是否运用注释性。

（5）继续：显示"新建标注样式：XXX"对话框，从中可以定义新的标注样式特性。

（6）取消：单击此按钮，将退出创建新标注样式的操作。

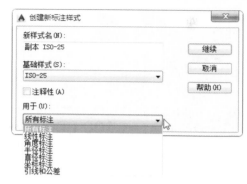

图 6-24   图 6-25

6.5.3 设置标注样式

案例	无	视频	设置标注样式.avi	时长	23'11"

在"标注样式管理器"对话框中单击"新建"按钮，可以打开"创建新标注样式"对话框，在该对话框中为新建的标注样式命名后单击"继续"按钮，将弹出"新建标注样式：XXX"对话框，如图 6-26 所示。

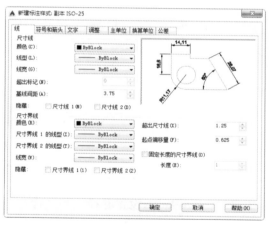

图 6-26

在"新建标注样式：XXX"对话框中，用户可以通过"线"、"符号和箭头"、"文字"、"调整"、"主单位"、"换算单位"和"公差"等 7 个选项卡来进行各项参数的设置。

1. 线

在"线"选项卡中，可以设置标注内的尺寸线与尺寸界线的形式与特性，各主要选项卡的功能具体说明如下。

（1）尺寸线：在此选项组中，主要设置尺寸线的特性，其中包括"颜色"、"线宽"、"线型"、"超出标记"、"基线间距"和"尺寸基线"等。

（2）尺寸界线：在此选项组中，主要设置尺寸界线的特性，其中包括"颜色"、"线宽"、"尺寸界线 1/2 的线型"、"隐藏"、"超出尺寸线"、"起点偏移量"、"固定长度的尺寸界线"等。

2. 符号和箭头

在"符号和箭头"选项卡中，用户可以设置箭头的类型、大小及引线类型等，如图6-27所示。

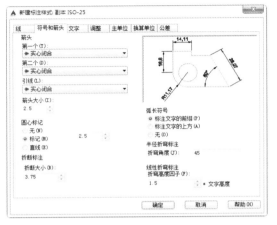

图6-27

在"符号和箭头"选项卡中，各主要选项的功能具体说明如下。

（1）箭头：在此选项组中，可以设置尺寸箭头的形式，不同箭头大小的效果对比如图6-28所示。

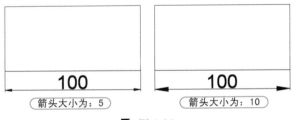

图6-28

（2）圆心标记：在此选项组中，可以设置半径标注、直径标注、和中心标注中的中心标记和中心线形式，不同的圆心标记效果对比如图6-29所示。

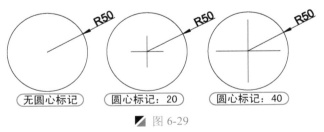

图6-29

提示：圆心标记

在"符号和箭头"选项卡中设置了圆心标记后，在"注释"标签下，单击"标注"面板中的小箭头按钮 标注▾ ，在其下拉列表中单击"圆心标记"按钮 ⊙ ，选择需要被标注的圆或圆弧，就会显示圆心标记。

（3）折断标注：在此选项组中，主要设置"折断大小"可在其中的文本框中设置标注折断时其尺寸界线被打断的长度。

（4）弧长符号：在此选项组中，主要包括"标注文字的前缀"、"标注文字的上方"和"无" 3 个单选按钮，可选择其中一个单选按钮来设置弧长符号的显示位置。

（5）半径折弯标注：在此选项组中，可以设置"折弯角度"，在其后的文本框中输入角度值，可设置标注圆弧半径时标注线的折弯角度。

（6）线性折弯标注：在此选项组中，主要设置折弯高度因子，在其下的文本框中输入比例值，可设置折弯标注被打断时折弯线的高度。

3．文字

在"文字"选项卡中，可设置文字的各项参数，如文字样式、颜色、高度、位置和对齐方式等，如图 6-30 所示。

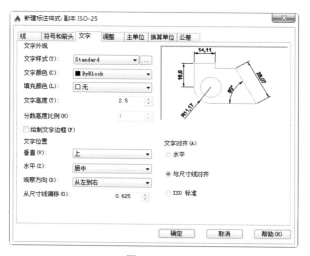

图 6-30

在"文字"选项卡中，各主要选项的功能具体说明如下。

（1）文字外观：在此选项组中，主要设置标注文字的样式、颜色及大小。

（2）文字位置：在此选项组中，可以设置标注文字的位置。

（3）文字对齐：在此选项组中，有"水平"、"与尺寸线对齐"和"ISO 标注" 3 个单选按钮，选择其中任意一个单选按钮来设置标注文字的对齐方式，不同文字对齐方式的效果对比如图 6-31 所示。

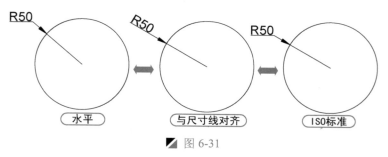

图 6-31

4. 调整

在"调整"选项卡中，可以对标注文字、尺寸线及比例等进行修改与调整，如图 6-32 所示。

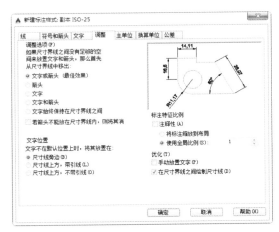

图 6-32

在"调整"选项卡中，各主要选项的功能具体说明如下。

（1）调整选项：在此选项组中，当尺寸界线之间没有足够的空间，但又需要放置标注文字与箭头时。可以设置将文字或箭头移至尺寸线的外面。

（2）文字位置：在此选项组中，可以设置当文字不在默认位置上时，将会放置的位置是"尺寸线旁边"、"尺寸线上方，带引线"、"尺寸线上方，不带引线"中的一种。

（3）标注特征比例：在此选项组中，可以设置注释性文本及全局比例因子。

例如，不同全局比例的效果对比如图 6-33 所示。

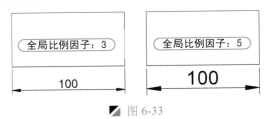

图 6-33

注意：全局比例因子的妙用

全局比例因子的作用是整体放大或缩小标注的全部基本元素的尺寸，如文字高度为 3.5，全局比例因子调为 100，则图形文字高度为 350，当然标注的其他基本元素也被放大 100 倍。

一般来讲，全局比例因子是参考当前图形的绘图比例来进行设置的，在模型空间中进行尺寸标注时，应根据打印比例设置此项参数值，其值一般为打印比例的倒数。

5. 主单位

在"主单位"选项卡中，可以设置线性标注与角度标注。"线性标注"包括"单位格式"、

"精度"、"舍入"、"测量单位比例"和"消零"等；"角度标注"包括"单位格式"、"精度"和"消零"等，如图 6-34 所示。

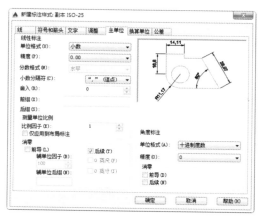

图 6-34

在"主单位"选项卡中，各主要选项的功能具体说明如下。

（1）线性标注：在此选项组中，可设置线性标注的格式和精度，不同单位格式的效果对比如图 6-35 所示。

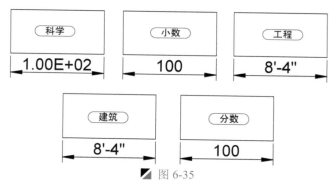

图 6-35

（2）测量单位比例：在此选项组中，可以设置测量尺寸时的比例因子，以及布局标注的效果。

提示：常用长度单位的换算关系

常用的长度单位，其英制与公制的换算关系如下。

1 千米（公里）=2 市里=0.6241 英里=0.540 海里

1 米=3 市尺=3.281 英尺

1 米=10 分米=100 厘米=1000 毫米

1 海里=1.852 千米=3.074 市里=1.150 英里

1 市尺=0.333 米=1.094 英尺

1 英里=1.609 千米=3.219 市里

1 英尺=12 英寸=0.914 市尺

（3）消零：在此选项组中，包括设置"前导"和"后续"两个复选框，设置是否显示尺寸标注中的"前导"零和"后续"零。

（4）角度标注：在此选项组中，可以设置标注角度时采用的角度单位，以及是否清零，不同角度标注的单位格式如图 6-36 所示。

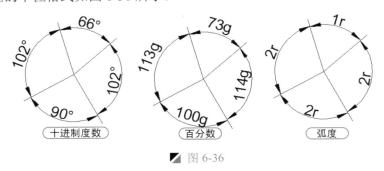

▨ 图 6-36

6. 换算单位

在"换算单位"选项卡中，可以设置可以设置换算单位的格式，如图 6-37 所示。

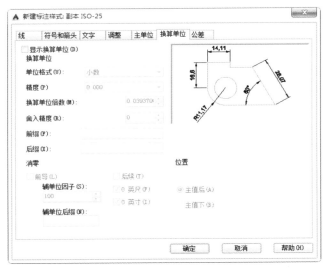

▨ 图 6-37

在"换算单位"选项卡中，各主要选项的功能具体说明如下。

（1）显示换算单位：在此选项组中，用于设置是否标注公制或英制双套尺寸单位。如图 6-38 所示。

（2）换算单位：在此选项组中，用户可以设置"单位格式"、"精度"、"换算单位倍数"、"舍入精度"、"前缀"、"后缀"等选项。其中的"换算单位倍数"用于设置单位的换算率。

（3）位置：在此选项组中，可以设置换算单位的放置位置。即"主值后"和"主值下"两种，如图 6-39 所示。

7. 公差

在"公差"选项卡中，可以设置尺寸公差的有关特征参数，如图 6-40 所示。

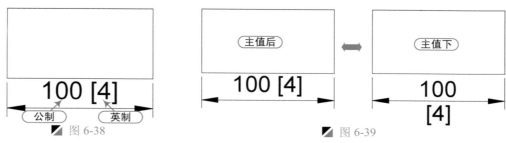

图 6-38   图 6-39

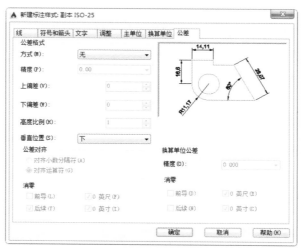

图 6-40

在"公差"选项卡中，各主要选项的功能具体说明如下。

（1）公差格式：在此选项组中，可以设置公差的标注方式。

（2）公差对齐：在此选项组中，当设置为"极限偏差"和"极限尺寸"公差方式时，可以用于设置公差的对齐方式，即"对齐小数分隔号"和"对齐运算符"

（3）消零：在此选项组中，当设置了公差并设置了多位小数后，可以将公差"前导"和"后续"的零（0）消除。

注意：尺寸标注的文字为 0

在"文字"选项卡中设置相关参数时，只有在将文字样式中的高度设置为 0 时，尺寸标注样式中的"文字高度"才可以设置。

6.6　尺寸标注的类型

案例	无	视频	尺寸标注的类型.avi	时长	04'25"

在 AutoCAD 2015 中，系统提供了十余种标注工具以标注图形对象，分别位于"标注"菜单或"标注"工具栏中，使用它们可以进行角度、半径、直径、线性、对齐、连续、圆心及基线等标注，如图 6-41 所示。

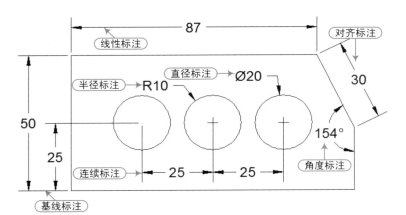

图 6-41

6.7 长度尺寸标注

在 AutoCAD 2015 中，长度尺寸标注是绘图中最常见的标注方式，包括线性标注、对齐标注、基线标注、连续标注、坐标标注和快速标注等。

6.7.1 线性标注

案例	无	视频	线性标注.avi	时长	06'52"

在 AutoCAD 中，线性标注用于标注图形对象的线性距离或长度，包括水平标注、垂直标注和旋转标注三种类型，线性标注可以水平、垂直或对齐放置。创建线性标注时，可以修改文字内容，文字角度或尺寸线的角度。

"线性"标注命令的执行方法有如下三种。

方法 01   在命令行输入 DIMLINEAR（DLI）命令并按<Enter>键。

方法 02   执行"标注 | 线性"菜单命令。

方法 03   单击"注释"标签下"标注"面板中的"线性"标注按钮┌┐。

执行上述命令后，可创建用于坐标系 XY 平面中的两个点之间的水平或垂直距离测量值，并通过指定点或选择一个对象来实现，其命令行提示如下：

```
命令: _DIMLINEAR                                    \\ 执行"线性"标注命令
指定第一个尺寸界线原点或 <选择对象>:               \\ 选择第一点
指定第二条尺寸界线原点:                            \\ 选择第二点
指定尺寸线位置或
[多行文字(M)/文字(T)/角度(A)/水平(H)/垂直(V)/旋转(R)]:   \\ 指定尺寸线位置
标注文字 = 100                                     \\ 显示当前标注尺寸
```

例如，如图 6-42 所示为线性标注示意图。

注意：选择对象进行线性标注

当执行"线性"标注对象后，可在 Enter 键后选择要进行标注的对象，从而不需要指定第一点和第二点即可进行线性标注操作。如果选择的对象为斜线段，这时根据确定的尺寸线位置来确定是标注水平距离还是标注垂直距离。

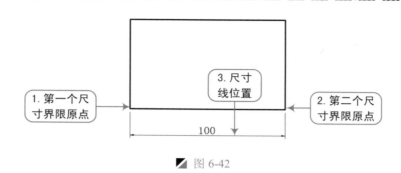

图 6-42

6.7.2 对齐标注

| 案例 | 无 | 视频 | 线性标注.avi | 时长 | 03'04" |

在 AutoCAD 中，对齐标注是线性标注的一种形式，其尺寸线始终与标注对象保持平行，用来创建与指定位置或对象平行的标注。

"对齐"标注命令的执行方法有如下三种。

方法 01　在命令行输入 DIMALIGNED（DAL）命令并按<Enter>键。

方法 02　执行"标注｜对齐"菜单命令。

方法 03　单击"注释"标签下"标注"面板中的"对齐"标注按钮。

执行上述命令后，可创建用于坐标系 XY 平面中的两个点之间的距离测量值，并通过指定点或选择一个对象来实现，其命令行提示如下：

```
命令: _DIMALIGNED                                    \\ 执行"对齐"标注命令
指定第一个尺寸界线原点或 <选择对象>:                    \\ 选择第一点
指定第二条尺寸界线原点:                                \\ 选择第二点
指定尺寸线位置或
[多行文字(M)/文字(T)/角度(A)]:                        \\ 指定尺寸线位置
标注文字 = 50                                        \\ 显示当前标注尺寸
```

例如，如图 6-43 所示为对齐标注示意图。

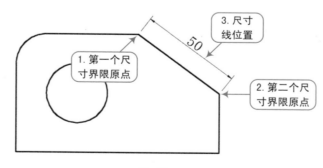

图 6-43

6.8　半径、直径和圆心标注

在 AutoCAD 2015 中，可以使用"标注"菜单中的"半径"、"直径"与"圆心"命令，标注圆或圆弧的半径尺寸、直径尺寸及圆心位置。

6.8.1　半径标注

案例	无	视频	半径标注.avi	时长	03'46"

在 AutoCAD 中，半径标注用于标注圆或圆弧的半径，半径标注是由一条指向圆或圆弧的箭头的半径尺寸线组成的，并显示前面带有半径符号（R）的标注文字。

"半径"标注命令的执行方法有如下三种。

方法 01　在命令行输入 DIMRADIUS（DRA）命令并按<Enter>键。

方法 02　执行"标注 | 半径"菜单命令。

方法 03　单击"注释"标签下"标注"面板中的"半径"标注按钮 。

执行上述命令后，可用于标注圆或圆弧在 XY 平面中的圆或圆弧的半径值，其命令行提示如下：

命令: _DIMRADIUS	\\ 执行"半径"标注命令
选择圆弧或圆:	\\ 选择要标注的对象
标注文字 = 15	\\ 显示当前标注的半径值
指定尺寸线位置或 [多行文字(M)/文字(T)/角度(A)]:	\\ 确定尺寸线位置

例如，如图 6-44 所示为圆和圆弧的半径标注示意图。

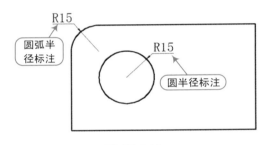

图 6-44

注意：半径符号（R）的输入

用户在绘制图形过程中，当选择"多行文字"或"文字"选项重新确定尺寸文字时，只有给输入的尺寸文字加前缀"R"才能标出半径尺寸符号，否则没有此符号。

6.8.2　直径标注

案例	无	视频	直径标注.avi	时长	02'21"

在 AutoCAD 中，直径标注用于标注圆或圆弧的直径，直径标注是由一条指向圆或圆弧的箭头的直径尺寸线组成的，并显示前面带有直径符号（Φ）的标注文字。

"直径"标注命令的执行方法有如下三种。

方法 01　在命令行输入 DIMDIAMETER（DDI）命令并按<Enter>键。

方法 02　执行"标注 | 直径"菜单命令。

方法 03　单击"注释"标签下"标注"面板中的"直径"标注按钮 。

执行上述命令后，可用于标注圆或圆弧在 XY 平面中的直径值，其命令行提示如下：

命令: _DIMDIAMETER	\\ 执行"直径"标注命令
选择圆弧或圆:	\\ 选择要标注的对象
标注文字 = 30	\\ 显示当前标注的半径值
指定尺寸线位置或 [多行文字(M)/文字(T)/角度(A)]:	\\ 确定尺寸线位置

例如，如图 6-45 所示为圆和圆弧的直径标注示意图。

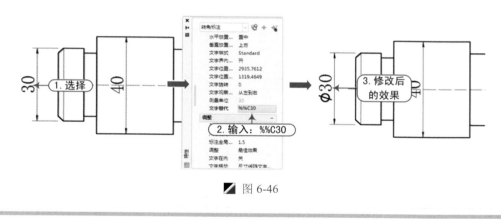

∅30
圆弧直径标注
∅30
圆直径标注

图 6-45

注意：直径符号（Φ）的输入

用户在绘制图形过程中，在进行了直径标注后，这时用户可以在"特性"面板中修改标注的直径值，而要输入直径符号（Φ），则应在 AutoCAD 中输入"%%C"，如图 6-46 所示。

图 6-46

6.8.3 折弯标注

案例	无	视频	折弯标注.avi	时长	02'08"

在 AutoCAD 中，折弯标注是系统提供的一种特殊半径标注方式，因此也称为"缩放的半径标注"，通常包括线性折弯标注和半径折弯标注。

"折弯"标注命令的执行方法有如下三种。

方法 01 在命令行输入 DIMJOGGED（DJO）命令并按<Enter>键。

方法 02 执行"标注 | 折弯"菜单命令。

方法 03 单击"注释"标签下"标注"面板中的"折弯"标注按钮 。

执行上述命令后，可标注圆或圆弧对象在 XY 平面中的折弯尺寸，其命令行提示如下：

命令:_DIMJOGGED	\\ 执行"折弯"标注命令
选择圆弧或圆:	\\ 选择折弯标注对象
标注文字 = 260	\\ 显示折弯标注值
指定尺寸线位置或 [多行文字(M)/文字(T)/角度(A)]:	
指定折弯位置:	\\ 指定尺寸位置

例如，如图 6-47 所示为折弯标注示意图。

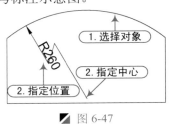

图 6-47

6.8.4 圆心标记

案例	无	视频	圆心标记.avi	时长	02'58"

在 AutoCAD 中，圆心标记用于为指定的圆弧画出圆心符号，其标记可以为短十字线，也可以是中心线。

"圆心标记"命令的执行方法有如下三种。

方法 01 在命令行输入 DIMCENTER（DCE）命令并按<Enter>键。

方法 02 执行"标注 | 圆心标记"菜单命令。

方法 03 单击"注释"标签下"标注"面板下拉列表中的"圆心标记"按钮⊙。

执行上述命令后，可对圆、椭圆和圆弧等对象在 XY 平面中的圆心进行标记，其命令行提示如下：

命令:_DIMCENTER	\\ 执行"圆心标记"命令
选择圆弧或圆:	\\ 选择圆心标记对象

例如，如图 6-48 所示为圆心标记示意图。

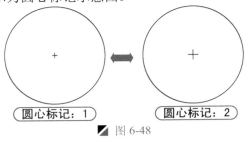

图 6-48

注意：圆心标记大小变量的修改

圆心标记的形式可以由系统变量 DIMCEN 设定。当此变量值大于 0 时，做圆心标记，且此值是圆心标记线长度的一半；当此变量值小于 0 时，将画出中心线，且此值是圆心处小十字线长度的一半。

6.8.5　弧长标注

案例	无	视频	弧长标注.avi	时长	03'21"

在 AutoCAD 中，弧长标注是用户测量圆弧或多段线弧线段上的距离，在标注文本的前面将显示圆弧符号。

"弧长"标注命令的执行方法有如下三种。

方法 01　在命令行输入 DIMARC（DAR）命令并按<Enter>键。

方法 02　执行"标注 | 弧长"菜单命令。

方法 03　单击"注释"标签下"标注"面板中的"弧长"按钮 。

执行上述命令后，可对圆弧和圆等对象在 XY 平面中的弧长进行标注，其命令行提示如下：

```
命令: _DIMARC                              \\ 执行"弧长"标注命令
选择圆弧或圆:                               \\ 选择弧长标注对象
```

例如，如图 6-49 所示为弧长标注示意图。

104,72

图 6-49

6.9　角度标注与其他类型的标注

在 AutoCAD 2015 中，除了前面介绍的几种常用尺寸标注外，还可以使用角度标注、基线标注、连续标注、坐标标注以及其他类型的标注功能，对图形中的角度、坐标等元素进行标注。

6.9.1　角度标注

案例	无	视频	角度标注.avi	时长	05'24"

在 AutoCAD 中，角度标注用于标注两条不平行直线之间的角度、圆和圆弧的角度或三点之间的角度。

"角度"标注命令的执行方法有如下三种。

方法 01　在命令行输入 DIMANGULAR（DAN）命令并按<Enter>键。

方法 02　执行"标注 | 角度"菜单命令。

方法 03　单击"注释"标签下"标注"面板中的"角度"标注按钮 。

执行上述命令后，其命令行提示如下：

```
命令: _DIMANGULAR                                              \\ 执行"角度"标注命令
选择圆弧、圆、直线或 <指定顶点>:                                \\ 选择对象指定第一点
指定标注弧线位置或 [多行文字(M)/文字(T)/角度(A)/象限点(Q)]:      \\ 确定尺寸线位置
标注文字 = 336                                                 \\ 显示角度值
```

根据命令行提示，依次指定第一点和第二点的位置，并确定尺寸线的位置，从而标注出角度值。

例如，如图 6-50 所示为角度标注示意图。

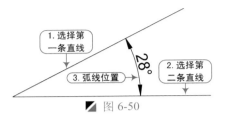

图 6-50

注意：不同标注位置显示不同角度值

在进行角度标注时，若指定尺寸线的位置不同，其角度标注的对象也会不同，如图 6-51 所示。

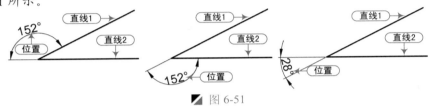

图 6-51

6.9.2 基线标注

| 案例 | 无 | 视频 | 基线标注.avi | 时长 | 04'56" |

在 AutoCAD 中，基线标注是自同一基线处测量的多个标注，可以从当前任务最近创建的标注中以增量的方式创建基线标注。

"基线"标注命令的执行方法有如下三种。

(方法 01) 在命令行输入 DIMBASELINE（DBA）命令并按<Enter>键。

(方法 02) 执行"标注 | 基线"菜单命令。

(方法 03) 单击"注释"标签下"标注"面板中的"基线"标注按钮。

执行上述命令后，其命令行提示如下：

```
命令: _DIMBASELINE                                    \\ 执行"基线"标注命令
指定第二条尺界线原点或 [放弃(U)/选择(S)] <选择>:      \\ 选择第二条尺寸线原点
标注文字 = 57.12                                      \\ 显示测量数值
指定第二条尺界线原点或 [放弃(U)/选择(S)] <选择>:      \\ 按 Esc 键退出
```

根据命令行提示，依次指定第一点和第二点的位置，并确定尺寸线的位置，从而标注出角度值。

例如，如图 6-52 所示为角度标注示意图。

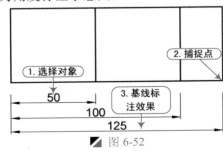

图 6-52

提示：基线间距的设置

　　在进行基线标注之前，应首先设置好合适的基线间距，以免尺寸线之间重叠。用户可以在设置尺寸标注样式时，在"线"选项卡的"基线间距"文本框中输入相应的数值来进行调整。

6.9.3　连续标注

| 案例 | 无 | 视频 | 连续标注.avi | 时长 | 02'00" |

　　在 AutoCAD 中，连续标注是首尾相连的多个标注，在创建基线或连续标注之前，必须创建线性、对齐或角度标注。

　　"连续"标注命令的执行方法有如下三种。

方法 01　在命令行输入 DIMCONTINUE（DCO）命令并按<Enter>键。

方法 02　执行"标注 | 连续"菜单命令。

方法 03　单击"注释"标签下"标注"面板中的"连续"标注按钮。

　　执行"连续"标注命令后，根据命令行提示，以之前的标注对象为基础，或者以选择的标注为对象基础，来进行连续标注操作。

　　例如，如图 6-53 所示为连续标注示意图。

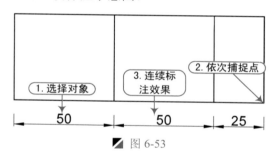

图 6-53

注意：基线和连续标注的起点

　　基线标注和连续标注都是从上一个尺寸接线处测量的，除非指定另一点作为原点。

6.9.4　坐标标注

| 案例 | 无 | 视频 | 坐标标注.avi | 时长 | 04'48" |

　　在 AutoCAD 中，坐标尺寸的标注是测量原点（成为基准）到标注特征的垂直距离，这种标注可以保持特征点与基准点的精确偏移量，从而避免增大误差。

　　"坐标"标注命令的执行方法有如下三种。

方法 01　在命令行输入 DIMORDINATE（DOR）命令并按<Enter>键。

方法 02　执行"标注 | 坐标"菜单命令。

方法 03　单击"注释"标签下"标注"面板中的"坐标"标注按钮。

　　执行上述命令后，其命令行提示如下：

命令:_DIMORDINATE   \\ 执行"坐标"标注命令
指定点坐标: \\ 指定需要进行坐标标注的点对象
指定引线端点或 [X 基准(X)/Y 基准(Y)/多行文字(M)/文字(T)/角度(A)]: \\ 显示测量数值
标注文字 = 20   \\ 显示坐标标注文字

根据命令行提示,选择要进行坐标标注的点,再使用鼠标确定是进行 X 或 Y 值标注即可。
例如,如图 6-54 所示为坐标标注示意图。

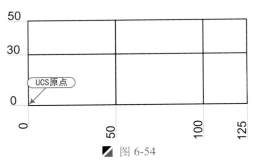

图 6-54

注意:不同原点的坐标标注

AutoCAD 使用当前 UCS 的绝对坐标确定坐标值。在创建坐标标注之前,通常需要重设 UCS 原点与基准相符,通过设置不同的 UCS 坐标原点,其测量的坐标标注效果不同。

6.9.5 引线注释

案例	无	视频	引线注释.avi	时长	06'39"

在 AutoCAD 中,利用引线注释可以创建带有一个或多个引线、多种格式的注释文字及多行旁注和说明等,还可以标注特定的尺寸,如圆角、倒角等。

用户直接在命令行中输入引线注释命令 QLEADER(QLE),根据如下命令行提示来进行操作,即可进行引线注释。

命令:_QLEADER   \\ 执行"引线"注释命令
指定第一个引线点或 [设置(S)] <设置>:   \\ 指定第一个引线点位置
指定下一点: \\ 指定下一点位置
指定下一点: \\ 按 Enter 键确认
指定文字宽度 <0>:   \\ 指定文字高度
输入注释文字的第一行 <多行文字(M)>:   \\ 输入注释文字内容
输入注释文字的下一行: \\ 按 Enter 键确认

例如,如图 6-55 所示为引线注释示意图。

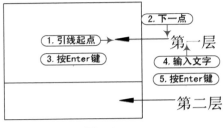

图 6-55

在进行引线的过程中，如果用户选择"设置（S）"选项，将打开"引线设置"对话框，从而可以设置注释的类型、多行文字的选项、引线样式、引线点数、箭头样式及角度、多行文字附着位置等，如图 6-56 所示。

图 6-56

6.10 多重引线标注

在 AutoCAD 2015 中，多重引线是具有多个选项的引线对象。对于多重引线，先放置引线对象的头部、尾部或内容均可，在"注释"选项卡的"引线"面板中，包括相应的多重引线的命令及相应的工具，如图 6-57 所示。

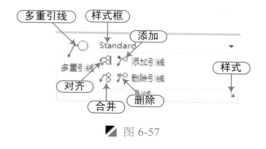

图 6-57

提示：引线的结构

引线对象是一条直线或样条曲线，其一端带有箭头，另一端带有多行文字或块。在某些情况下，有一条短水平线（又称为基线）将文字或块和特征按控制框连接到引线上，如图 6-58 所示。

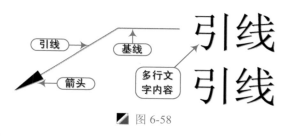

图 6-58

6.10.1 创建多重引线样式

案例	无	视频	创建多重引线样式.avi	时长	05'15"

在 AutoCAD 中，用户可以创建与标注、表格和文字中样式类似的多重引线样式，还可以将这些样式转换为工具，并将其添加到工具选项板中，方便用户能快速访问。

"多重引线"命令的执行方法有如下三种。

(方法 01)　在命令行输入 MLEADERSTYLE（MLS）命令并按<Enter>键。

(方法 02)　执行"格式 | 多重引线样式"菜单命令。

(方法 03)　单击"注释"标签下"引线"面板中的"多重引线样式管理器"按钮 ☑ 。

执行上述命令后，将打开"多重引线样式管理器"对话框，在"样式"列表框中列出了已有的多重引线样式，并在右侧的"预览"框中看到该多重引线样式的效果。如果用户要创建新的多重引线样式，可单击"新建"按钮，将弹出"创建新多重引线样式"对话框，在"新样式名"文本框中输入新的多重引线样式的名称，如图 6-59 所示。

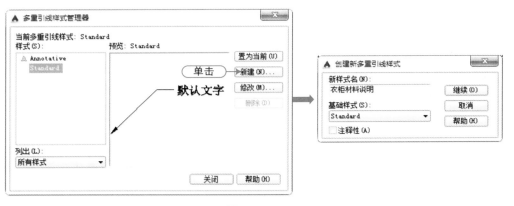

图 6-59

当单击"继续"按钮后，将弹出"修改多重样式：…"对话框，用户可以根据需要来对其引线格式、结构和内容进行设置或修改，如图 6-60 所示。

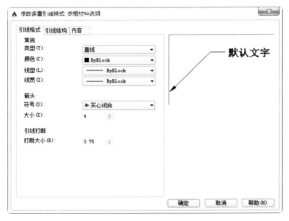

图 6-60

6.10.2 创建与修改多重引线

案例	无		视频	创建与修改多重引线.avi		时长	05'11"

在 AutoCAD 中，当用户创建了多重引线样式后，就可以通过此样式来创建多重引线，并且可以根据需要来修改多重引线。

创建或修改多重引线的执行方法有如下三种。

方法 01   在命令行输入 MLEADER 命令并按<Enter>键。

方法 02   执行"标注 | 多重引线"菜单命令。

方法 03   单击"注释"标签下"引线"面板中的"多重引线"按钮 /°。

执行上述命令后，用户根据如下命令行提示进行操作，即可对图形对象进行多重引线标注。

```
命令:_MLEADER                                           \\ 执行"多重引线"命令
指定引线箭头的位置或 [引线基线优先(L)/内容优先(C)/选项(O)] <选项>:  \\ 指定箭头位置
指定引线基线的位置:                                        \\ 指定引线基线的位置
                                                      \\ 输入引线的文字内容
```

例如，如图 6-61 所示为创建多重引线示意图。

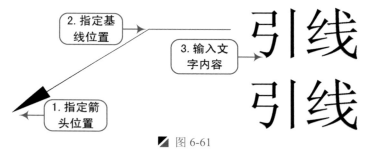

图 6-61

注意：修改多重引线特性

当用户需要修改选定的某个多重引线对象时，用户可以在该多重引线对象上单击鼠标右键，从弹出的快捷菜单中选择"特性"命令，将弹出"特性"面板，从而可以修改多重引线的样式、箭头样式与大小、引线类型、是否有水平基线、基线间距等。

6.10.3 添加、删除与对齐多重引线

案例	无		视频	添加、删除与对齐多重引线.avi		时长	03'54"

在 AutoCAD 中，用户可以利用"引线"面板中的各个按钮对"多重引线"进行添加、删除以及对齐操作。

1. 添加多重引线

当同时添加几个相同部分的引线时，可采取互相平行或画成集中于一点的放射线，这时就可以利用"添加多重引线"命令来操作。

单击"引线"面板中的"添加引线"按钮，根据命令行提示选择已有的多重引线，然后依次指定出线箭头的位置即可。

2. 删除多重引线

如果用户在添加了多重引线后，又觉得不符合需要，这时可以将多余的多重引线删除。在"引线"面板中单击"删除引线"按钮 ，根据命令行提示选择已有的多重引线，然后按空格键即可删除多余的多重引线。

3. 对齐多重引线

当一个图形中有多处引线标注时，如果没有对齐，会使图形显得不规范，也不符合要求，这时可以通过系统提供的多重引线对齐功能来操作，它所需要的多个多重引线以某个引线为基准进行对齐操作。

单击"引线"面板中的"对齐"按钮 ，根据命令行提示选择要对齐的引线对象，再选择要作为对齐的基准引线对象即方向即可。

例如，如图6-62所示为添加多重引线示意图。

▮ 图6-62

6.11　形位公差标注

案例	无	视频	形位公差标注.avi	时长	06'25"

在机械工程图中，经常使用形位"公差"命令来对图形特性进行形状、轮廓、方向、位置和跳动的允许偏差等进行标注，可以通过特征控制框来添加形位公差，这些框中包含单个标注的所有公差信息。

特征控制框至少由两个组件组成，第一个特征控制框包含一个集合特征符号，表示应用公差的几何特征，例如位置、轮廓、形状、方向或跳动。形位公差控制直线度、平面度、圆度和圆柱度；轮廓控制直线和表面，如图6-63所示。

▮ 图6-63

标注形位公差的执行方法有如下三种。

(方法01)　在命令行输入TOLERANCE（TOL）命令并按<Enter>键。
(方法02)　执行"标注｜公差"菜单命令。
(方法03)　单击"注释"标签下"标注"面板下拉列表中的"公差"按钮 。

执行上述命令后，将弹出"形位公差"对话框，可以指定特征控制框的符号和值，如图6-64所示。

设置好形位公差特征控制框的符号和值后，单击"确定"按钮，然后将设置好的形位公差标注到指定位置即可。

在"形位公差"对话框中，各主要选项功能说明如下。

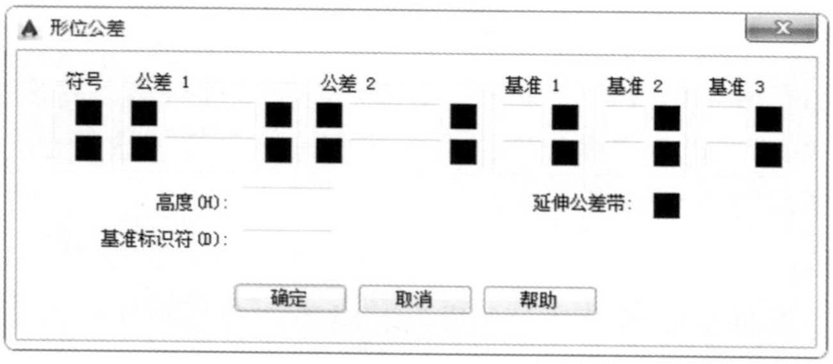

图 6-64

（1）符号：在此选项组中单击，可以显示或设置要标注形位公差的符号。形位公差的符号包括特征符号和附加符号两类，如图 6-65 所示。

图 6-65

注意：形位公差符号的含义

在"特征符号"对话框和"附加符号"对话框中，各个符号的含义如图 6-66 所示。

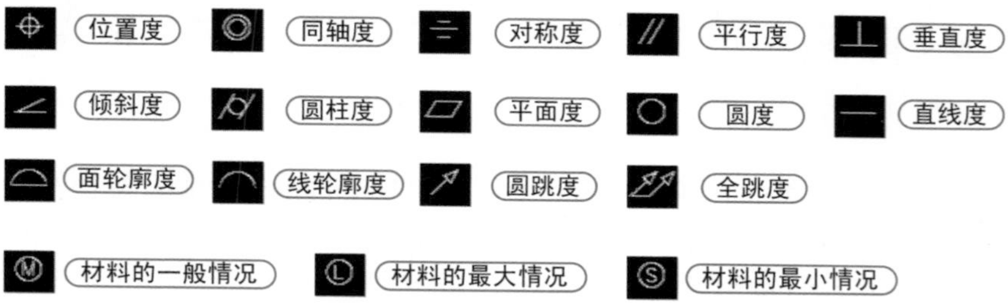

⊕ 位置度　◎ 同轴度　═ 对称度　∥ 平行度　⊥ 垂直度

∠ 倾斜度　⌀ 圆柱度　▱ 平面度　○ 圆度　━ 直线度

⌒ 面轮廓度　⌒ 线轮廓度　↗ 圆跳度　⤢ 全跳度

Ⓜ 材料的一般情况　Ⓛ 材料的最大情况　Ⓢ 材料的最小情况

图 6-66

（2）"公差 1"和"公差 2"：用来设置创建特征控制框中的第一个公差值和第二个公差值。

（3）"基准 1"、"基准 2"和"基准 3"：用来设置与基准有关的参数，用户可以在相应的文本框中输入相应的基准代号。

（4）高度（H）：用来输入投影公差带的值。

（5）延伸公差带：除了制定位置公差外，还可以指定延伸公差（也称为投影公差）。以使公差更加明确。

（6）基准标识符（D）：用来创建由参照字母组成的基准标识符号。

6.12　编辑标注对象

在 AutoCAD 2015 中，在对图形对象进行尺寸标注后，如果需要对其进行修改，可以利用标注样式对所有标注进行修改，也可以单独修改图形中部分标注对象。尺寸标注的编辑包括对已标注尺寸的标注位置、文字位置、文字内容、标注样式等内容进行修改。

6.12.1 编辑尺寸标注

| 案例 | 无 | 视频 | 编辑尺寸标注.avi | 时长 | 04'13" |

在"标注"工具栏单击"编辑标注"按钮 ⊌ ，或者在命令行中输入 DIMEDIT 命令，便可编辑尺寸标注，其命令行提示如下：

```
命令: _DIMEDIT                                          \\ 执行"编辑标注"命令
输入标注编辑类型 [默认(H)/新建(N)/旋转(R)/倾斜(O)] <默认>:   \\ 选择编辑的类型
```

在上述命令行中，各主要选项具体说明如下。

（1）默认（H）：选择该选项并选择尺寸对象，可以按默认位置和方向放置尺寸文字。

（2）新建（N）：选择该选项后，在光标位置将提示输入要修改的文字内容，然后按 Enter 键，在"选择对象："提示下选择要编辑的尺寸对象，再按 Enter 键结束，则所选择的标注对象的文字已经被修改。

（3）旋转（R）：选择该选项可以将尺寸文字旋转一定的角度，同样是先设置角度值，然后选择尺寸对象。

（4）倾斜（O）：选择该选项可以使非角度标注的尺寸界线倾斜一定的角度，这时需要先选择尺寸对象，然后设置倾斜角度。

例如，如图 6-67 所示为旋转与倾斜编辑类型选项示意图。

图 6-67

6.12.2 更新标注

| 案例 | 无 | 视频 | 更新标注.avi | 时长 | 03'05" |

在 AutoCAD 中，利用尺寸更新命令，可以实现两个尺寸样式之间的互换，即将已标注的尺寸按新的尺寸样式显示出来，尺寸更新命令作为改变尺寸样式的工具，可使标注的尺寸样式灵活多样，从而满足各种尺寸标注需要，而无须对尺寸进行反复修改。

"更新"命令的执行方法有如下三种。

方法 01　在命令行输入-DIMSTYLE 命令并按<Enter>键。

方法 02　执行"标注 | 更新"菜单命令。

方法 03　单击"注释"标签下"标注"面板中的"更新"按钮 ⊡ 。

执行上述命令后，其命令行提示如下：

```
命令: _DIMSTYLE
当前标注样式: ISO-25    注释性: 否
输入标注样式选项[注释性(AN)/保存(S)/恢复(R)/状态(ST)/变量(V)/应用(A)/?] <恢复>:
```

在命令行提示中，各主要选项具体说明如下。

（1）保存（S）：将标注系统变量的当前设置保存到标注样式。命令行继续提示"输入新标注样式名或 [?]:"。

（2）恢复（R）：将标注系统变量设置恢复为选定标注样式的设置。

（3）状态（ST）：显示所有标注系统变量的当前值，列出变量后，-DIMSTYLE 命令结束。

（4）变量（V）：列出某个标注样式或选定标注的标注系统变量设置，但不修改当前设置。

（5）应用（A）：将当前尺寸标注系统变量设置应用到选定标注对象，永久替代应用于这些对象的任何现有标注样式。

（6）？：列出当前图形中命名的标注样式。

6.13 综合练习——标注轴图形

| 案例 | 标注轴.dwg | 视频 | 标注轴.图形 avi | 时长 | 13'55" |

为了使用户对 AutoCAD 文字与尺寸的标注有一个初步的了解，下面以"标注轴图形"来进行讲解，其操作步骤如下。

Step 01 在桌面上双击 AutoCAD 2015 图标，启动 AutoCAD 2015 软件，系统自动创建一个空白文档。

Step 02 执行"文件｜打开"菜单命令，打开需要标注的图形，如图 6-68 所示。

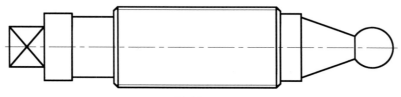

图 6-68

Step 03 在"快速访问"工具栏单击"另存为"按钮 ，将弹出"图形另存为"对话框，将该文件保存为"案例\06\标注轴.dwg"文件。

Step 04 单击"默认"标签下"图层"面板中的"图层特性"按钮，在弹出的"图层特性管理器"选项板中设置标注图层为当前图层，其效果如图 6-69 所示。

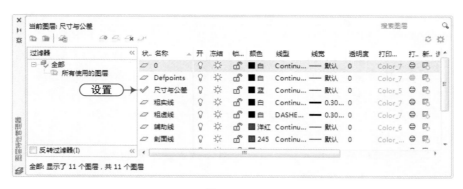

图 6-69

Step 05 执行"格式｜标注样式"菜单命令，在弹出的"标注样式管理器"对话框中单击"新建"按钮，将会弹出"创建新标注样式"对话框，单击"继续"按钮，对弹出的"新建标注样式"进行设置。

Step 06 执行"标注｜线性标注"菜单命令，标注图形中所有的线性尺寸，如图 6-70 所示。

Step 07 继续执行"标注｜线性标注"菜单命令，标注图形中的直径，如图 6-71 所示。

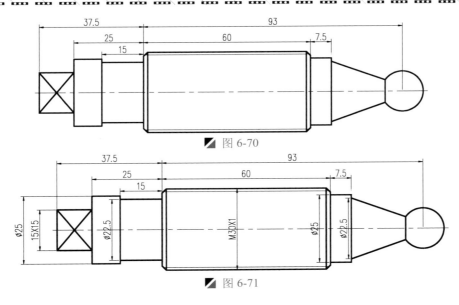

图 6-70

图 6-71

提示：直径符号的输入

　　在 AutoCAD 绘制图形的标注过程中，直径符号的输入为"%%C"。

Step 08　利用"角度"标注命令和"直径"标注命令对图形中的角度和圆进行标注，其效果如图 6-72 所示。

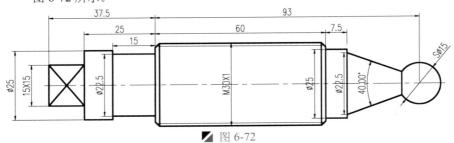

图 6-72

Step 09　利用"直线"和"文字"命令对图形中的倒角进行标注，其效果如图 6-73 所示。

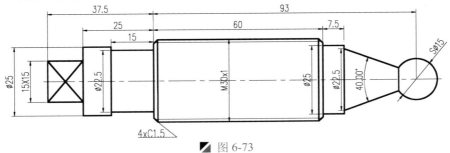

图 6-73

Step 10　至此，轴图形标注完毕，在"快速访问"工具栏单击"保存"按钮，将所绘制的图形进行保存。

Step 11　在键盘上按<Alt+F4>或<Alt+Q>组合键，退出所绘制的文件对象。

7

图形的布局与打印操作

本章导读

　　AutoCAD 2015 提供了图形输入与输出接口，不仅可以将其他应用程序中处理好的数据传送给 AutoCAD，以显示其图形，还可以将在 AutoCAD 中绘制好的图形打印出来，或者把信息传送给其他应用程序。

本章内容

■ 模型与图纸空间
■ 创建和管理布局
■ 布局视口的操作
■ 图形的打印输出
■ 打印样式的设置

7.1 模型与图纸空间

在 AutoCAD 2015 中，存在两个工作空间，即模型空间和图纸空间，以满足我们绘图和打印出图的需要，它们分别用"模型"和"布局"选项卡表示。这些选项卡位于状态栏的左侧位置，如图 7-1 所示。使用模型空间可以创建和编辑模型，使用图纸空间可以构造图纸和定义视图。

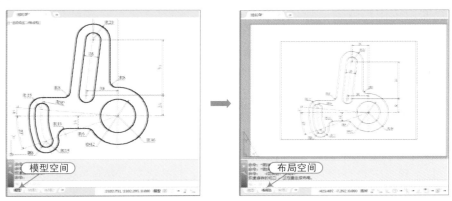

图 7-1

如果要创建具有一个视图的二维图形，则可以在模型空间中完整创建图形及其注释而不使用布局选项卡，此方法虽然简单，但是却有很多局限，它仅适用于二维图形，不支持多视图，依赖视图的图层设置以及缩放注释和标题栏需要计算等。

使用此方法，通常以实际比例（1:1）绘制图形几何对象，并用适当的比例创建文字标注和其他注释，以在打印图形时正确显示大小。

提示：模型和布局选项卡的显示

默认情况下"模型"选项卡和"布局"选项卡是隐藏的。要显示这些选项，打开"选项"对话框，在"显示"选项卡中勾选"显示布局和模型选项卡"复选框即可，如图 7-2 所示。

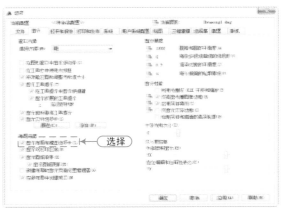

图 7-2

7.1.1 模型空间和图纸空间切换

| 案例 | 无 | 视频 | 模型空间和图纸空间切换.avi | 时长 | 06'09" |

在 AutoCAD 中，模型空间是完成绘图和设计工作的工作空间，在模型空间中建立的模型可以完成二维或三维物体的造型，并且可以根据需求用多个二维或三维视图表示物体，同时配有必要的尺寸标注和注释等完成所需要的全部绘图工作。

图纸空间用于图形排列，通过移动或改变视口的尺寸，可在图纸空间中排列视图。在图纸空间中，视口被作为对象来看待，并且可以用 AutoCAD 的标准编辑命令对其进行编辑，这样就可以在同一绘图页进行不同视图的放置和绘制（在模型空间中，只能在当前活动的视口中绘制）。每个视口能展现模型不同部分的视图或不同视点的视图，每个视口中的视图可以独立编辑，画成不同的比例，冻结和解冻特定的图层，给出不同的标注或注释。

在打开"布局"标签后，可以按以下方式在图纸空间和模型空间之间切换。

方法 01 通过使一个视口成为当前视口而工作在模型空间中。要使一个视口成为当前视口，双击该视口即可。要使图纸空间成为当前状态，可双击浮动视口外部局内的任何地方。

方法 02 通过状态栏上的"模型"按钮或"图纸"按钮来切换在"布局"标签中的模型空间和图纸空间。当通过此方法由图纸空间切换到模型空间时，最后活动的视口成为当前视口。

方法 03 使用 MSPACE 命令从图纸空间切换到模型空间，使用 PSAPCE 命令从模型空间切换到图纸空间。

> 提示：系统变量 TILEMODE

通过设置系统变量 TILEMODE 也可以转换空间，系统变量 TILEMODE 设置为 1（系统默认值）时，系统在模型空间中工作；当 TILEMODE 设置为 0 时，系统在图纸空间中工作。

7.1.2 更改空间

| 案例 | 无 | 视频 | 更改空间.avi | 时长 | 02'47" |

在 AutoCAD 中，单击"默认"标签下"修改"面板中的"更改空间"按钮，可以在模型空间和图纸空间之间移动对象。

调用命令后，命令行提示如下：

```
命令: _CHSPACE
选择对象: 找到 1 个
选择对象: 一个对象已从图纸空间更改到模型空间
```

将对象传输到图纸空间时，用户单击的源视口将确定所传输对象在图纸空间中的位置。将对象传输到模型空间时，用户单击的目标视口将确定所传输对象在模型空间中的位置。

7.2 创建和管理布局

在 AutoCAD 2015 中，可以创建多种布局，每个布局都代表一张单独的打印输出图纸。创建新布局就可以在布局中创建浮动窗口。视图中的各个视图可以使用不同的打印比例，并能够控制视口中图层的可见性。

7.2.1 直接创建布局

案例	无	视频	直接创建布局.avi	时长	05'57"

在 AutoCAD 中，创建布局的功能是布局新图纸空间中的出图规划。可创建多个布局，每个布局都可以包含不同的打印设置和图纸尺寸。默认情况下，新图形最开始有两个布局选项卡，分别为"布局 1"和"布局 2"。

创建并修改图形布局选项卡，执行方法有如下几种。

方法 01 在命令行输入 LAYOUT 命令并按<Enter>键。

方法 02 执行"插入 | 布局 | 新建布局"菜单命令。

方法 03 单击状态栏"布局"中的"新建布局"按钮 。

方法 04 在状态栏的"模型"选项卡或某个布局选项卡上单击鼠标右键，从弹出的快捷菜单中，选择"新建布局（N）"选项命令，如图 7-3 所示。

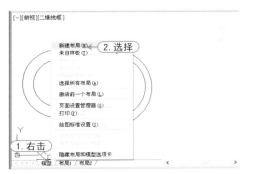
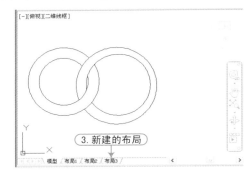

图 7-3

执行上述命令后，命令行提示如下：

```
命令: _LAYOUT
输入布局选项 [复制(C)/删除(D)/新建(N)/样板(T)/重命名(R)/另存为(SA)/设置(S)/?] <设置>:
输入要置为当前的布局 <布局 1>:
```

命令行各主要选项具体说明如下。

（1）复制（C）：用来复制布局。如果不提供名称，则新布局以被复制布局的名称附带一个递增的数字（在括号中）作为布局名。

（2）删除（D）：用来删除布局。不能删除"模型"选项卡。要删除"模型"选项卡上的所有几何图形，必须选择所有几何图形然后使用 ERASE 命令。

（3）新建（N）：创建新的布局选项。

（4）样板（T）：基于样板（DWT）、图形（DWG）或图形交换（DXF）文件中现有的布局创建新布局选项卡。

（5）重命名（R）：给布局重新命名。

（6）另存为（SA）：将布局另存为图形样板（DWT）文件，而不保存任何未参照的符号表和块定义信息。可以使用该样板在图形中创建新的布局，而不必删除不必要的信息。

（7）设置（S）：用来设置当前布局。

（8）？：列出图形中定义的所有布局。

7.2.2 使用样板创建布局

| 案例 | 无 | 视频 | 使用样板创建布局.avi | 时长 | 01'56" |

在 AutoCAD 中，使用样板创建布局基于样板（DWT）、图形（DWG）或图形交换（DXF）文件中现有的布局创建新布局选项卡。

执行方法有如下三种。

方法 01 在命令行输入 LAYOUT，按<Enter>键，再转入 T，再按<Enter>键。

方法 02 执行"插入 | 布局 | 来自样板的布局"菜单命令。

方法 03 在绘图区的"模型"选项卡或某个布局选项卡上单击鼠标右键，从弹出的快捷菜单中，选择"来自样板（T）"选项命令。

执行上述命令后，将打开"从文件选择样板"对话框，在文件列表中选择相应的样板文件，并依次单击"打开"按钮和"确定"按钮，即可通过选择的样板文件来创建新的布局，如图 7-4 所示。

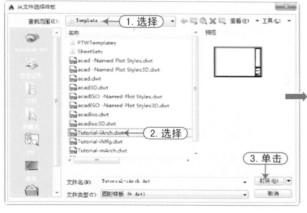

图 7-4

7.2.3 使用向导创建布局

| 案例 | 无 | 视频 | 使用向导创建布局.avi | 时长 | 04'00" |

Step 01 在 AutoCAD 中，在命令行输入"LAYOUTWIZARD"命令，或执行"插入 | 布局 | 创建布局向导"菜单命令，将弹出"创建布局 - 开始"对话框，用户可以按照向导的提示来创建布局，包括输入布局名称、设置打印机、设置图纸尺寸、设置图纸方向、定义标题栏、定义视口和拾取位置等，如图 7-5 所示。

Step 02 在"创建布局 - 开始"对话框中输入新布局名，单击"下一步"按钮，将打开"创建布局 - 打印机"对话框，如图 7-6 所示。

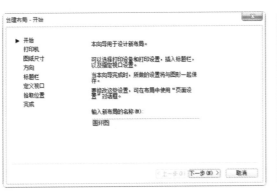

图 7-5

图 7-6

Step 03 在"创建布局－打印机"对话框中指定打印机类型后，单击"下一步"按钮，打开"创建布局-图纸尺寸"对话框，如图 7-7 所示。

Step 04 在"创建布局-图纸尺寸"对话框中设置好图纸尺寸，在"图形单位"选项组中设置单位类型，然后单击"下一步"按钮，打开"创建布局－方向"对话框，如图 7-8 所示。

图 7-7

图 7-8

Step 05 在"创建布局－方向"对话框中选中"纵向"或"横向"单选按钮，然后单击"下一步"按钮，打开"创建布局－标题栏"对话框，如图 7-9 所示。

Step 06 在"创建布局－标题栏"对话框的"路径"列表框中选择需要的标题栏选项，然后单击"下一步"按钮，打开"创建布局－定义视口"对话框，如图 7-10 所示。

图 7-9

图 7-10

Step 07 在"创建布局－定义视口"对话框中选择相应的视口设置和视口比例，然后单击"下一步"按钮，打开"创建布局－拾取位置"对话框，如图 7-11 所示。

Step 08 "创建布局－拾取位置"对话框中单击"选择位置"按钮，进入绘图区选择视口位置，然后单击"下一步"按钮打开"创建布局－完成"对话框，单击"完成"按钮即可创建布局，如图 7-12 所示。

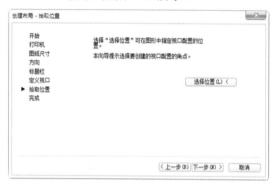

图 7-11

图 7-12

提示："上一步"的运用

用户在使用向导创建布局时，如果突然发现上一个对话框设置有误，可以单击"上一步"按钮返回进行更改，设置好后再单击"下一步"按钮继续进行设置输入。

7.2.4 管理布局

| 案例 | 无 | | 视频 | 管理布局.avi | | 时长 | 01'24" |

在 AutoCAD 中，右击某个"布局"选项卡，在弹出的快捷菜单中可以删除、新建、重命名、移动或复制布局，如图 7-13 所示。

图 7-13

默认情况下，单击某个"布局"选项卡时，系统将自动显示"页面设置管理器"对话框，供设置页面布局，如图 7-14 所示。如果以后要修改页面布局，可以从上图所示的快捷菜单中选择"页面设置管理器"命令。在对话框中单击"修改"按钮，打开"页面设置－XXX"对话框，如图 7-15 所示。通过修改布局页面设置，将图形按不同比例打印到不同尺寸的图纸中。

图 7-14

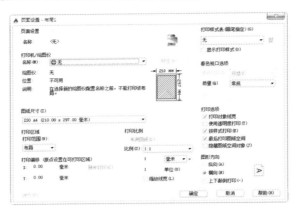

图 7-15

提示："页面设置管理器"对话框

在"选项"对话框中的"显示"选项卡里，用户可以通过选择是否勾选"新建布局时显示页面设置管理器（G）"复选框，来设置在新建布局时是否显示"页面设置管理器"对话框，如图 7-16 所示。

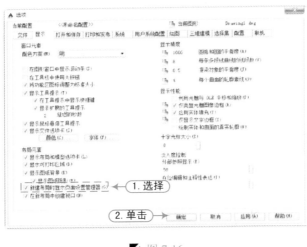

图 7-16

7.3 布局视口的操作

在 AutoCAD 2015 中，图纸空间中也可以创建视口，称为浮动视口。与平铺视口不同，浮动视口可以重叠，或进行编辑。用户构造布局时，可以将视口视为模型空间中的视图对象，对它进行移动和调整大小。浮动视口可以相互重叠或者分离，因为浮动视口是 AutoCAD 对象，所以在图纸空间中排放布局时不能编辑模型，而要编辑模型必须切换到模型空间。

7.3.1 创建浮动视口

案例	无	视频	创建浮动视口.avi	时长	12'26"

在 AutoCAD 中，使用浮动视口可以在每个视口中选择性地冻结图层。冻结图层后，就

可以查看每个浮动视口中的不同几何对象，通过在视口中平移和缩放，还可以指定显示不同的视图。

当用户创建了视口对象以后，在"工具"菜单下的"工具栏"选项中，选择"AutoCAD | 视口"选项，将弹出"视口"工具栏，用户可以通过该工具栏对创建的视口进行调整，如图 7-17 所示。

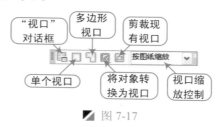

图 7-17

实质上系统为用户提供了创建视口的多种方法，以及视口的不同操作，如创建单个视口、多个视口、多边形视口及将对象转换为视口等。

在命令行输入"VPORTS"命令将打开"视口"对话框，在该对话框中可以设置视口的数量及其布置方式，如图 7-18 所示。

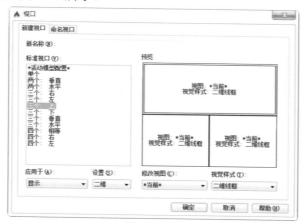

图 7-18

在图纸空间中无法编辑模型空间中的对象，如果要编辑模型空间中的对象，必须激活浮动视口，即可进入浮动模型空间。双击浮动视口区域中的任意位置，即可激活浮动视口，其激活的视口将以粗边框显示。当用户需要取消激活的视口时，可在布局的图纸外侧双击。

当用户创建了浮动视口后，可以删除已有的视口对象，同样也可以创建新的视口。

1. 删除视口

在布局视图中，直接单击浮动视口边界，此时该浮动视口被选择（即显示多个夹点），然后执行"删除"命令即可。

2. 新建视口

单击"布局视口"面板中的"矩形"按钮▢，根据需要设置视口的数量和排列方式，然后在布局视口中指定一个对角点来确定新建视口的大小，其命令行提示如下（面板中的"矩形"按钮与工具栏中的"单个视口"按钮功能相同）。

> 命令: _vports
> 指定视口的角点或 [开(ON)/关(OFF)/布满(F)/着色打印(S)/锁定(L)/对象(O)/多边形(P)/恢复(R)/图层(LA)/2/3/4] <布满>:

命令行各主要选项具体说明如下。

（1）开（ON）：打开指定的视口，将其激活并使它的对象可见。

（2）关（OFF）：关闭指定的视口。如果关闭视口，则不显示其中的对象，也不能将其置为当前。

（3）布满（F）：创建充满整个显示区域的视口。视口的实际大小由图纸空间视图的尺寸决定。

（4）锁定（L）：锁定当前视口，与图层锁定类似。锁定视口后，在用"ZOOM"命令放大图形时，不会改变视口的比例。

（5）对象（O）：将图纸空间中指定的对象换成视口。

（6）多边形（P）：指定一系列的点创建不规则形状的视口。

（7）恢复（R）：恢复保存的视口配置。

（8）2：将当前视口拆分为两个视口，与在模型空间中用法类似。

（9）3：将当前视口拆分为三个视口，与在模型空间中用法类似。

（10）4：将当前视口拆分为大小相同的四个视口。

用户除了可以新建矩形视口对象外，还可以创建多边形视口、将对象转换为视口，同时，还能够对所创建的视口对象调整形状与大小等。

1）新建多边形视口：在"布局视口"面板中，单击"多边形"按钮▢，然后在布局视图中根据需要像绘制多边形一样依次指定角点。

2）将对象转换为视口：在"布局视口"面板中，单击"对象"按钮▢，然后在布局视图中选择封闭的图形对象，即可将其设置为新的视口。

3）调整视口形状与大小：如果要更改布局视口的形状或大小，可以使用夹点编辑顶点，就像使用夹点编辑任何其他对象一样。

7.3.2 相对图纸空间缩放视图

| 案例 | 无 | 视频 | 相对图纸空间缩放视图.avi | 时长 | 01'52" |

在 AutoCAD 中，如果布局中使用了多个浮动视口，就可以为这些视口中的视图建立相同的缩放比例，这时可选择要修改其缩放比例的浮动窗口。在"特性"面板的"标准比例"下拉列表中选择某一比例，然后对其他的所有浮动视口执行同样的操作，就可以设置一个相同的比例值，如图 7-19 所示。

在 AutoCAD 中，通过对齐两个浮动视口中的视图可以排列图形中的元素。若采用角度、水平和垂直对齐方式，可以相对一个视口中指定的基点平移另一个视口中的视图。

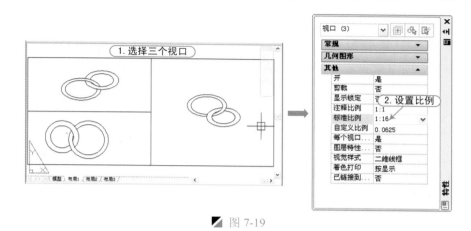

图 7-19

7.3.3 控制浮动视口中对象的可见性

| 案例 | 无 | | 视频 | 控制浮动视口中对象的可见性.avi | | 时长 | 03'32" |

　　在浮动视口中，可以使用多种方法来控制对象的可见性，如消隐视口中的线条，打开或关闭浮动视口等。使用这些方法可以限制图形的重生成，突出显示或隐藏图形中的不同元素。

　　视口对象的隐藏打印特性只影响打印输出，而不影响屏幕显示。打印布局时，在"页面设置"对话框中选中"隐藏图纸空间对象"复选框，可以只消隐图纸空间的几何图形，对视口中的几何图形无效。

　　在浮动视口中，利用"图层管理器"选项板可在一个浮动视口中"冻结/解冻"某个图层，而不影响其他视口，使用该方法可以在图纸空间中输出对象的三视图或多视图。

　　注意：视口的旋转

　　　　在浮动视口中，执行"MVSETUP"命令可以旋转整个视图；而执行"ROTATE"命令只是旋转单个对象。

7.4 打印样式的设置

　　在 AutoCAD 2015 中，可以通过"打印"命令将图形文件信息发送到打印机，转化为实际的图纸。打印之前需要对绘图仪、打印样式和页面进行设置。

7.4.1 设置打印绘图仪

| 案例 | 无 | | 视频 | 设置打印绘图仪.avi | | 时长 | 04'28" |

　　在 AutoCAD 中，执行"文件｜绘图仪管理器"菜单命令，弹出如图 7-20 所示的资源管理器窗口。打印机的设置主要决定于读者所选用的打印机，通常情况下，读者只要安装了随机销售的驱动软件，该打印机的图标就被添加到列表中。

(Step 01)　可以双击"添加绘图仪向导"图标，弹出"添加绘图仪 - 简介"对话框，如图 7-21 所示。

(Step 02)　单击"下一步"按钮，将弹出"添加绘图仪–开始"对话框，如图 7-22 所示。在该对话框中有 3 个单选按钮：选择"我的电脑"单选按钮，可以将 DWG 文件输出为其他类型的文件，以供其他软件使用；"网络绘图仪服务器"选项适用于多台计算机共用一台打印机的工作环境；"系统打印机"选项适用于打印机直接链接在计算机上的个人用户。

图 7-20

图 7-21

Step 03 单击"下一步"按钮，弹出"添加绘图仪–绘图仪型号"对话框，如图 7-23 所示。

图 7-22

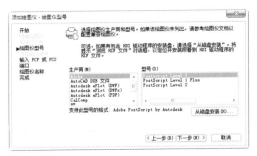

图 7-23

Step 04 单击"下一步"按钮，将弹出"添加绘图仪–输入 PSP 或 PC2"对话框，如图 7-24 所示。

Step 05 单击"下一步"按钮，将弹出"添加绘图仪–端口"对话框，如图 7-25 所示。

图 7-24

图 7-25

Step 06 单击"下一步"按钮，将弹出"添加绘图仪–绘图仪名称"对话框，如图 7-26 所示。

Step 07 单击"下一步"按钮，将弹出"添加绘图仪–完成"对话框，单击"完成"按钮，即可完成对绘图仪的设置，如图 7-27 所示。

图 7-26   图 7-27

7.4.2 设置打印样式列表

案例	无	视频	设置打印样式列表.avi	时长	06'03"

在 AutoCAD 中，执行"文件 | 打印样式管理器"菜单命令，弹出如图 7-28 所示的资源管理器窗口。使用该命令可以添加新的打印样式表，包含并可定义能够指定给对象的打印样式。

Step 01 可以双击"添加打印样式向导"图标，弹出"添加打印样式表"对话框，如图 7-29 所示。

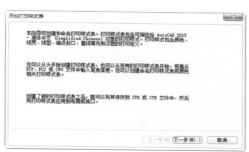

图 7-28   图 7-29

Step 02 单击"下一步"按钮，将弹出"添加打印样式表–开始"对话框，如图 7-30 所示。

Step 03 单击"下一步"按钮，将弹出"添加打印样式表–选择打印样式表"对话框，如图 7-31 所示。

图 7-30   图 7-31

Step 04 单击"下一步"按钮，将弹出"添加打印样式表 - 文件名"对话框，如图 7-32 所示。

Step 05 输入文件明后，单击"下一步"按钮，将弹出"添加打印样式表 - 完成"对话框，单击"完成"按钮，即可完成对打印样式的设置，如图 7-33 所示。

图 7-32　　　　　　　　　　　　　　　　图 7-33

在"添加打印样式表 - 完成"对话框中，双击新建的打印样式表的图标，可以对该打印样式表进行编辑。

在该对话框中有 3 个选项卡，分别为"常规"选项卡、"表述图"选项卡和"表格视图"选项卡，如图 7-34 所示，在该对话框可以显示和设置打印样式表的说明文字等基本信息，以及全部打印样式的设置参数。

图 7-34

7.4.3　打印页面的设置

案例	无	视频	打印页面的设置.avi	时长	08'09"

在 AutoCAD 中，执行"文件 | 页面设置管理器"菜单命令，弹出如图 7-35 所示的"页面设置管理器"对话框。

在此对话框中，"当前布局"选项区域列出了要应用页面设置的当前布局，如果通过图纸集管理器打开页面设置管理器，则显示当前图纸集的名称，如果从某个布局打开页面设置管理器，则显示当前布局的名称。

"页面设置"选项区域显示当前页面设置，可以将另一个不同的页面设置为当前页面、创建新的页面、修改现有页面设置，以及从其他图纸中输入页面设置。

在"页面设置管理器"对话框中，各主要选项具体功能说明如下。

图 7-35

（1）置为当前（S）：单击该按钮，可以将所选页面设置为当前布局的页面设置，不能将当前布局设置为当前页面设置。

（2）新建（N）：单击该按钮，弹出"新建页面设置"对话框，从中可以为新建的页面设置输入名称，并指定要使用的基础页面设置。然后单击"确定"按钮，弹出"页面设置－模型"对话框，可以继续进行设置，如图 7-36 所示。

图 7-36

（3）修改（M）：单击该按钮，弹出"页面设置－设置 1"对话框，从中可以编辑所选页面设置的设置，如图 7-37 所示。

（4）输入（I）：单击该按钮，弹出"从文件选择页面设置"对话框（标准文件选择对话框），如图 7-38 所示，从中可以选择图形格式（DWG、DWT 或 Draing Interchange Format(DXF)TM 文件），从这些文件中输入一个或多个页面设置。如果选择 DWT 文件类型，"从文件选择页面设置"对话框中将自动打开 Template 文件夹。单击"打开"按钮，将弹出"输入页面设置"对话框，如图 7-39 所示。

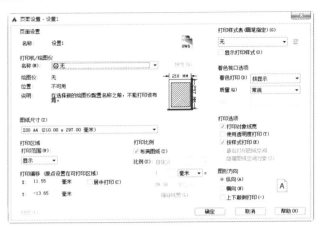

图 7-37

图 7-38

图 7-39

在"输入页面设置"对话框中，选定页面设置的"详细信息"选项区域显示所选页面的设置的信息。

（1）设备名：显示当前所选页面设置中指定的打印设备的名称。

（2）绘图仪：显示当前所选页面设置中指定的打印设备的类型。

（3）打印大小：显示当前所选页面设置中指定的打印大小和方向。

（4）位置：显示当前所选页面设置中指定的输出设备的物理位置。

（5）说明：显示当前所选页面设置中指定的输出设备的说明文字。

注意：使用透明度打印

用户在"页面设置－XXX"对话框中进行打印的页面设置时，出于性能原因的考虑，打印透明对象在默认情况下被禁用。若要打印透明对象，请选中"使用透明度打印"选项。此设置可由 PLOTTRANSPARENCYOVERRIDE 系统变量替代。默认情况下，该系统变量会使用"页面设置"和"打印"对话框中的设置。

7.5 图形的打印输出

案例	无	视频	图形的打印输出.avi	时长	05'30"

在 AutoCAD 2015 中，可以在两种不同的环境中工作，即模型空间和图纸空间，既可从模型空间输出图形，也可以从图纸空间输出图形。

从模型空间打印，是把图形放在"模型"选项卡内打印图纸的模式，在模型空间中只能打印一个视口内的图形。

从图纸空间打印，是把图形放置在某一"布局"中进行打印的模式，在图纸空间中可以打印多个视口中的图形。

当设置好页面后，便可以执行打印预览和打印操作，如设置"打印设备"名称为"DWF6Eplot.pc3"，"图纸尺寸"为"ISO A3"，打印"比例"为1:1，并指定"1毫米=1单位"，用"窗口"选择图框的外边框作为打印区域，其他采用默认值，再单击"预览"按钮，预览效果如图7-40所示。

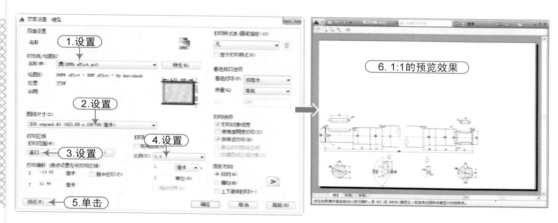

图 7-40

若要退出预览状态，可直接按 Esc 键返回"页面设置-模型"对话框。如果重新设置打印"比例"为1:2，再单击"预览"按钮，则预览效果如图7-41所示。

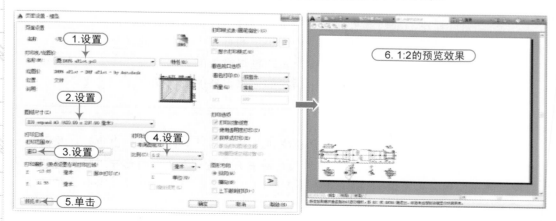

图 7-41

　　若预览后得到预想的效果，按 Esc 键返回"页面设置－模型"对话框，单击"打印"按钮，即可进行打印输出。

注意："布局"选项的打印

　　如果在"打印区域"中指定了"布局"选项，则无论在"比例"中指定了何种设置，都将以 1:1 的比例打印布局。

读书破万卷

8

机械工程图的绘制

本章导读

  对于学习 AutoCAD 辅助设计的读者来讲，机械二维平面图的绘制是必不可少的，本章选用了一些机械制图中常用的和典型的案例，让读者边学习边练习，从而使读者更加熟练的掌握操作 AutoCAD 软件的技能和提高绘图速度。

本章内容

- ☑ 机械图形模板文件的创建
- ☑ 机械固定件、托架和轴架图绘制
- ☑ 机械箱座工程图的绘制
- ☑ 机械盖板工程图的绘制

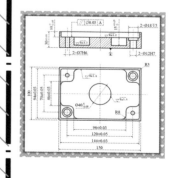

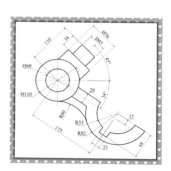

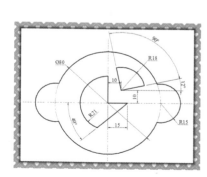

8.1 机械图形样板文件的创建

案例	机械样板.dwt	视频	机械样板文件的创建.avi	时长	49'17"

在绘制机械工程图的时候，有一个完善的模板文件，是提高工作效率和图纸标准化的关键因素。在本节中，将详细讲解机械样板文件的创建方法，包括绘图环境的设置、文字与标注样式的设置、图层的规划、各类工程符号图块的制作、机械标题栏和图框的制作等。

8.1.1 设置绘图环境

设置机械制图绘图环境的具体操作步骤如下。

Step 01 在桌面上双击 AutoCAD 2015 图标，启动 AutoCAD 2015 软件，系统自动创建一个空白文档。

Step 02 在"快速访问"工具栏单击"另存为"按钮 ，将弹出"图形另存为"对话框，在"文件类型"下拉列表中选择"AutoCAD 图形样板（*.dwt）"选项，在"文件名"文本框中输入文件名"机械样板"，然后单击"保存"按钮，如图 8-1 所示。

图 8-1

Step 03 在单击"保存"按钮后，会弹出"样板选项"对话框，用户可以根据要求在"说明"文本框中输入样板的一些设置说明，在"测量单位"组合列表框中，可以设置单位为"公制"，并单击"确定"按钮，即可，如图 8-2 所示。

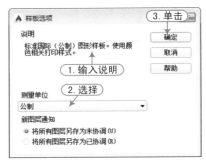

图 8-2

注意：样板文件的保存路径

默认情况下，AutoCAD 2015 的样板文件(*.dwt)是保存在位于如图 8-3 所示路径下。为了便于读者在今后的操作使用，待该样板文件制作完成后，可将该"机械样板.dwt"文件复制到自己所需要的位置即可。

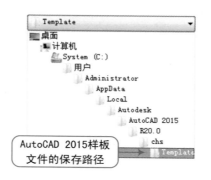

图 8-3

在本书中，为了读者今后能够快速调用该样板文件，所以将其复制到光盘"案例\08"文件夹内。

Step 04　执行"单位"命令（UN），将弹出"图形单位"对话框，按如图 8-4 所示来设置图形单位。

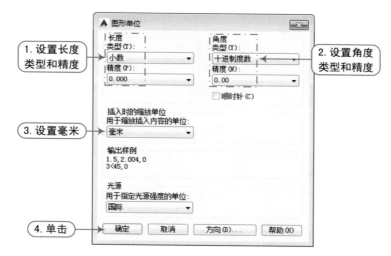

图 8-4

Step 05　在命令行输入命令"Z｜空格｜A"，使输入的图形界限区域全部显示有图形的窗口。

8.1.2　设置机械图层

执行"格式｜图层"菜单命令（LA），弹出"图层管理器"选项板，根据机械制图的实际需要创建图层，创建效果如图 8-5 所示。

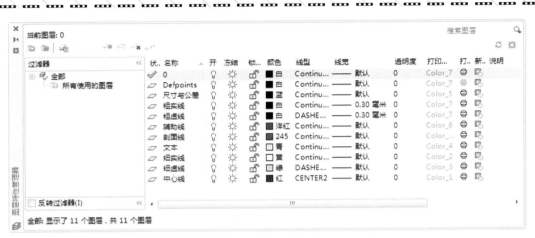

图 8-5

提示：机械制图中的线型及用途

绘图时，不同的线型有不同的作用，可以表示不同的内容，如图 8-6 所示。

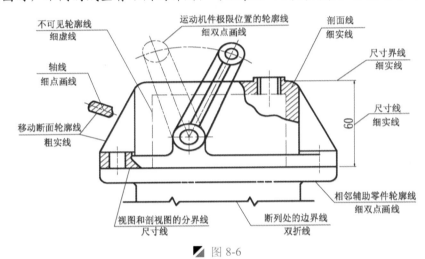

图 8-6

国家标准规定了在绘制图样时，可采用 15 种基本线型，常用的线型有下面 8 种。

（1）粗实线：用来画可见轮廓线、可见棱边线、相贯线、螺纹牙顶线、螺纹长度终止线、齿顶圆线、表格图和流程图里的主要表示线、金属结构工程的系统结构线、模样分型线、剖切符号用线。

（2）粗虚线：用来画允许表面处理的表示线。

（3）粗点画线：用来画限定范围表示线。

（4）细实线：用来画过渡线、尺寸线、尺寸界线、指引线和基准线、剖面线、重合断面的轮廓线、短中心线、螺纹牙底线、尺寸线的起止线、表示平面的对角线、零件成型前的弯折线、范围线、锥形结构的基面位置线、辅助线、不连续同一表面连线、成规律分布的相同要素连线、投影线、网格线。

（5）波浪线、双折线：用来画断裂处边界线、视图与剖视图的分界线。

（6）细虚线：用来画不可见轮廓线、不可见棱边线。

（7）细点画线：用来画轴线、对称中心线、分度圆线、孔系分布的中心线、剖切线。

（8）细双点画线：用来画相邻辅助零件的轮廓线、可动零件的极限位置的轮廓线、重心线、成型前轮廓线、轨迹线、毛坯图里的制成品轮廓线、中断线。

8.1.3 设置机械文字样式

设置机械文字样式的具体操作步骤如下。

Step 01　在"注释"选项卡的"文字"面板中，单击右下角的按钮，将弹出"文字样式"对话框，选择"Standard"样式，修改字体名为"宋体"，并单击"应用"按钮，如图 8-7 所示。

图 8-7

Step 02　在"文字样式"对话框中，单击"新建"按钮，然后按照如图 8-8 所示新建"标注"文字样式，其字体仍为"宋体"。

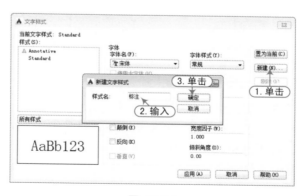

图 8-8

技巧：文字样式的设置技巧

在创建样板的文字样式时，尽量的不要设置过多的文字样式。另外，最好不要设置字高，这样便于今后创建单行或多行文字对象时，能够更加灵活的设置，这是经验！

对于有一些工程图中的特殊字体，在需要的时候单独进行设置即可。

8.1.4　设置机械标注样式

设置机械标注样式的具体操作步骤如下。

Step 01　在"注释"选项卡的"标注"面板中，单击右下角的□按钮，将弹出"标注样式管理器"对话框，按照如图 8-9 所示新建"机械"标注样式。

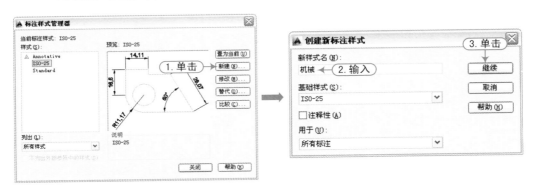

图 8-9

Step 02　单击"继续"按钮，将弹出"新建标注样式：机械"对话框，切换至"线"选项卡，在"颜色"、"线型"、和"线宽"下拉列表中分别选择"随层（ByLayer）"选项，在"基线间距"微调框中输入"2"，其他选项保持系统默认设置，如图 8-10 所示。

Step 03　切换至"符号和箭头"选项卡，设置"第一个"、"第二个"、"引线"均为"实心闭合"箭头符号，在"箭头大小"微调框中输入"2.5"，在"圆心标记"选项组中选择"标记"单选按钮，并在其后的文本框中输入标记大小"2.5"，其他选项保持系统默认设置，如图 8-11 所示。

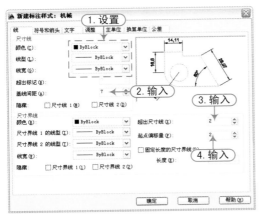

图 8-10

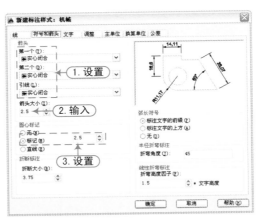

图 8-11

Step 04　切换至"文字"选项卡，在"文字样式"下拉列表中选择"标注"文字样式，在"文字高度"微调框中输入"3.5"，然后在"垂直"下拉列表中选择"外部"选项，在"水平"下拉列表中选择"居中"选项，在"文字对齐"选项组中选择"ISO 标准"单选按钮，其余选项保持系统默认设置，如图 8-12 所示。

Step 05 切换至"主单位"选项卡，在"精度"下拉列表中选择"0.0"选项，设置"小数分隔符"为"．（句点）"，其他选项保持系统默认设置，然后单击"确定"按钮，最后单击"标注样式管理器"对话框中的"关闭"按钮，完成对尺寸标注式样的设置，如图 8-13 所示。

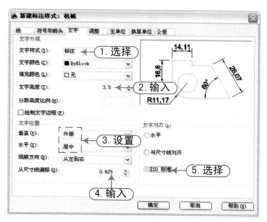

图 8-12

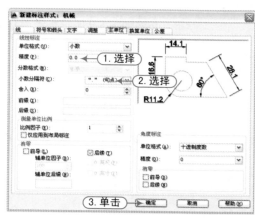

图 8-13

Step 06 由于某些尺寸是公差标注的，这时应在"机械"标注样式的基础上来创建"机械–公差"标注样式，并在"公差"选项卡中设置公差的样式和偏差值，如图 8-14 所示。

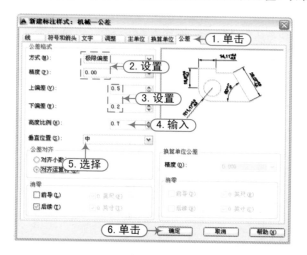

图 8-14

8.1.5 定义粗糙度图块

定义表面粗超度图块的具体操作步骤如下。

Step 01 将"0"图层置为当前图层，将"Standard"文字样式置为当前。

Step 02 再执行"构造线"命令（XL），根据命令行提示，选择"水平（H）"选项，在视图中绘制一条水平构造线；再执行"偏移"命令（O），将水平构造线分别向上偏移 3.5mm 和 7mm，如图 8-15 所示。

Step 03 再执行"构造线"命令（XL），绘制三个角夹角均为 $60°$ 的两条构造线；再执行"修剪"命令（TR），将多余的线段进行修剪，如图8-16所示。

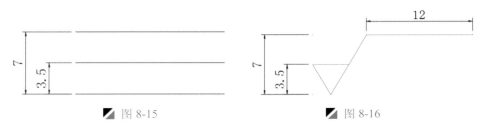

图8-15　　　　　　　　　　　　图8-16

技巧：粗糙度符号的画法及尺寸

粗糙度符号的画法如图8-17所示，表8-1列出了图形符号的尺寸。

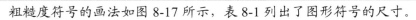

图8-17

表8-1　图形符号的尺寸　　　　　　　　　　　　　　　　mm

数字与字母的高度 h	2.5	3.5	5	7	10	14	20
高度 H_1	3.5	5	7	10	14	20	28
高度 H_2（最小值）	7.5	10.5	15	21	30	42	60

注：H_2 取决于标注内容

Step 04 执行"多行文字"命令（MT），有指定输入"轮廓算术平均偏差"符号 Ra，并设置字高为2.5，斜体字，如图8-18所示。

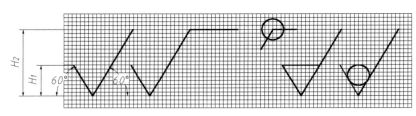

图8-18

Step 05 在"常用"选项卡的"块"面板中，单击"定义属性"按钮 🏷，将弹出"属性定义"对话框，在"属性"选项区域中设置好相应的标记与提示，再设置"对正"方式为"右对齐"，"文字样式"为"Standard"，然后单击"确定"按钮，再指定插入点，如图8-19所示。

Step 06 在"默认"标签下的"块"面板中，单击"创建"按钮 🔲 创建，在弹出的"块定义"对话框中设置好块的名称"粗糙度符号"，再选择块对象和基点位置，然后单击"确定"按钮，如图8-20所示。

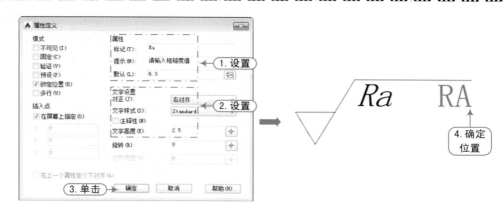

图 8-19

图 8-20

Step 07 此时将弹出"编辑属性"对话框，并显示出当前的属性提示，输入新的数值 6.3，然后单击"确定"按钮即可，此时视图中图块对象的参数值发生了变化，如图 8-21 所示。

图 8-21

注意：粗糙度参数 Ra 和 Rz

    机械图样中，常用表面粗糙度参数 Ra 和 Rz 作为评定表面结构的参数。

    （1）轮廓算术平均偏差 Ra：它是在取样长度 lr 内，纵坐标 Z(x)(被测轮廓上的各点至基准线 x 的距离)绝对值的算术平均值，如图 8-22 所示。可用下式表示：

$$Ra = \frac{1}{lr} \int_0^{lr} |Z(x)| \, \mathrm{d}x$$

（2）轮廓最大高度 Rz：它是在一个取样长度内，最大轮廓峰高与最大轮廓谷深之和，如图 8-22 所示。

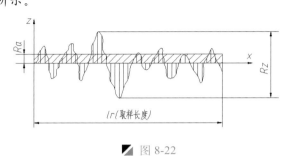

图 8-22

Step 08　使用"复制"命令，将当前的粗糙度符号复制一份在另一位置，并使用"分解"命令（X），将粗糙度符号打散，然后将"Ra"修改为"Rz"，如图 8-23 所示。

图 8-23

Step 09　双击"RA"属性对象，将弹出"编辑属性定义"对话框，在此修改标记为"RZ"，如图 8-24 所示。

图 8-24

Step 10　在"默认"标签下的"块"面板中，单击"创建"按钮 创建，在弹出的"块定义"对话框中设置好块的名称"粗糙度符号 Rz"，再选择块对象和基点位置，然后单击"确定"按钮，如图 8-25 所示。

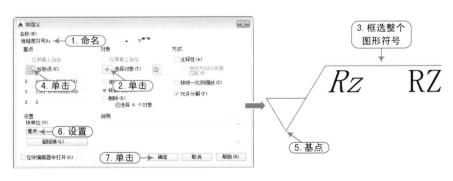

图 8-25

Step 11　同样，此时将弹出"编辑属性"对话框，输入新的数值 6.3，然后单击"确定"按钮即可，如图 8-26 所示。

图 8-26

技巧：Ra 和 Rz 最新国标参数值

国家标准 GB/T1031-2009 给出的 Ra 和 Rz 系列值如表 8-2 所示。

表 8-2　Ra、Rz 系列值

μm

Ra	Rz	Ra	Rz
0.012		6.3	6.3
0.025	0.025	12.5	12.5
0.05	0.05	25	25
0.1	0.1	50	50
0.2	0.2	100	100
0.4	0.4		200
0.8	0.8		400
1.6	1.6		800
3.2	3.2		1600

8.1.6　定义基准符号图块

定义基准符号图块的具体操作步骤如下。

Step 01　在"绘图"面板中单击"多边形"按钮 ⬠，根据命令行提示，设置 3 边，并选择"边(E)"项，绘制一个边长为 3.5mm 的正三角形对象，如图 8-27 所示。

Step 02　执行"直线"命令（L），在正三角形的上侧绘制 5mm 的垂直线段；执行"矩形"命令（REC），在垂线段的上侧绘制一个 5*5mm 的矩形，如图 8-28 所示。

Step 03　执行"图案填充"命令（H），对下侧的三角形填充为"SOLID"图案，如图 8-29 所示。

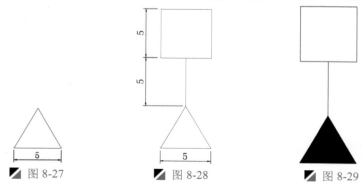

图 8-27　　　　　　　图 8-28　　　　　　　图 8-29

Step 04　在"常用"选项卡的"块"面板中,单击"定义属性"按钮 ,将弹出"属性定义"对话框,在"属性"选项区域中设置好相应的标记与提示,再设置"对正"方式为"正中","文字样式"为"Standard",然后单击"确定"按钮,再指定插入点为矩形的"中心点",如图8-30所示。

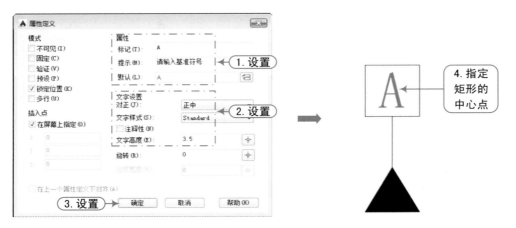

图 8-30

Step 05　在"默认"标签下的"块"面板中,单击"创建"按钮 ,在弹出的"块定义"对话框中设置好块的名称"基准符号",再选择块对象和基点位置,然后单击"确定"按钮,如图8-31所示。

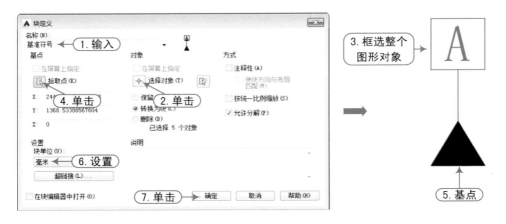

图 8-31

技巧:基准符号方向的改变

　　在工程图中,由于基准符号的位置不同,则基准符号的方向也会发生相应的变化,但文字的方向始终没有变化,所以可将该"基准符号"图块复制一份并进行打散操作,然后将其除文字"A"以外的对象旋转90°,然后再保存为"基准符号-横向"图块,如图8-32所示。

图 8-32

而针对前面所创建的基准符号图块，其方向是向下和向右的；如果将其分别进行水平和垂直镜像，则该基准符号即可向上和向左了，如图 8-33 所示。

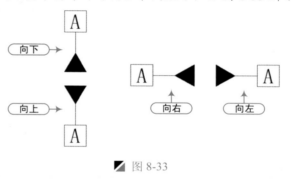

图 8-33

技巧：其他机械符号的输入

在机械工程图中，还涉及一些沉孔深度 、锥形沉孔 、柱形沉孔与锪平面孔 等，这些符号的用户只需要改变它们的它体，并输入特字的字母 x、w、v(小写)即可，如图 8-34 所示。

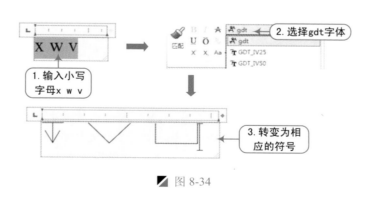

图 8-34

8.1.7 定义机械标题栏

定义机械标题栏的具体操作步骤如下。

Step 01 将 "0" 图层置为当前图层，使用矩形、分解、偏移、修剪等命令，按照如图 8-35 所示。来绘制标题栏。

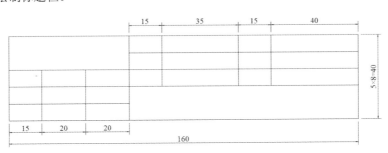

图 8-35

Step 02 将 "Standard" 文字样式置为当前，执行 "单行文字" 命令（DT），设置文字高度为 3.5，对齐方式为 "正中"，且设置外框轮廓粗细为 0.3mm，然后按照如图 8-36 所示再输入相应的文字内容。

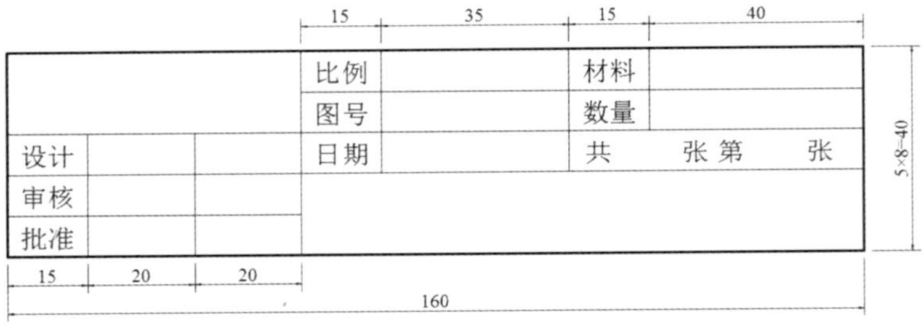

比例		材料		
图号		数量		
设计		日期		共　张第　张
审核				
批准				

图 8-36

Step 03 执行 "定义属性" 命令（ATT），弹出 "属性定义" 对话框，按照如图 8-37 所示来设置属性，并作为 "设计" 的属性值。

图 8-37

Step 04　将上一步所定义的属性复制到其他表格中，并修改属性值，如图 8-38 所示。

图名		比例	BL	材料	CL
		图号	TH	数量	SL
设计	SJ	日期	RQ	共 SUM 张 第 NO 张	
审核	SH	单位			
批准	PZ				

■ 图 8-38

Step 05　执行"定义块"命令（B），将前面所创建的对象保存为"标题栏"图块对象，其基点为右下角点。

8.1.8　定义 A4 图框

定义 A4 图框的具体操作步骤如下。

Step 01　执行"矩形"命令（REC），在视图中绘制 297×210mm 的矩形对象，并按照如图 8-39 所示的尺寸进行偏移操作，且将内框的线宽设置为 0.3mm。

Step 02　执行"定义块"命令（B），将上一步所创建的图框保存为"A4-横向"图块对象，其基点为左下角点。

Step 03　再按照前面的方法，绘制如图 8-40 所示的图框，并保存为"A4-纵向"图块对象。

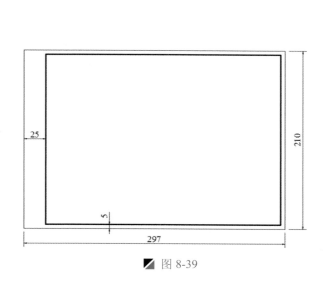

■ 图 8-39

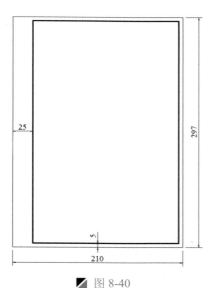

■ 图 8-40

Step 04　至此，该"机械样板"文件已经基本创建完成，按"Ctrl+S"组合键进行保存即可。

技巧：机械样板文件的巧用

　　通过前面的操作，已经将机械设计中最常用的一些参数设置及图块对象制作完成，包括文字与标题样式、图层规划、粗糙度符号、基准符号、沉孔符号与锥度符号、标题栏与图框等，如图 8-41 所示，用户在下次调用该样板文件时，直接采用"插入块"命令（I）进行调用即可。

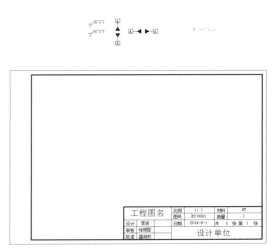

图 8-41

8.2 固定零件的绘制

案例	固定零件.dwg	视频	固定零件的绘制.avi	时长	12'11"

在绘制如图 8-42 所示的图形对象时，首先绘制十字中心线和直径为 80mm、30mm 的圆对象，以及将多余的圆弧进行修剪；再偏移和旋转中心线，使用圆弧和直线命令，绘制另外两个轮廓效果。

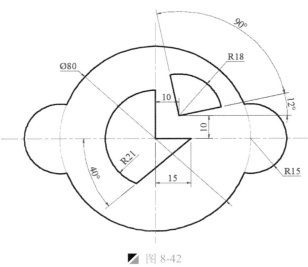

图 8-42

(Step 01)　启动 AutoCAD 2015 软件，按"Ctrl+O"组合键，打开"机械样板.dwt"文件。

(Step 02)　按"Ctrl+Shift+S"组合键，将该样板文件另存为"固定零件.dwg"文件。

Step 03　在"图层"面板的"图层控制"下拉列表中，选择"粗实线"图层作为当前图层。

Step 04　执行"构造线"命令（XL），绘制一条水平和垂直的构造线，且将其构造线转换为"中心线"图层，如图 8-43 所示。

Step 05　执行"圆"命令（C），捕捉交点来绘制直径为 80mm 的圆对象；再捕捉左右两侧象限点，来绘制半径为 15mm 的两个圆对象，如图 8-44 所示。

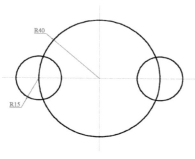

图 8-43　　　　　　　　　　　　　　　　图 8-44

Step 06　执行"修剪"命令（TR），将多余的圆弧对象进行修剪，以及打断圆弧，且将打断后的两圆弧转换为"中心线"图层，如图 8-45 所示。

Step 07　执行"偏移"命令（O），将中心线按照如图 8-46 所示来进行偏移，并将多余的中心线进行修剪。

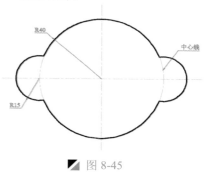

图 8-45　　　　　　　　　　　　　　　　图 8-46

Step 08　执行"旋转"命令（RO），将指定的中心线按照如图 8-47 所示进行旋转。

Step 09　执行"圆"命令（C），捕捉指定的中心点来绘制半径为 18mm 的圆弧，再连接直线段，如图 8-48 所示。

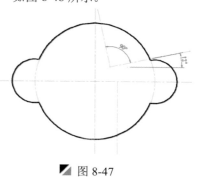

图 8-47　　　　　　　　　　　　　　　　图 8-48

Step 10 同样，再按照前面的方法，绘制另一轮廓效果，如图 8-49 所示

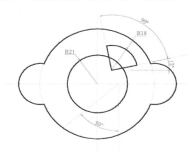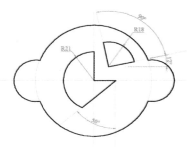

图 8-49

Step 11 至此，该图形绘制已完成，按 "Ctrl+S" 组合键将文件进行保存。

8.3 托架的绘制

案例	托架.dwg	视频	托架的绘制.avi	时长	17'18"

在绘制如图 8-50 所示的图形对象时，首先绘制中心线和多条斜线段并绘制圆，再偏移中心线，捕捉相应交点来绘制直线段，再绘制圆弧对象，最后对其进行修剪操作。

Step 01 启动 AutoCAD 2015 软件，按 "Ctrl+O" 组合键，打开 "机械样板.dwt" 文件。

Step 02 按 "Ctrl+Shift+S" 组合键，将该样板文件另存为 "托架.dwg" 文件。

Step 03 在 "图层" 面板的 "图层控制" 下拉列表中，选择 "中心线" 图层作为当前图层，

Step 04 执行 "构造线" 命令（XL），绘制水平、垂直和两条角度为 45° 和 34° 构造线，如图 8-51 所示。

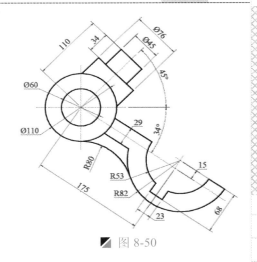

图 8-50

Step 05 切换至 "粗实线" 图层，执行 "构造线" 命令（XL），按如下命令行提示，绘制一条与中心线夹角为 34° 相垂直的构造线，如图 8-52 所示。

```
命令: XLINE                                          \\ 执行 "构造线" 命令
指定点或 [水平(H)/垂直(V)/角度(A)/二等分(B)/偏移(O)]: A   \\ 选择 "角度(A)" 项
输入构造线的角度 (0.00) 或 [参照(R)]: R              \\ 选择 "参照(R)" 项
选择直线对象:                                         \\ 选择参照线对象
输入构造线的角度 <0.00>: 90                          \\ 输入参照角度值
```

Step 06 执行 "偏移" 命令（O），按如下命令行提示，将构造线向一边偏移 175mm，如图 8-53 所示。

```
命令: OFFSET                                          \\ 执行 "偏移" 命令
当前设置: 删除源=否  图层=源  OFFSETGAPTYPE=0
指定偏移距离或 [通过(T)/删除(E)/图层(L)] <通过>: E   \\ 选择 "删除(E)" 项
要在偏移后删除源对象吗? [是(Y)/否(N)] <否>: Y        \\ 确定是否删除源对象
指定偏移距离或 [通过(T)/删除(E)/图层(L)] <通过>: 175 \\ 输入偏移距离
```

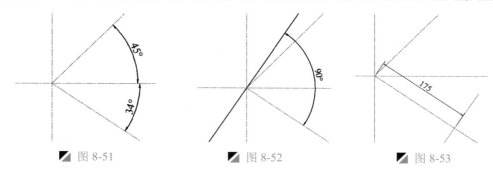

图 8-51   图 8-52   图 8-53

Step 07 按前两个步骤,绘制一条与 45° 夹角相垂直的构造线,并将构造线向一边偏移 110mm,然后将两条构造线转为"辅助线"图层,如图 8-54 所示。

Step 08 执行"圆"命令(C),捕捉中心线的交点作为圆心,绘制直径为 60mm 和 110mm 的同心圆,如图 8-55 所示。

Step 09 执行"偏移"命令(O),将角度为 34° 的中心线向右上侧偏移 15mm,如图 8-56 所示。

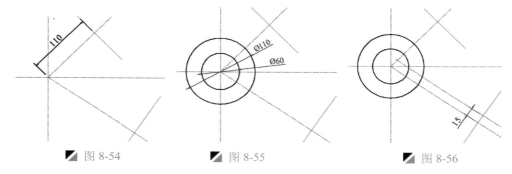

图 8-54   图 8-55   图 8-56

Step 10 执行"圆"命令(C),捕捉相应的交点作为圆心,绘制半径为 82mm 和 53mm 的同心圆,如图 8-57 所示。

Step 11 执行"偏移"命令(O),将与角度为 34° 的中心线相垂直的辅助线向左右两边偏移 11.5mm,将前二步偏移后的对象向左下侧偏移 68mm,如图 8-58 所示。

Step 12 执行"直线"命令(L),捕捉相应的交点来进行直线连接;再执行"修剪"命令(TR),将多余的对象进行修剪并删除操作,如图 8-59 所示。

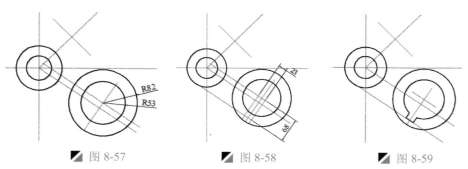

图 8-57   图 8-58   图 8-59

Step 13 执行"偏移"命令(O),将与角度为 34° 的中心线向左右两边偏移 14.5mm 的距离,如图 8-60 所示。

Step 14　执行"直线"命令（L），捕捉相应的交点来进行直线连接；再执行"修剪"命令（TR），将多余的对象进行修剪并删除操作，如图 8-61 所示。

Step 15　执行"圆"命令（C），根据命令行提示，选择"切点、切点、半径(T)"选项，绘制半径为 8mm 的相切圆；再执行"修剪"命令（TR），修剪多余的圆弧对象，如图 8-62 所示。

图 8-60

图 8-61

图 8-62

Step 16　执行"偏移"命令（O），将与角度为 45°的中心线向两侧各偏移 22.5mm、38mm，将 s 与角度为 45°的中心线相垂直的辅助线向左下侧偏移 34mm，如图 8-63 所示。

Step 17　执行"直线"命令（L），捕捉相应的交点来进行直线连接；再执行"删除"命令（E），将多余的对象进行删除操作，如图 8-64 所示。

图 8-63

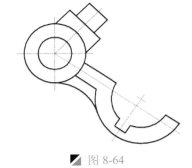
图 8-64

Step 18　至此，托架的绘制已完成，按"Ctrl+S"组合键将该文件保存。

8.4　轴架的绘制

| 案例 | 轴架.dwg | 视频 | 轴架的绘制.avi | 时长 | 22'10" |

在绘制如图 8-65 所示的图形对象时，首先绘制多条中心线和圆对象，再绘制斜线段，以此形成轴线交点，再绘制圆对象，最后对其进行直线、圆角、修剪等操作。

Step 01　启动 AutoCAD 2015 软件，按"Ctrl+O"组合键，打开"机械样板.dwt"文件。

Step 02　按"Ctrl+Shift+S"组合键，将该样板文件另存为"轴架.dwg"文件。

Step 03　在"图层"面板的"图层控制"下拉列表中，选择"中心线"图层作为当前图层。

Step 04　执行"构造线"命令（XL），绘制水平、垂直和角度为 30°和 45°构造线，如图 8-66 所示。

Step 05　执行"偏移"命令（O），将水平中心线向下偏移 6mm，将垂直中心线向左偏移 14mm 和 40mm，如图 8-67 所示。

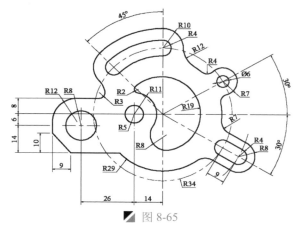

图 8-65

Step 06 执行"圆"命令（C），捕捉相应的交点作为圆心，绘制半径为 34mm 的圆，如图 8-68 所示。

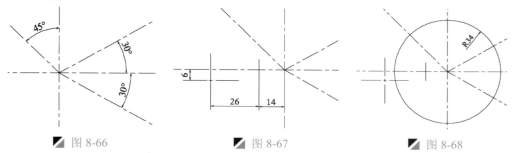

图 8-66   图 8-67   图 8-68

Step 07 执行"偏移"命令（O），将圆向外偏移 9mm，然后将其作为"辅助线"图层，并修剪掉多余的圆弧对象，如图 8-69 所示。

Step 08 执行"圆"命令（C），捕捉相应的交点作为圆心，绘制半径为 19mm、11mm、4.5mm、7.5mm、4mm、10mm、3mm、7mm、8mm 的 14 个圆对象，如图 8-70 所示。

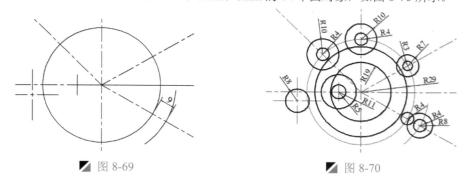

图 8-69   图 8-70

Step 09 执行"圆"命令（C），根据命令行提示，选择"切点、切点、半径（T）"选项，绘制半径为 12mm 、8mm、4mm、2mm 的 6 个相切圆对象。

Step 10 执行"修剪"命令（TR），将多余的对象进行修剪并删除，如图 8-71 所示。

Step 11 执行"偏移"命令（O），根据命令行提示，选择"通过（T）"选项，来捕捉移动通过的点进行偏移操作。

Step 12　执行"修剪"命令（TR），将多余的对象进行修剪并删除，如图8-72所示。

Step 13　执行"偏移"命令（O），将左下角的水平中心线向上下各偏移14mm，将垂直中心线向
　　　　左偏移14mm，然后将其转为"粗实线"图层，如图8-73所示。

Step 14　执行"圆角"命令（F），根据命令行提示，选择"半径（R）"项，绘制圆角半径为12mm。

Step 15　执行"倒角"命令（CHA），选择"距离（D）"项，将相应的角对象进行倒角操作；再
　　　　执行"修剪"命令（TR），将多余的对象进行修剪，如图8-74所示。

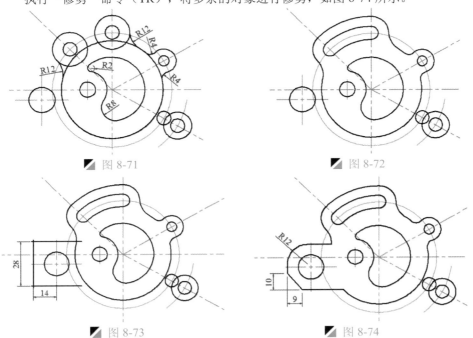

图 8-71

图 8-72

图 8-73

图 8-74

提示：修剪命令转延伸命令

在执行"修剪"命令时，当选择要修剪的对象时，若某条线段未与修剪边界相交，
则按住Shift键可转换执行"延伸"命令，然后单击该线段，可将延伸到最近的边界。
松开Shift键继续执行"修剪"命令。

Step 16　执行"偏移"命令（O），将左下角角度为30°的中心线向两侧各偏移4mm和8mm，然
　　　　后将偏移后的对象转为"粗实线"图层，如图8-75所示。

Step 17　执行"修剪"命令（TR），将多余的对象进行修剪，如图8-76所示。

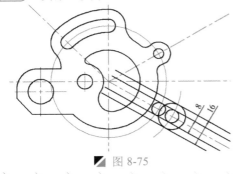

图 8-75

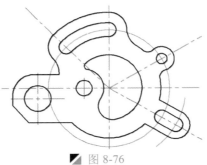

图 8-76

Step 18 执行"圆"命令（C），根据命令行提示，选择"切点、切点、半径（T）"选项，捕捉相应的切点绘制相切圆，其半径为 7mm、3mm，如图 8-77 所示。

Step 19 执行"修剪"命令（TR），将多余的对象进行修剪，如图 8-78 所示。

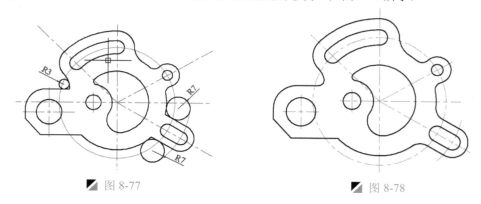

图 8-77　　　　　　　　　　　　　　图 8-78

Step 20 至此，轴架的绘制已完成，按"Ctrl+S"组合键将该文件保存。

8.5　箱座的绘制

案例	箱座.dwg	视频	箱座的绘制.avi	时长	39'22"

如图 8-79 所示的零件工程图可以看出，该箱座是由主视图和剖视图两个部分组成，在绘制的时候，综合零件工程图的相关尺寸来进行绘制，先绘制主视图，再以此来绘制剖面图，最后对其进行尺寸和公差的标注。

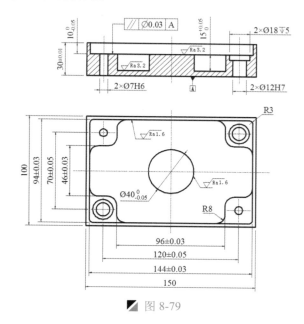

图 8-79

8.5.1　绘制主视图

Step 01 启动 AutoCAD 2015 软件，按"Ctrl+O"组合键，打开"机械样板.dwt"文件。

Step 02   按"Ctrl+Shift+S"组合键，将该样板文件另存为"箱座.dwg"文件。

Step 03   在"图层"面板的"图层控制"下拉列表中，选择"粗实线"图层作为当前图层。

Step 04   执行"矩形"命令（TRC），绘制 150mm*100mm 的矩形对象；再执行"偏移"命令（O），将绘制的矩形对象向内偏移 3mm，如图 8-80 所示。

Step 05   执行"构造线"命令（XL），过矩形的中点绘制一条水平和垂直的构造线，并将其转为"中心线"图层，如图 8-81 所示。

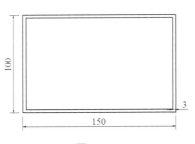

图 8-80

图 8-81

Step 06   执行"偏移"命令（O），将水平中心线向上下各偏移 23mm、35mm，将垂直中心线向左右各偏移 48mm、60mm，如图 8-82 所示。

Step 07   执行"圆"命令（C），捕捉相应的交点绘制直径为 40mm、7mm、12mm、18mm 的 7 个圆，如图 8-83 所示。

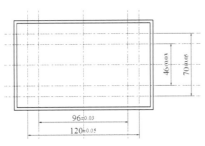

图 8-82

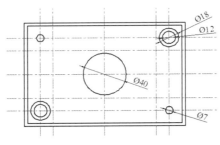

图 8-83

Step 08   执行"直线"命令（L），捕捉相应的点进行直线连接；再执行"删除"命令（E），将多余的中心线进行删除操作，如图 8-84 所示。

Step 09   执行"圆角"命令（F），设置圆角的半径为 8mm，进行圆角操作，如图 8-85 所示。

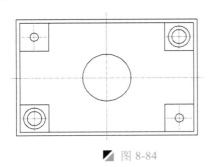

图 8-84

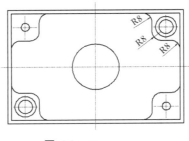

图 8-85

Step 10 执行"圆角"命令（F），设置圆角的半径为 3mm，进行圆角操作，如图 8-86 所示。

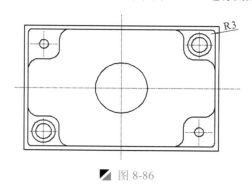

图 8-86

8.5.2 绘制剖视图

Step 01 执行"直线"命令（L），过俯视图的轮廓端点向上引伸垂直直线，然后在适当位置绘制一条水平直线，如图 8-87 所示。

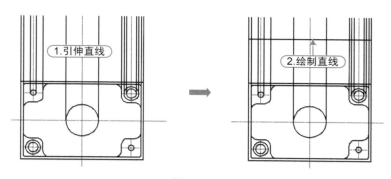

图 8-87

Step 02 执行"偏移"命令（O），将绘制的水平直线向上各偏移 30mm、10mm、15mm、5mm；再执行"修剪"命令（TR），将多余的对象进行修剪，如图 8-88 所示。

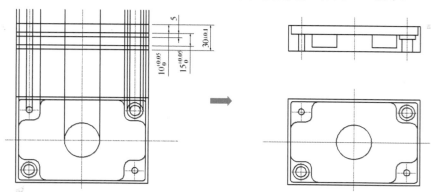

图 8-88

Step 03 切换到"剖面线"图层，执行"图案填充"命令（H），设置图案样例为"ANSI 31"，比例为 1，在指定的位置进行图案填充操作，如图 8-89 所示。

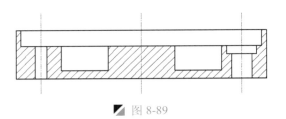

图 8-89

8.5.3 零件图的标注

Step 01 执行"标注样式"命令（DST），修改"机械"和"机械-公差"标注样式："全局比例因子"均为 1.5，主单位的精度均为 0.0，将文字对齐方式选择为"ISO 标准"。

Step 02 切换到"尺寸与公差"图层，选择"机械"标注样式作为当前样式，在"注释"选项卡的"标注"面板中，单击"线性标注"按钮 ⊢、"半径标注"按钮 ◯ 和"直径标注"按钮 ◯，对主视图进行尺寸标注，如图 8-90 所示。

Step 03 选择上一步标注的部分标注对象，将其指定为"机械-公差"标注样式，如图 8-91 所示。

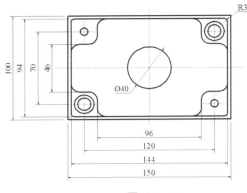

图 8-90

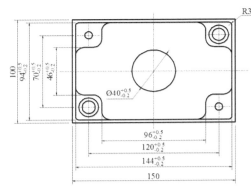

图 8-91

Step 04 在"标注"面板中单击"标注样式"按钮 ↘，将弹出"标注样式管理器"对话框，选择"机械-公差"标注样式，并单击"替代"按钮。

Step 05 在弹出"替代当前样式：机械-公差"对话框中，切换到"公差"选项卡，设置公差方式为"对称"，精度为 0.00，高度比例 1，再单击"确定"按钮，如图 8-92 所示。

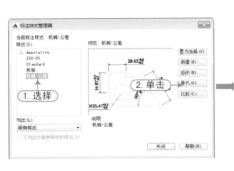

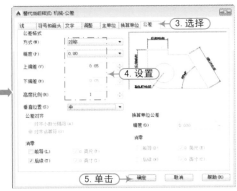

图 8-92

Step 06 此时返回到"标注样式管理器"对话框中，即可看到在"机械-公差"样式的下侧显示有"样式替代"项，如图 8-93 所示。

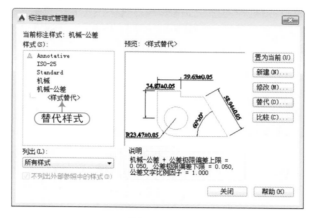

图 8-93

Step 07 为了使替代的标注样式生效，这时应在"标注"面板中单击"更新"按钮，然后在主视图中使用鼠标选择直径标注和半径标注对象，并按回车键结束，从而该标注样式进行了修改，如图 8-94 所示。

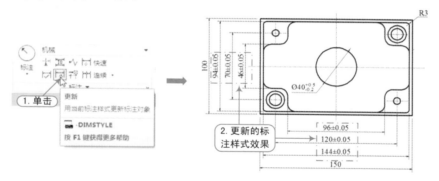

图 8-94

Step 08 按照前面的方法，通过"特性"面板，分别修改公差的值，如图 8-95 所示。

Step 09 通过"引线注释"和"插入块"命令，在主视图的指定位置插入"粗糙度"图块，并设置值为 1.6，如图 8-96 所示。

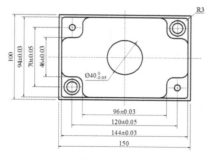

图 8-95

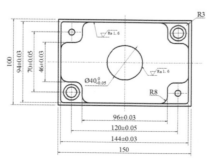

图 8-96

Step 10　针对图形上侧的剖面图，按照前面的方法，对其进行尺寸标注，以及插入"粗糙度"图块，并修改值为 3.2，如图 8-97 所示。

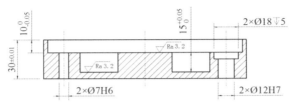

图 8-97

Step 11　在"标注"面板中单击"形位公差"按钮，将弹出"形位公差"对话框，在其"符号"中选择平行度 ，在"公差1"前面单击，显示直径符号，再在其后输入 0.03，然后在"基准标识符"文本框中输入 A，单击"确定"按钮，指定到视图中相应位置，如图 8-98 所示。

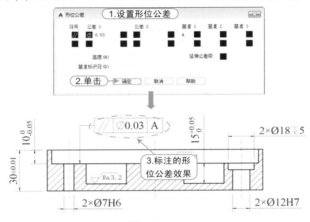

图 8-98

提示：形位公差的介绍

在"形位公差"对话框中，各选项的含义如下。

◆　"符号"选项组：显示或设置所要标注形位公差的符号。单击该选项组中的图标框，将打开"特征符号"对话框，如图 8-99 所示。在该对话框中，用户可直接单击某个形位公差代号的图样框，以选择相应的形位公差几何特征符号。在表 8-3 所示中给出了特征符号的含义。

◆　"公差1"和"公差2"选项组：表示 AutoCAD 将在形位公差值前加注直径符号"φ"。在中间的文本框中可以输入公差值，单击该列后面的图样框，将打开"附加符号"对话框，如图 8-100 所示，从而可以为公差选择包容条件符号。在表 8-4 所示中给出了附加符号的含义。

图 8-99

图 8-100

表 8-3　形位公差符号及其含义

符　号	含　义	符　号	含　义
	直线度		圆度
	线轮廓度		面轮廓度
	平行度		垂直度
	对称度		同轴度
	圆柱度		倾斜度
	平面度		位置度
	圆跳度		全跳度

表 8-4　附加符号及其含义

符　号	含　义
Ⓜ	材料的一般状况
Ⓛ	材料的最大状况
Ⓢ	材料的最小状况

◆ "基准 1"、"基准 2"、"基准 3"选项组：设置基准的有关参数，用户可在相应的文本框中输入相应的基准代号。

◆ "高度"文本框：可以输入投影公差带的值。投影公差带控制固定垂直部分延伸区的高度变化，并以位置公差控制公差精度。

◆ "延伸公差带"：除指定位置公差外，还可以指定延伸公差（也被称为投影公差），以使公差更加明确。例如，使用延伸公差控制嵌入零件的垂直公差带。延伸公差符号（Ⓟ）的前面是高度值，它指定最小的延伸公差带。延伸公差带的高度和符号出现在特征控制框下的边框中。

◆ "基准标识符"文本框：创建由参照字母组成的基准标识符号。

Step 12　这时，执行"插入块"命令（I），将弹出"插入"对话框，将前面所创建的"基准符号"图块文件插入到当前视图中，且输入基准代号为 A，如图 8-101 所示。

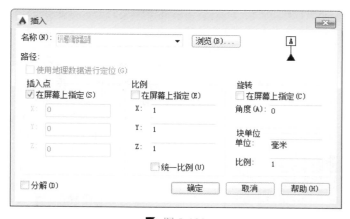

图 8-101

Step 13 为了图形的需要，这时使用"镜像"命令（MI），将该基准符号图块上下镜像，然后移至剖视图的相应位置，如图 8-102 所示。

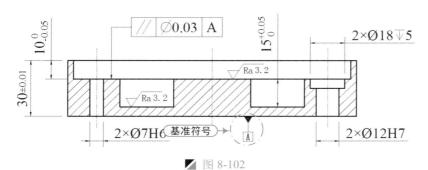

图 8-102

提示：基准符号的介绍

基准代号由基准符号（涂黑三角形）、方框、连线和字母组成，其方框和连接均用细实线，方框内填写的大写拉丁字母是基准字母，无论基准代号在图样中的方向如何，方框内的字母都应水平书写。涂黑三角形及中轴线可任意变换位置，方框外边的连线也只允许在水平或铅垂两个方向画出，如图 8-103 所示。

基准代号的字母应与公差框格第三格及以后各格内填写的字母相同，如果图形中有基准符号，则在形位公差中要有基准标识符，这样才符合标注要求，如图 8-104 所示为基准符号的应用实例。基准代号的字母不得采用 E、I、J、M、O 和 P。

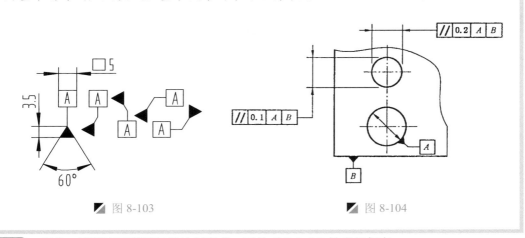

图 8-103   图 8-104

Step 14 至此，该箱座工程图已经绘制完成，再按"Ctrl+S"键进行保存。

8.6 盖板的绘制

| 案例 | 盖板.dwg | 视频 | 盖板的绘制.avi | 时长 | 46'39" |

如图 8-105 所示的零件工程图可以看出，该盖板是由主视图和剖视图两个部分组成，在绘制的时候，综合零件工程图的相关尺寸来进行绘制，先绘制主视图，再以此来绘制剖面图，最后对其进行尺寸和公差的标注。

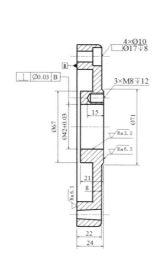

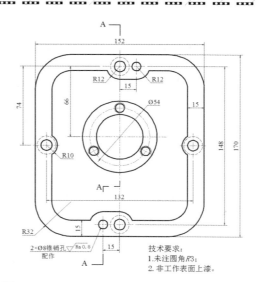

技术要求：
1. 未注圆角R3；
2. 非工作表面上漆。

图 8-105

8.6.1 绘制主视图

Step 01 启动 AutoCAD 2015 软件，按 "Ctrl+O" 组合键，打开 "机械样板.dwt" 文件。

Step 02 按 "Ctrl+Shift+S" 组合键，将该样板文件另存为 "盖板.dwg" 文件。

Step 03 在 "图层" 面板的 "图层控制" 下拉列表中，选择 "粗实线" 图层作为当前图层。

Step 04 执行 "矩形" 命令（REC），绘制 170mm×152mm 的矩形对象；再执行 "构造线" 命令（XL），过矩形的中点绘制一条水平和垂直的构造线，并将绘制的构造线转为 "中心线" 图层，如图 8-106 所示。

Step 05 执行 "圆角" 命令（F），设置圆角半径为 32mm，将矩形对象的四角进行圆角操作，如图 8-107 所示。

Step 06 执行 "偏移" 命令（O），将上一步形成的对象向内偏移 15mm，如图 8-108 所示。

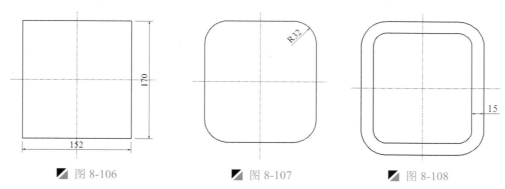

图 8-106   图 8-107   图 8-108

Step 07 执行 "偏移" 命令（O），将垂直中心线向左右各偏移 15mm、66mm，将水平中心线向上下各偏移 74mm，将最上侧的水平中心线向下偏移 66mm，如图 8-109 所示。

Step 08 执行 "圆" 命令（C），捕捉相应的交点绘制直径为 42mm、54mm、67mm、10mm、17mm、8mm 的 10 个圆对象，并进行图层转换操作，如图 8-110 所示。

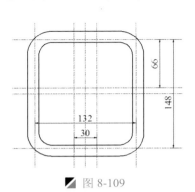

◤ 图 8-109

◤ 图 8-110

Step 09　执行"圆"命令（C），捕捉相应的点绘制半径为 10mm、12mm、4mm、5mm 的 8 个圆对象，如图 8-111 所示。

Step 10　执行"直线"命令（L），捕捉相应的点进行直线连接；再执行"修剪"命令（TR），交多余的对象进行修剪并删除操作，如图 8-112 所示。

Step 11　将半径为 5mm 的圆转为"细实线"图层；再执行"阵列"命令（AR），将内侧的两同心圆和垂直中心线进行圆形阵列，阵列数设置为 3，如图 8-113 所示。

Step 12　执行"分解"命令（X），将上一步形成的阵列对象进行分解操作；再执行"修剪"命令（TR），将多余的对象进行修剪操作，如图 8-114 所示。

Step 13　执行"多段线"命令（PL）和"单行文字"命令（DT），绘制剖切符号，然后将其剖切符号及文字转换为"文字"图层，如图 8-115 所示。

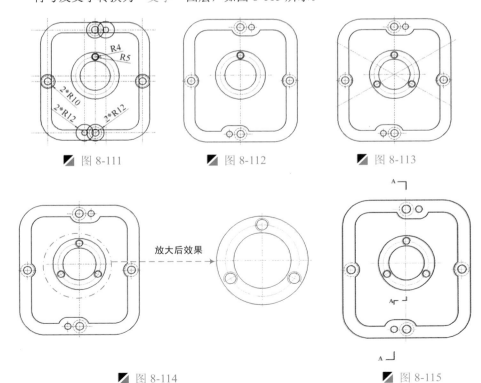

◤ 图 8-111　　　　　　◤ 图 8-112　　　　　　◤ 图 8-113

◤ 图 8-114　　　　　　　　　　　　　　　　　　◤ 图 8-115

8.6.2 绘制剖视图

Step 01 执行"直线"命令（L），过俯视图的轮廓端点向左引伸水平直线，然后在适当位置绘制一条垂直直线，如图 8-116 所示。

Step 02 执行"偏移"命令（O），将绘制的垂直直线向右依次偏移 3mm、14mm、22mm、24mm，如图 8-117 所示。

Step 03 执行"修剪"命令（TR），将多余的对象进行修剪操作，如图 8-118 所示。

Step 04 执行"倒角"命令（CHA）和"圆角"命令（F），设置倒角的距离为 2mm，圆角的半径为 3mm，进行倒角和圆角色操作，如图 8-119 所示。

Step 05 执行"偏移"命令（O），将图形的下侧水平中心线向上下各偏移 5mm；再执行"直线"命令（L），将相应的端点进行斜线连接，并将多余的对象进行删除操作，如图 8-120 所示。

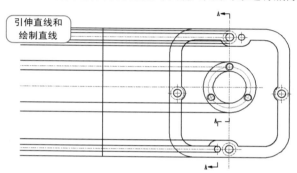

图 8-116

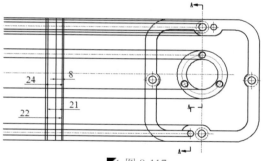

图 8-117

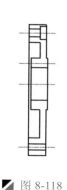

图 8-118

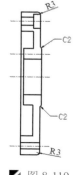

图 8-119

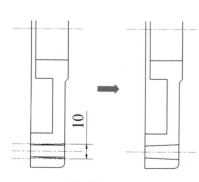

图 8-120

Step 06 执行"偏移"命令（O），从上向下第二条水平中心线向上下各偏移 4mm、5mm，将图形最右侧的垂直线段向左偏移 12mm、15mm、2mm；执行"直线"命令（L），捕捉相应的点进行直线连接并进行图层转换操作，如图 8-121 所示。

Step 07 切换到"剖面线"图层，执行"图案填充"命令（H），设置图案样例为"ANSI 31"，比例为 1，在指定的位置进行图案填充操作，如图 8-122 所示。

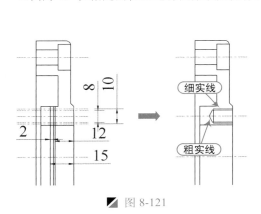

图 8-121　　　　　　　　　　图 8-122

8.6.3　零件图的标注

Step 01 按照前面相同的方法，修改"机械"和"机械-公差"标注样式："全局比例因子"均为 1.2，主单位的精度均为 0.0，公差方式为"对称"，公差精度为 0.00。

Step 02 切换到"尺寸与公差"图层，选择"机械"标注样式作为当前样式，在"注释"选项卡的"标注"面板中，单击"线性标注"按钮、"半径标注"按钮，对主视图进行尺寸标注，如图 8-123 所示。

Step 03 同样，再对其左侧的剖视图进行尺寸、公差、粗糙度符号和基准符号的标注，如图 8-124 所示。

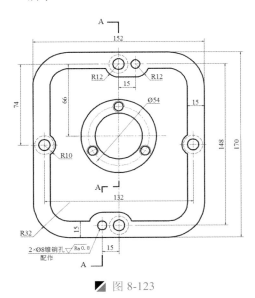

图 8-123

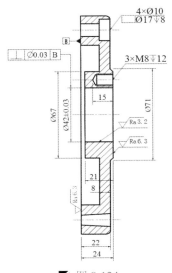

图 8-124

Step 04 执行"多行文字"命令（MT），在主视图的右下侧进行"技术要求"的文字注释，文字大小为 5，然后将文字注释对象转换为"文字"图层，如图 8-125 所示。

Step 05 至此，该盖板的图形已经绘制完成，按<Ctrl+S>组合键对其进行保存。

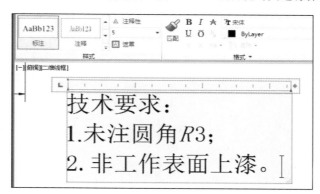

图 8-125

技巧：及时清理无用对象

在一个图形文件中可能存在一些没有使用的图层、图块、文本样式、尺寸标注样式、线型等无用对象，这些无用对象不仅增大文件的尺寸，而且还降低 AutoCAD 的性能，用户应及时使用"PURGE"命令进行清理。

由于图形对象经常出现嵌套，因此，往往需要用户接连使用几次"PURGE" w命令才能将无用对象清理干净。

9

建筑与室内工程图的绘制

本章导读

  建筑平面施工图表示该建筑物在水平方向上房屋各部分的组合关系，一般由轴线、墙体、柱子、门、窗、楼梯、阳台、散水、室内布置设施、文字和尺寸标注、说明文字等组成。在本章中以某酒楼建筑平面图为例进行讲解，使用户对建筑平面图的绘制有一个全方位的掌握。

本章内容

- ◪ 建筑图形模板文件的创建
- ◪ 绘制酒楼大堂建筑平面图
- ◪ 绘制酒楼大堂平面布置图
- ◪ 绘制酒楼大堂地材图
- ◪ 绘制酒楼大堂顶棚图

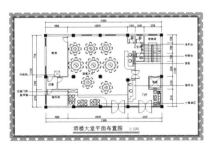

酒楼大堂平面布置图 1:100

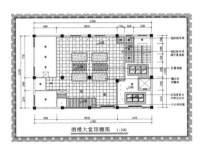

酒楼大堂顶棚图 1:100

9.1 建筑图形模板文件的创建

案例	建筑工程图样板.dwt	视频	建筑图形模板文件的创建.avi	时长	17'14"

在绘制建筑施工图之前，同样也需要设置匹配的绘图环境，包括图层的规划、文字及标注样式等，在本案例中，以 A3 纸为例，具体讲解建筑图形模板文件的创建。

9.1.1 设置绘图单位及区域

对于建筑工程图来讲，首先就要进行绘图的精度、单位及图形界限的设置，它可为后面的绘图提供辅助帮助。

Step 01 在桌面上双击 AutoCAD 2015 图标，启动 AutoCAD 2015 软件，系统自动创建一个空白文档。

Step 02 单击标题栏上的"新建"按钮，打开"选择样板"对话框，单击"打开"按钮右侧的倒三角按钮，以"无样板打开 - 公制（M）"方式建立新文件。

Step 03 执行"格式 | 单位"菜单命令（UN），打开"图形单位"对话框，将长度单位类型设定为"小数"，精度为"0.000"，角度单位类型设为"十进制度数"，精度精确到"0.00"，如图 9-1 所示。

▰ 图 9-1

Step 04 执行"图形界限"命令（Limits），依照命令行的提示，设定图形界限的左下角为（0，0），右上角为（42000，29700）。

> 提示：图形界限的设置
>
> 图形界限的设置不必拘泥于与图形大小相同的值，在实际绘图过程中，可以设置一个大致区域。

Step 05 再在命令行中输入"Z | 空格 | A"，使输入的图形界限区域全部显示在图形窗口内。

9.1.2 设置图层及线型比例

建筑工程图，主要由轴线、柱子、门窗、墙体、散水、楼梯、设施、文本标注、尺寸标注、轴线编号等元素组成，因此在绘制建筑工程图形时，应建立如表 9-1 所示的图层。

表 9-1　图层设置

序号	图 层 名	线 宽	线 型	颜 色	打印属性
1	轴线	默认	点画线(ACAD_ISOO4W100)	红色	不打印
2	墙体	0.30mm	实线(CONTINUOUS)	黑色	打印
3	柱子	默认	实线(CONTINUOUS)	黑色	打印
4	门窗	默认	实线(CONTINUOUS)	青色	打印
5	设施	默认	实线(CONTINUOUS)	200 色	打印
6	楼梯	默认	实线(CONTINUOUS)	140 色	打印
7	标高	默认	实线(CONTINUOUS)	14 色	打印
8	轴线编号	默认	实线(CONTINUOUS)	绿色	打印
9	尺寸标注	默认	实线(CONTINUOUS)	蓝色	打印
10	文字标注	默认	实线(CONTINUOUS)	黑色	打印
11	其它	默认	实线(CONTINUOUS)	8 色	打印

Step 01　执行"图层"命令（LA），将打开"图层特性管理器"面板，根据前面如表 9-1 所示来设置图层的名称、线宽、线型和颜色等，如图 9-2 所示。

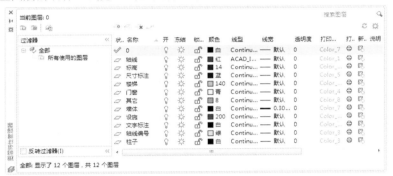

图 9-2

提示：图层的设置

　　因为建筑图形较大，图形对象较多，需要表示的含义也较多，所以需要建立不同的图层，设置不同的图层名称、线型、线宽、颜色等特性，使施工人员在观察图形时能够清晰明了。也使设计人员后期观察和修改图样时，能够快速阅图和再次编辑。

Step 02　执行"格式 | 线型"菜单命令，打开"线型管理器"对话框，单击"显示细节"按钮，打开"详细信息"选项组，设置"全局比例因子"为 100，然后单击"确定"按钮，如图 9-3 所示。

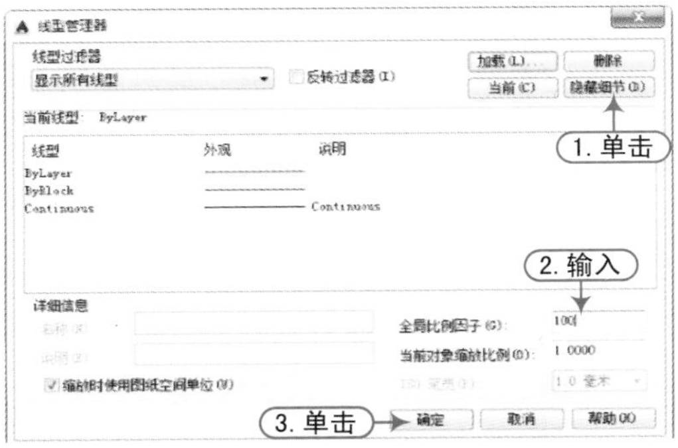

图 9-3

提示：设置比例因子

用户在绘图时，通常全局比例因子和打印比例的设置相一致。

9.1.3 设置建筑文字样式

建筑工程图上的文字有尺寸文字、标高文字、图内文字说明、剖切符号文字、图名文字和轴线符号等，打印比例为 1:100，文字样式中的高度为打印到图纸上的文字高度与打印比例倒数的乘积。根据建筑制图标准，该工程图文字样式的规划如表 9-2 所示。

表 9-2 文字样式

文字样式名	打印到图纸上的文字高度	图形文字高度（文字样式高度）	宽度因子	字体｜大字体
尺寸文字	3.5	（由尺寸样式控制）	0.7	Tssdeng/gbcbig
图内说明	3.5	350		
图　名	7	700		
轴号文字	5	500		complex

Step 01 在"注释"标签下的"文字"面板中，单击右下角的 ▣ 按钮，将弹出"文字样式"对话框，单击"新建"按钮，打开"新建文字样式"对话框，将样式名定义为"图内说明"，再单击"确定"按钮，如图 9-4 所示。

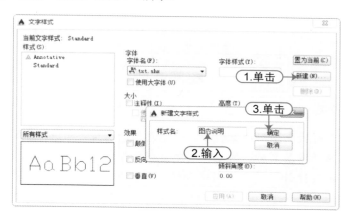

▰ 图 9-4

注意：中西文字体的选择

在选择字体时，汉字优先考虑 hztxt.shx 和 hzst.shx；西文优先考虑 romans.shx、simples 和 txt.shx。

Step 02 此时，在"字体"下拉列表中选择字体"tssdeng.shx"，选择"使用大字体"复选框，并在"大字体"下拉列表中选择字体"gbcib.shx"，在"高度"文本框中输入"350"，在"宽度因子"文本框中输入"0.7"，单击"应用"按钮，完成该文字样式的设置，如图 9-5 所示。

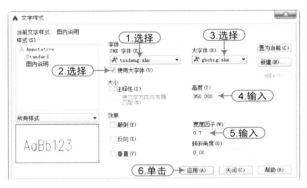

图 9-5

提示：文字样式

文字样式，是在图形中添加文字的标准，是文字输入都要参照的准则。

通过文字样式可以设置文字的字体、字号、倾斜角度、方向以及其他一些特性。默认样式为 Standard。

Step 03　重复前面的步骤，建立如表 3-11 所示中其他各种文字样式，如图 9-6 所示。

图 9-6

9.1.4　设置建筑标注样式

根据建筑工程图的尺寸标注要求，应设置其延伸线的"起点偏移量"为 2mm，"超出尺寸线"为 1.5mm，尺寸起止符号为"建筑标记"，其"箭头大小"为 2mm，"文字样式"选择"尺寸文字"样式，"文字高度"为 3.5，其全局比例因子为 100。

Step 01　在"注释"标签下的"标注"面板中，单击右下角的 ⌐ 按钮，将弹出"标注样式管理器"对话框，单击"新建"按钮，打开"创建新标注样式"对话框，将新样式名定义为"建筑平面标注-100"，再单击"继续"按钮，如图 9-7 所示。

提示：标注样式的命名

对尺寸标注样式进行命名时，最好能直接反映出一些特性，如"建筑平面标注-100"，表示建筑平面图的全局比例为 100。

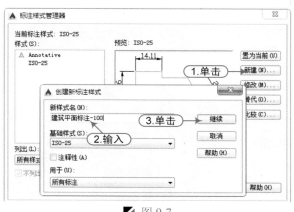

图 9-7

Step 02 当单击"继续"按钮后，则进入 "新建标注样式：建筑平面标注 - 100"对话框，然后分别在各选项卡中设置相应的参数，如图 9-8 所示。

尺寸线			超出尺寸线(X)	1.5	文字外观	
颜色(C)	■ ByBlock		起点偏移量(F)	2	文字样式(Y)	尺寸文字
线型(L)	—— ByBlock		☑固定长度的尺寸界线(O)		文字颜色(C)	■黑
线宽(G)	—— ByBlock		长度(E)	10	填充颜色(L)	□无
超出标记(N)					文字高度(T)	3.5
基线间距(A)	3.75				分数高度比例(H)	
隐藏	□尺寸线 1(M)	□尺寸线 2(D)			□绘制文字边框(F)	

文字对齐(A)	箭头		文字位置	
○水平	第一个(B)	☑建筑标记	垂直(V)	上
◉与尺寸线对齐	第二个(D)	☑建筑标记	水平(Z)	居中
○ISO 标准	引线(L)	▶实心闭合	观察方向(D)	从左到右
	箭头大小(I)	2	从尺寸线偏移(O)	1

标注特征比例
□注释性(A)
　○将标注缩放到布局
　◉使用全局比例(S)　100

图 9-8

9.1.5　保存为建筑样板文件

通过前面的操作，已经将建筑工程图样板文件中所涉及的单位、界限、图层、文字和标注样式等设置完成，接下来将其保存为样板文件（.dwt）。

在"快速访问"工具栏单击"另存为"按钮，将弹出"图形另存为"对话框，在"文件类型"下拉列表中选择"AutoCAD 图形样板（*.dwt）"选项，在"保存于"下拉列表中选择"案例\03"路径，然后在"文件名"文本框中输入文件名"建筑工程图样板"，最后单击"保存"按钮，将弹出"样板选项"对话框，在"说明"文本框中输入相应的文字说明，然后单击"确定"按钮即可，如图 9-9 所示。

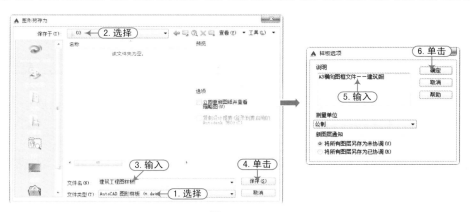

图 9-9

技巧：样板文件的作用

　　建筑物一般都有两层以上，所以绘制这类建筑平面图时，首先要创建好"样板文件"，这样可以在绘制其他平面图时，调用该绘图环境，从而加快绘图的速度。

9.2　绘制酒楼大堂建筑平面图

　　在对酒楼大堂装修设计之前，应到现场仔细观察周围环境和酒店现场情况，准备好纸、笔、卷尺等工具，对现场进行详细的测量和描绘，在绘制酒楼的建筑平面图时，首先根据尺寸通过构造线绘制轴网、以多线来绘制墙体、再以直线和偏移等命令开启门窗洞，然后安装门、标注尺寸及图名，完成建筑平面的绘制，如图 9-10 所示。

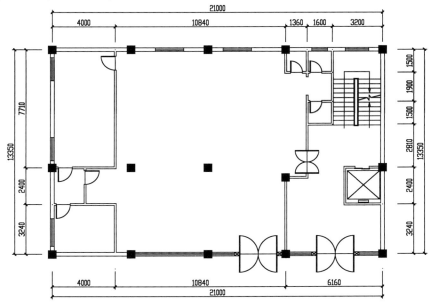

酒楼大堂建筑平面图　1:100

图 9-10

9.2.1 绘制建筑轴网结构

案例	无	视频	绘制建筑轴网结构.avi	时长	07'17"

使用构造线、偏移、修剪等命令,绘制建筑的轴网线。

Step 01 在桌面上双击 AutoCAD 2015 图标,启动 AutoCAD 2015 软件,系统自动创建一个空白文档,在"快速访问"工具栏单击"打开"按钮 ,将"案例\10\建筑施工模板.dwt"文件打开。

Step 02 在"快速访问"工具栏单击"另存为"按钮 ,将弹出"图形另存为"对话框,将该文件保存为"案例\09\酒楼大堂建筑平面图.dwg"文件。

Step 03 在"默认"标签下的"图层"面板中,选择"图层"下拉列表中的"轴线"图层,使之成为当前图层,执行"构造线"命令(XL),在图形窗口绘制水平和垂直构造线。

Step 04 执行"偏移"命令(O),按照如图 9-11 所示的尺寸,对构造线进行偏移。

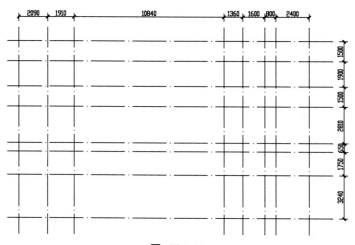

图 9-11

Step 05 执行"修剪"命令(TR),修剪多余的线段,如图 9-12 所示。

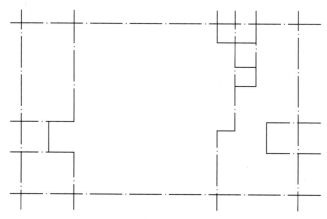

图 9-12

提示：轴网的捕捉

> 为了后面能够更方便、准确的捕捉轴网，用户可以先将多余的构造线进行修剪，保留中间的轴网，从而方便墙体的绘制。

9.2.2 绘制大堂墙体结构

案例	无	视频	绘制大堂墙体结构.avi	时长	10'25"

使用多线命令，绘制和编辑墙体。

Step 01 执行"多线样式"命令（MLSTYLE），分别新建"240"和"120"的多线样式，其图元偏移量为 120 和-120、60 和-60，并按照如图 9-13 所示对多线进行设置。

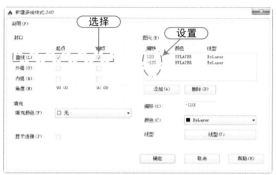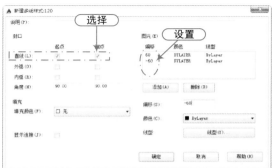

图 9-13

Step 02 将"墙体"图层置为当前图层，执行"多线"命令（ML），设置"对正（J）：无（Z）、比例（S）：1、样式（ST）：240"，捕捉轴线，绘制外侧墙体，如图 9-14 所示。

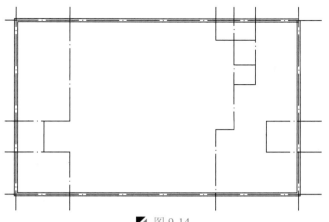

图 9-14

Step 03 同样执行"多线"命令（ML），设置"样式（ST）：120"，捕捉轴线，绘制内墙体，如图 9-15 所示。

Step 04 执行"多线编辑"命令（MLEDIT），选择相应的编辑工具，对绘制的墙体进行编辑；隐藏"轴线"图层，效果如图 9-16 所示。

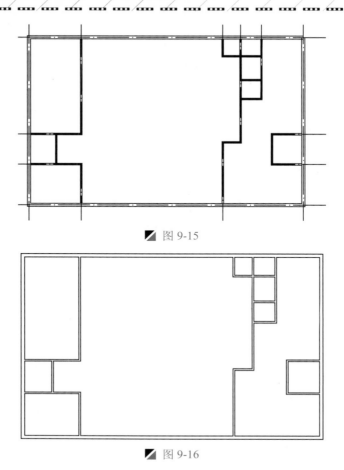

图 9-15

图 9-16

Step 05 将"柱子"图层置为当前图层。执行"矩形"命令（REC），绘制 500×500 的矩形；再
执行"图案填充"命令（H），选择样例为"SOLID"，对矩形进行填充形成混泥土墙柱；
再执行"复制"命令（CO），同时将"轴线"图层显示出来，将墙柱复制到各轴线交点，
如图 9-17 所示。

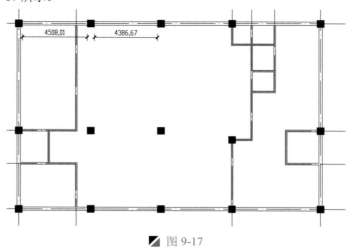

图 9-17

9.2.3　绘制楼道、电梯间

案例	无	视频	绘制楼道、电梯间.avi	时长	06'02"

接下来使用矩形、直线、偏移、修剪等命令，绘制楼道、电梯间、卫生间等。

Step 01　在"图层"下拉列表中将"轴线"图层关闭。将"设施"图层置为当前图层，执行"矩形"命令（REC）、"直线"命令（L），如图 9-18 所示绘制电梯厅轮廓。

Step 02　切换到"楼梯"图层为当前图层，执行"直线"命令（L），捕捉墙面角点绘制一条直线；再执行"偏移"命令（O），将直线向上偏移 10 次，每次偏移距离为 300，形成楼梯踏步，如图 9-19 所示。

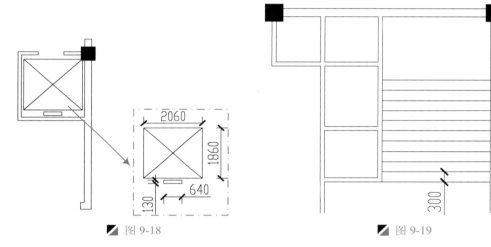

图 9-18　　　　　　　　　　　图 9-19

Step 03　执行"矩形"命令（REC），绘制 280×3120 的矩形；再执行"偏移"命令（O），将矩形向内偏移 50，将矩形组放置到楼梯踏步正中，并进行相应的修剪，结果如图 9-20 所示。

Step 04　执行"多段线"命令（PL），在踏步之间绘制曲折线，设置箭头起点宽度为 0，终点为 100，绘制表示楼梯上下方向的箭头，效果如图 9-21 所示。

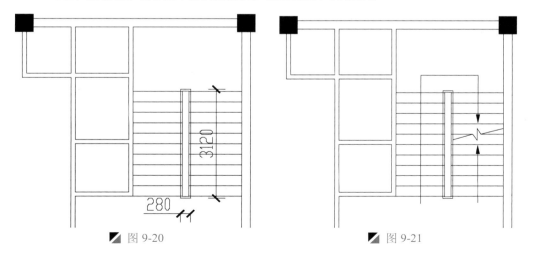

图 9-20　　　　　　　　　　　图 9-21

9.2.4 开启门窗洞口并安装门窗对象

案例	无	视频	开启门窗洞口并安装门窗对象.avi	时长	22'39"

在绘制安装门窗之前，首先使用"直线"、"偏移"、"修剪"等命令来开启门窗洞。然后使用"多线"来绘制窗体。

Step 01 执行"直线"命令（L）、"偏移"（O）和"修剪"（TR）等命令，在如图 9-22 所示位置进行门窗洞的开启。

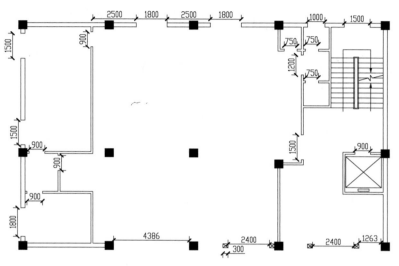

图 9-22

Step 02 执行"多线样式"命令（MLSTYLE），新建"C-240"的多线样式，设置图元偏移量 120、-120、40 和-40，勾选起点和端点，如图 9-23 所示。

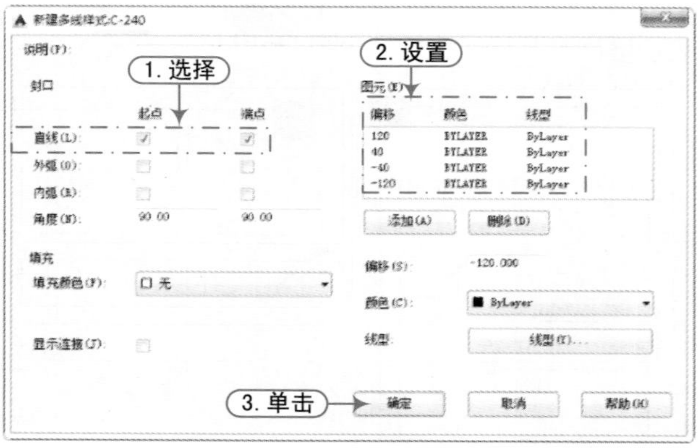

图 9-23

Step 03 将"门窗"图层置为当前图层，执行"多线"命令（ML），设置"样式（ST）：C-240"，在外墙体空缺处绘制窗轮廓，如图 9-24 所示。

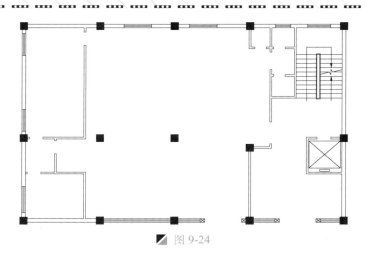

图 9-24

Step 04　执行"矩形"（REC）、"直线"（L）、"圆弧"（A）等命令，绘制如图 9-25 所示的几种平面门图形。

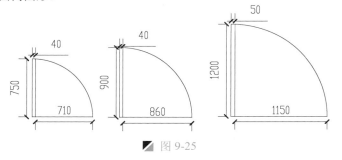

图 9-25

Step 05　执行"创建块"命令（B），选择门对象，将其保存为"M"、"N"和"D"图块，操作方法如图 9-26 所示。

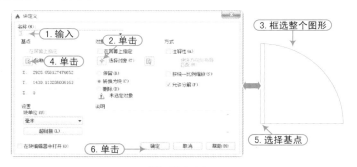

图 9-26

提示：创建图块的选择

　　在绘制图形过程中，使用"B"命令创建的图块，作为内部图块，只能在当前图形文件中引用；而使用"W"命令创建的图块，作为外部图块，不但可在当前图形文件中引用，还可以在其他图形文件中相互引用。读者在保存图块时，可根据实际的绘图需要，灵活掌握其方法。

Step 06　　执行"复制"（CO）、"镜像"（MI）、"旋转"（RO）、"移动"（M）等命令，安装各房间的门，如图 9-27 所示。

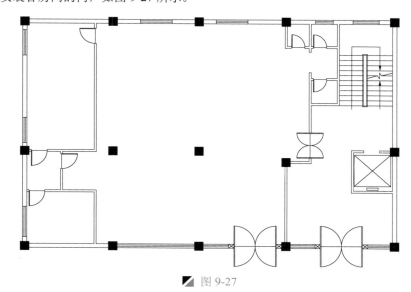

Step 07　　执行"矩形"命令（REC），绘制 500×30mm 的矩形；并执行"复制"命令（CO），在电梯门洞处绘制电梯门，如图 9-28 所示。

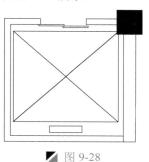

■ 图 9-28

9.2.5　酒楼大堂平面的标注

案例	无	视频	酒店大堂平面的标注.avi	时长	04'34"

　　绘制建筑平面之后，接下来进行文本和尺寸、图名的标注。

Step 01　　将"尺寸标注"图层置为当前图层，执行"线性标注"命令（DLI）和"连续标注"（DCO）等命令，对图形进行尺寸标注。

Step 02　　将"文字标注"图层置为当前图层，执行"多行文字"命令（MT），字体为"宋体"，大小 800，在图形下侧输入图名；再执行"多线段"命令（PL），分别设置宽度为 50 和 0，长度为 10000，绘制两条水平多段线，效果如图 9-29 所示。

Step 03　　至此，酒楼大堂建筑平面图绘制完毕，在"快速访问"工具栏单击"保存"按钮 🔒 ，将所绘制的图形进行保存。

Step 04　　在键盘上按<Alt+F4>或<Alt+Q>组合键,退出所绘制的文件对象。

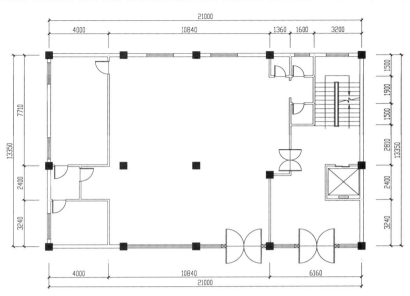

酒楼大堂建筑平面图　1:100

图 9-29

9.3　绘制酒楼大堂平面布置图

在绘制平面布置图时，首先将前面所绘制好的建筑平面图打开，另存为平面布置图文件，并进行调整，在进行家具摆放之前，如果有拆墙体或者新建隔断墙体，就应该先绘制出墙体轮廓，再进行绘制各房间家具的造型和布置，其完成的最终效果如图 9-30 所示。

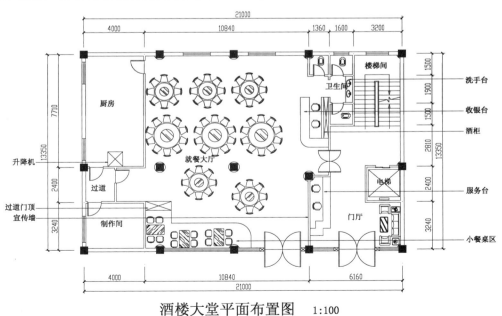

酒楼大堂平面布置图　1:100

图 9-30

9.3.1 绘制大堂隔断造型

案例	无	视频	绘制大堂隔断造型.avi	时长	13'37"

在进行室内布置图绘制时，先绘制隔断墙体造型。

Step 01 在桌面上双击 AutoCAD 2015 图标，启动 AutoCAD 2015 软件，系统自动创建一个空白文档，在"快速访问"工具栏单击"打开"按钮 📂，将"案例\09\酒楼大堂建筑平面图.dwg"文件打开。

Step 02 在"快速访问"工具栏单击"另存为"按钮 🖫，弹出"图形另存为"对话框，将该文件保存为"案例\09\酒楼大堂平面布置图.dwg"文件。

Step 03 在"默认"标签下的"图层"面板中，选择"图层"下拉列表中的"设施"图层，使之成为当前图层，执行"矩形"命令（REC）和"直线"命令（L），在如图 9-31 所示位置绘制预留升降机位置。

Step 04 执行"直线"命令（L）和"偏移"命令（O），在厕所过道绘制洗手台，如图 9-32 所示。

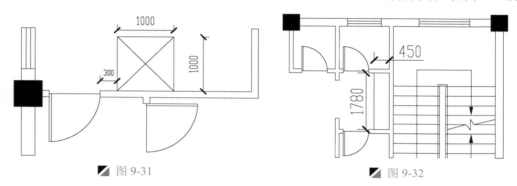

图 9-31　　　　　　　　　　　　　　图 9-32

Step 05 执行"直线"（L）、"圆角"（F）、"偏移"（O）等命令，绘制收银台，如图 9-33 所示。

Step 06 执行"直线"（L）、"矩形"（REC）、"偏移"（O）等命令，绘制收银台后面的酒柜，如图 9-34 所示。

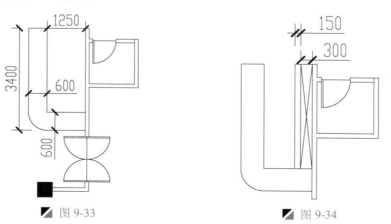

图 9-33　　　　　　　　　　　　　　图 9-34

Step 07 执行"直线"（L）、"偏移"（O）等命令，绘制总服务台，如图 9-35 所示。

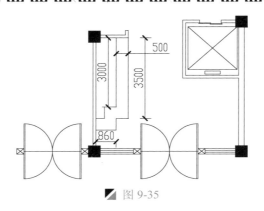

图 9-35

提示：服务台间距

在绘制服务台过程中，要注意服务台与大门之间的距离，要能使得行走通过。

Step 08 执行"直线"（L）、"矩形"（REC）、"圆角"（F）、"偏移"（O）等命令，绘制小餐桌区，如图 9-36 所示。

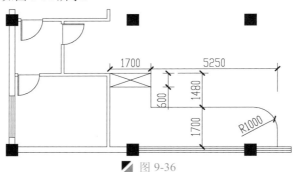

图 9-36

Step 09 将"文字标注"图层置为当前图层，执行"多行文字"命令（MT），字体为"宋体"，大小为 350，标注图形各房间名，效果如图 9-37 所示。

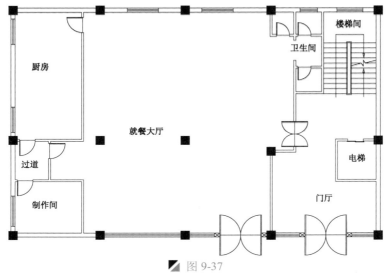

图 9-37

9.3.2 绘制大堂家具造型

案例	无	视频	绘制大堂家具造型.avi	时长	09'22"

　　由于本实例中面积比较大，用到了不同家具桌椅，所以这里将分种类和步骤进行家具造型的绘制与图块的插入。

Step 01 隐藏"文字标注"图层，将"设施"图层置为当前图层，执行"圆"命令（C），捕捉墙柱的中心绘制包裹墙柱的圆；结合执行"复制"（CO）和"修剪"（TR）等命令，将图形中相应的柱子包裹起来，效果如图 9-38 所示。

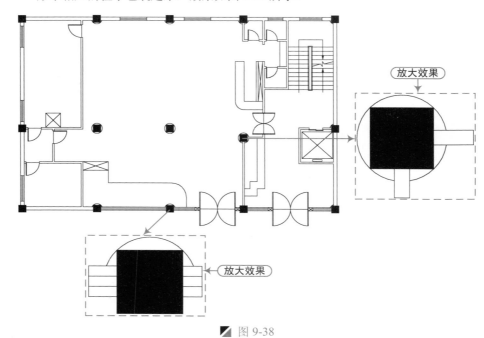

图 9-38

Step 02 执行"插入块"命令（I），将"案例\09"文件下面的"洗手盆"插入图形中，并通过旋转和移动命令，将其摆放到相应位置，如图 9-39 所示。

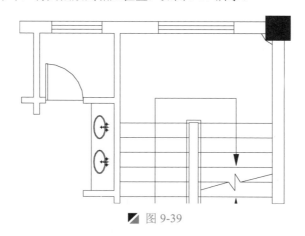

图 9-39

提示：家具和其他设施的运用

对于一个专业的设计师来说，在其电脑内存里面都会保存有大量的家具和其它设施图形模块，如果没有这些模块，那么用户就要提前绘制并保存好，方便以后绘图使用，其设施的样式可以上网查询。

Step 03　执行"插入块"命令（I），将"案例\09"文件下面的"蹲便器"插入图形中，并通过复制、旋转和移动命令，将其摆放到相应位置，如图9-40所示。

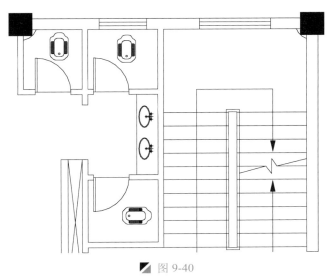

图 9-40

Step 04　执行"插入块"命令（I），将"案例\09"文件下面的"沙发"插入图形中，并通过旋转和移动命令，将其摆放到相应位置，如图9-41所示。

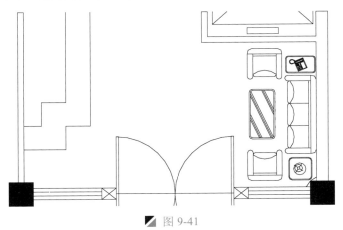

图 9-41

Step 05　执行"插入块"命令（I），将"案例\09"文件下面的"座椅"插入图形中，并通过复制、旋转和移动命令，将其摆放到相应位置，如图9-42所示。

Step 06　执行"插入块"命令（I），将"案例\09"文件下面的"四人桌"插入图形中，并通过复制、旋转和移动命令，将其摆放到相应位置，如图9-43所示。

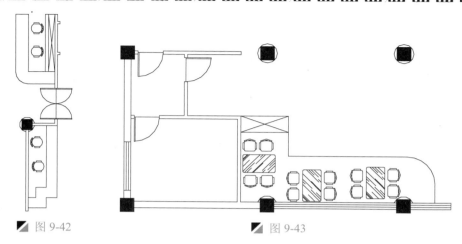

图 9-42   图 9-43

Step 07 执行"插入块"命令（I），将"案例\09"文件下面的"十人桌"和"八人桌"插入图形中，并通过复制和移动命令，将其摆放到相应位置，如图 9-44 所示。

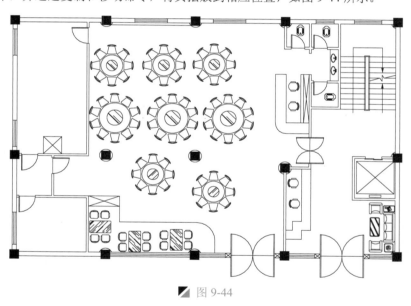

图 9-44

提示：家具间距

　　在摆放家具过程中，一定要留出合适的间距，要注意餐桌间的距离，要能使得行走通过，特别要注意一些主要通道留出的距离位置是否适用。

9.3.3 大堂平面布置图的标注

案例	无	视频	大堂平面布置图的标注.avi	时长	06'20"

Step 01 双击图形下侧的图名，将"酒楼大堂建筑平面图"修改为"酒楼大堂平面布置图"，如图 9-45 所示。

酒楼大堂平面布置图   1:100

图 9-45

Step 02 将"文字标注"图层显示出来，并将"文字标注"图层置为当前图层，执行"引线标注" 命令（LE），字体为"宋体"，大小为500，在图形两侧进行具体的标注，效果如图9-46 所示。

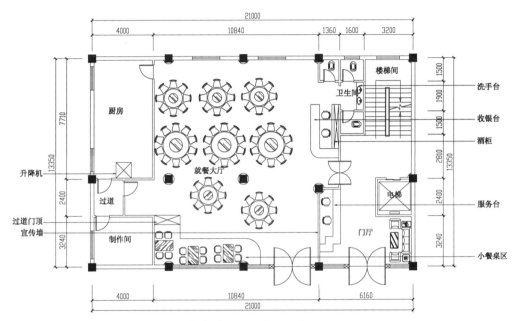

酒楼大堂平面布置图   1:100

图 9-46

Step 03 至此，酒楼大堂平面布置图绘制完成，在"快速访问"工具栏单击"保存"按钮 ，将 所绘制的图形进行保存。

Step 04 在键盘上按<Alt+F4>或<Alt+Q>组合键，退出所绘制的文件对象。

提示：酒楼的美化

> 用户在设计酒楼大堂时，可以用一些大型壁画、雕塑和装置艺术的语言来反映酒 楼所处的地理位置、城市的历史文化，以及酒楼所属行业和背景等内容；在大堂四周 可以安排一些轻松优雅的艺术作品或绿化植物给予点缀。

9.4 绘制酒楼大堂地材图

　　以前面"平面布置图"为基础，首先删除里面相应的家具、文字注释等对象，然后绘 制门洞轮廓，再根据绘制的底面布置图要求来进行图案填充和文字注释，其完成的最终效 果如图9-47所示。

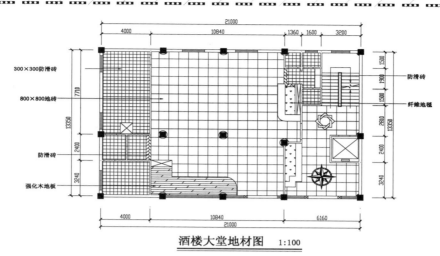

300×300防滑砖

800×800地砖

防滑砖

强化木地板

防滑砖

纤维地毯

酒楼大堂地材图 1:100

图 9-47

9.4.1 绘制地面造型和填充材质

案例	无	视频	绘制地面造型和填充材质.avi	时长	19'20"

在进行地面铺贴之前，应先将室内空间通过绘制地面轮廓来进行区域的划分，然后再进行布置各区域的地材。

Step 01 在桌面上双击 AutoCAD 2015 图标，启动 AutoCAD 2015 软件，系统自动创建一个空白文档，在"快速访问"工具栏单击"打开"按钮，将"案例\09\酒楼大堂平面布置图.dwg"文件打开。

Step 02 在"快速访问"工具栏单击"另存为"按钮，将弹出"图形另存为"对话框，将该文件保存为"案例\09\酒楼大堂地材图.dwg"文件。

Step 03 根据作图需要，执行"删除"命令（E），将图形中文字注释、门对象、家具对象删除掉，并修改图名为"酒楼大堂地材图"，修改效果如图 9-48 所示。

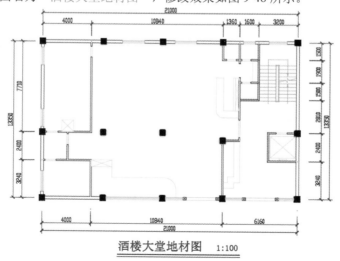

酒楼大堂地材图 1:100

图 9-48

Step 04 将"门窗"图层置为当前图层，执行"直线"命令（L），绘制连接线段，将门洞封闭起来，如图 9-49 所示。

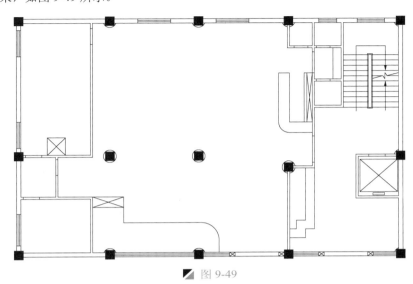

图 9-49

Step 05 将"0"图层设置为当前图层，执行"直线"（L）、"圆"（C）、"旋转"（RO）等命令，绘制如图 9-50 所示的图形。

Step 06 执行"直线"（L）命令，捕捉相应的点，绘制如图 9-51 所示图形。

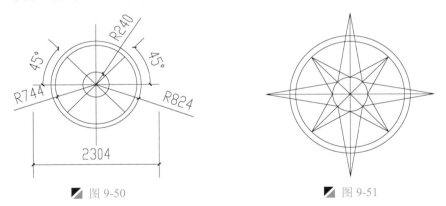

图 9-50   图 9-51

Step 07 执行"修剪"（TR）和"删除"（E）命令，整理图形如图 9-52 所示。

Step 08 执行"图案填充"命令（H），选择相应的案例为"AR - CONC"，比例为 1，对圆环进行填充，再选择样例"AR - SAND"，比例为 1，对四角星图形进行填充，形成底面拼花，如图 9-53 所示。

提示：拼花图案面积的计算

　　石材图案镶贴应该按镶贴图案的矩形面积计算，成品拼花按设计图案的面积计算。

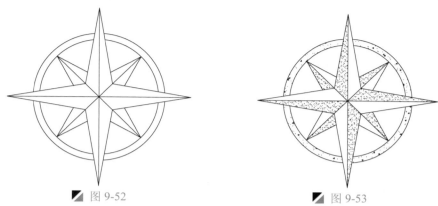

图 9-52   图 9-53

Step 09 执行"移动"命令（M），将绘制的地面拼花移动到大堂入口处，如图 9-54 所示位置。

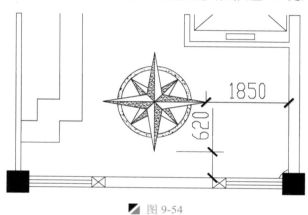

图 9-54

Step 10 执行"矩形"（REC）、"偏移"（O）、"旋转"（RO）等命令，绘制如图 9-55 所示的图形。

Step 11 执行"修剪"命令（TR），修剪掉多余的线段，绘制如图 9-56 所示的地面拼图。

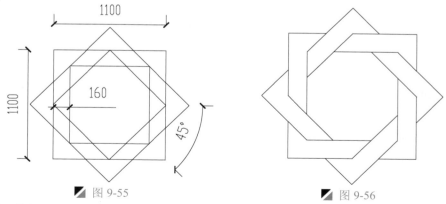

图 9-55   图 9-56

Step 12 执行"移动"命令（M），将绘制的地面拼花移动到电梯左上侧位置，如图 9-57 所示。

Step 13 执行"直线"（L）和"偏移"（O）命令，在厨房与大厅连接处绘制如图 9-58 所示的轮廓。

Step 14 执行"图案填充"命令（H），选择样例为"AR-HBONE"，比例为 2，对上一步绘制的图形进行填充，如图 9-59 所示。

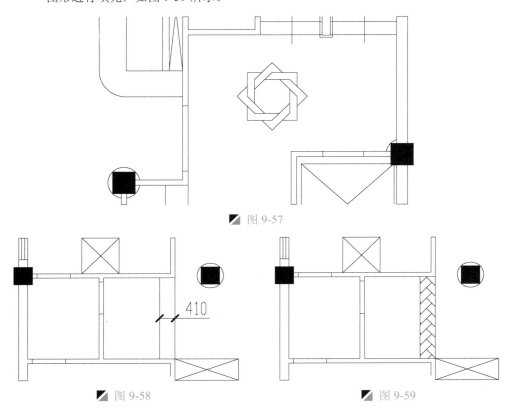

图 9-57

图 9-58

图 9-59

Step 15 运用上步骤绘图方法，执行"直线"（L）、"偏移"（C）、"图案填充"（RO）等命令，在厕所与大厅连接处绘制如图 9-60 所示的图形。

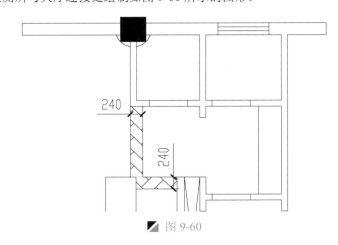

图 9-60

Step 16 执行"图案填充"命令（H），选择类型为"用户定义"，双向间距为 300，对厨房和制作间区域进行填充，如图 9-61 所示。

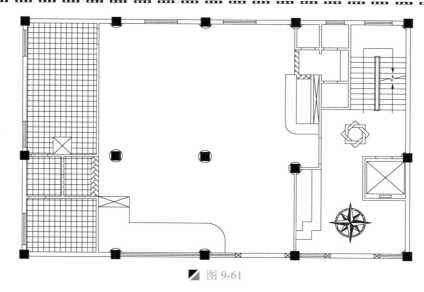

图 9-61

Step 17 执行"图案填充"命令（H），选择类型为"用户定义"，双向间距为 300，对卫生间区域进行填充，如图 9-62 所示。

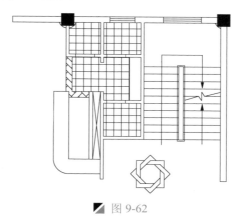

图 9-62

Step 18 执行"图案填充"命令（H），选择相应的样例为"DOLMIT"，比例为 30，对小餐桌区域进行填充，如图 9-63 所示。

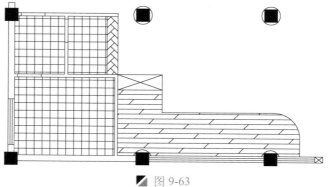

图 9-63

Step 19 执行"图案填充"命令（H），选择相应的样例为"CROSS"，比例为 20，对收银台和服务台区域进行填充，如图 9-64 所示。

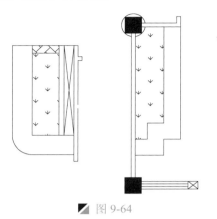

图 9-64

Step 20 执行"图案填充"命令（H），选择类型为"用户定义"，双向间距为 800，对大厅、门厅和过道等区域进行填充，如图 9-65 所示。

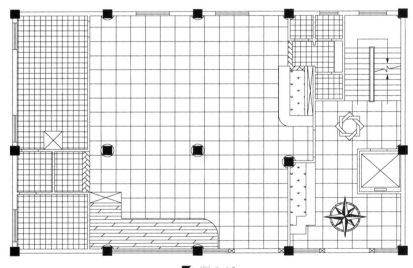

图 9-65

提示：地砖的铺砌

地面地砖铺砌应放线准确，地面砌平顺，拼花应对缝整齐，粘接牢固，无空鼓现象，异形石材应现场放样核实，再定货施工，施工过程中必须严格按照国家有关施工规范执行。

9.4.2 对大堂地材图进行标注

案例	无	视频	对大堂地材图进行标注.avi	时长	04'25"

绘制酒楼大堂地材图后，接下来进行文本的标注。

Step 01 将"文字标注"图层置为当前图层，执行"引线标注"命令（LE），字体为"宋体"，大小为 350，在图形两侧进行具体的标注，效果如图 9-66 所示。

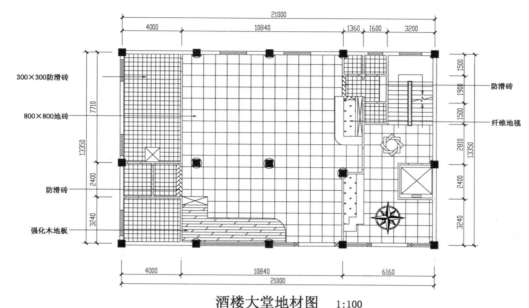

酒楼大堂地材图 1:100

图 9-66

Step 02 至此，酒楼大堂地材图绘制完毕，在"快速访问"工具栏单击"保存"按钮 🔲，将所绘制的图形进行保存。

Step 03 在键盘上按<Alt+F4>或<Ctrl+Q>组合键,退出所绘制的文件对象。

技巧：湿铺贴法

在地板砖的贴铺施工工艺中，湿铺贴法的施工步骤如下。

（1）把现场清洗干净，先撒适量的水以利施工。

（2）将 325 号水泥与沙以 1:3 的比例混合成水泥砂浆，把水泥砂浆以 25~35mm 厚铺于地面，抹平。

（3）以长约 1m 的木尺打底，将砂浆彻底抹平。

（4）放样线。

（5）在施工地面上撒水泥粉，把水泥粉拨弄均匀。

（6）撒上少量水泥粉，以增加水泥砂浆的粘贴性。

（7）铺砖：先将瓷砖与铺贴面呈一定角度约（15°）放置，然后用手往水平方向推，使砖底与砖面平衡，这样便于排除气泡；然后用手锤柄轻敲砖面，让砖底能全面吃浆，以免产生空鼓现象；再用木槌把砖面敲至平衡，同时，以水平尺测量，确保瓷砖铺贴水平。

（8）嵌缝：建议使用优质嵌缝剂进行嵌缝，为防止落污，建议采用优质防污剂（有机硅类型）对嵌缝进行防污处理。

9.5 绘制酒楼大堂顶棚图

以前面"地材图"为基础，首先删除里面相应的填充图案、文字注释、地面轮廓和隔断等对象，然后整理需要的轮廓，再来绘制天花造型，并插入灯具，最后进行文字注释和标高，其完成的最终效果如图 9-67 所示。

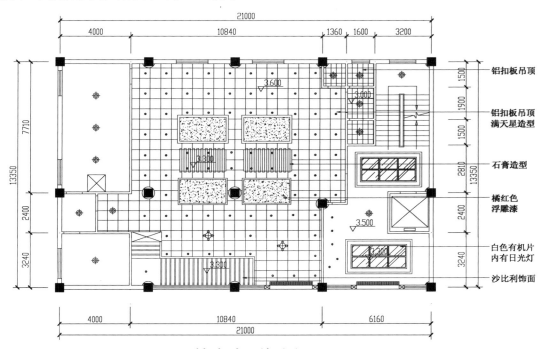

酒楼大堂顶棚图 1:100

◢ 图 9-67

9.5.1 绘制大堂吊顶轮廓

案例	无	视频	绘制大堂吊顶轮廓.avi	时长	18'07"

在进行地面铺贴之前，应先将室内空间通过绘制地面轮廓来进行区域的划分，然后再进行布置各区域的地材。

Step 01 在桌面上双击 AutoCAD 2015 图标，启动 AutoCAD 2015 软件，系统自动创建一个空白文档，在"快速访问"工具栏单击"打开"按钮 ▷，将"案例\09\酒楼大堂地材图.dwg"文件打开，再单击"另存为"按钮 ▣，将该文件保存为"案例\09\酒楼大堂顶棚图.dwg"文件。

Step 02 根据作图需要，执行"删除"命令（E），将图形中文字注释、填充图案、地面轮廓和隔断进行删除，然后将"门窗"图层置为当前图层，执行"直线"命令（L），将门洞封闭起来，并修改图名为"酒楼大堂地材图"，修改效果如图 9-68 所示。

Step 03 将"设施"图层设置为当前图层，执行"直线"（L）和"偏移"（O）命令，在大门处绘制如图 9-69 所示的风咀，宽度为 210，间距为 40。

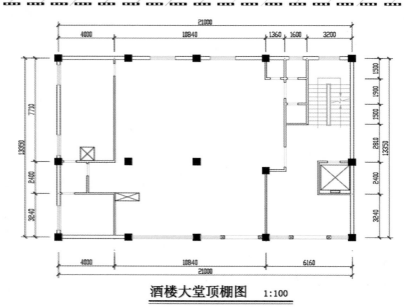

酒楼大堂顶棚图 1:100

图 9-68

图 9-69

Step 04 将"0"图层置为当前图层,执行"直线"(L)和"偏移"(O)命令,在小餐桌区绘制如图 9-70 所示的 60×90 方柱沙比利饰面。

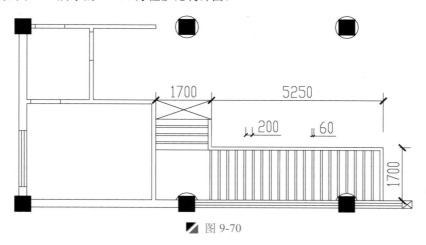

图 9-70

Step 05 执行"矩形"(REC)、"偏移"(O)、"复制"(CO)、"移动"(M)等命令,绘制如图 9-71 所示的吊顶图形。

Step 06 执行"图案填充"命令(H),选择相应的样例为"AR-RROOF",比例为 30,角度为 45°,对上次绘制的吊顶图形进行填充,其得到效果如图 9-72 所示。

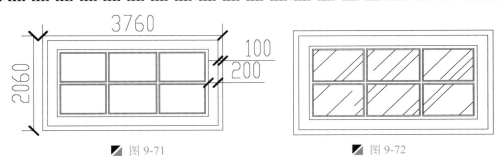

图 9-71   图 9-72

Step 07 执行"复制"（CO）和"移动"（M）命令，将绘制的吊顶图形移动到如图 9-73 所示位置。

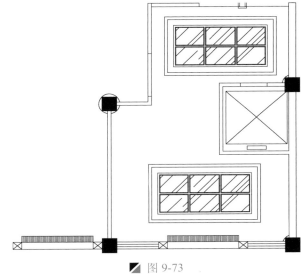

图 9-73

Step 08 执行"矩形"（REC）、"偏移"（O）等命令，绘制如图 9-74 所示的吊顶图形。

Step 09 执行"图案填充"命令（H），选择相应的样例为"AR-CONC"，比例为 2，对上次绘制的吊顶图形进行填充，其得到效果如图 9-75 所示。

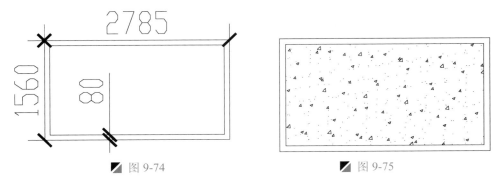

图 9-74   图 9-75

Step 10 执行"复制"（CO）和"移动"（M）命令，将绘制的吊顶图形移动到大厅位置，如图 9-76 所示。

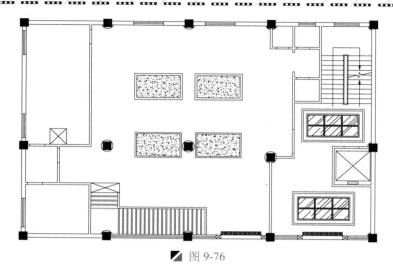

图 9-76

Step 11 执行"矩形"（REC）、"复制"（CO）"移动"（M）等命令，绘制如图 9-77 所示的吊顶图形。

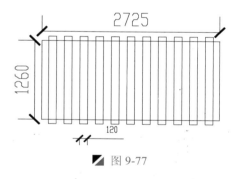

图 9-77

Step 12 执行"复制"（CO）和"移动"（M）命令，将绘制的吊顶图形移动到大厅位置，如图 9-78 所示。

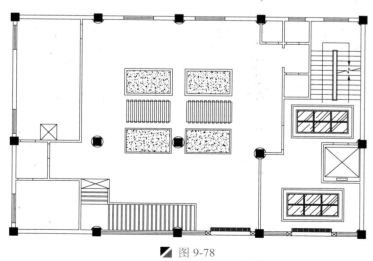

图 9-78

Step 13 执行"图案填充"命令（H），选择类型为用户定义,设置双向间距为600，对大厅顶棚进行填充，然后继续执行"图案填充"命令（H），继续选择类型为用户定义，设置双向间距为300，对卫生间顶棚进行填充，其得到效果如图 9-79 所示。

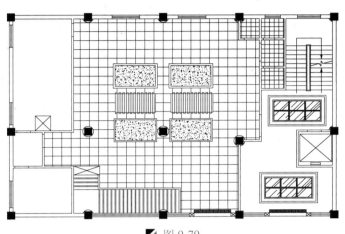

■ 图 9-79

技巧：天棚的施工

天棚常采用轻钢龙骨铝扣板、纸面石膏板吊顶和木龙骨造型吊顶等，天花应做到水平，木龙骨基层均刷防火漆三遍，达到消防规定的木基层防火标准，以杜绝隐患，天极封顶前应同消防部门和业主方共同检验认可后再封顶。

9.5.2 布置大堂顶棚灯饰

| 案例 | 无 | 视频 | 布置大堂顶棚灯饰.avi | 时长 | 10'40" |

在天花造型轮廓布置好以后，接着进行灯具的布置。

Step 01 将"设施"图层置为当前图层，执行"直线"（L）、"圆"（C）、"环形阵列"（AR）等命令，绘制如图 9-80 所示的大吊灯图。

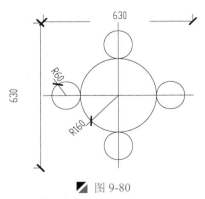

■ 图 9-80

Step 02 执行"复制"（CO）和"移动"（M）命令，将大吊灯布置到大堂适合位置，其效果如图 9-81 所示。

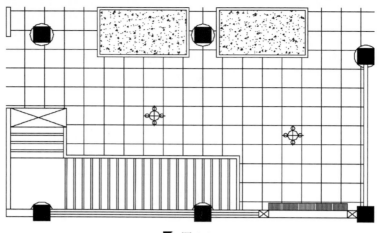

图 9-81

(Step 03) 执行"直线"（L）、"圆"（C）、"偏移"（O）等命令，绘制如图 9-82 所示的吊灯图。

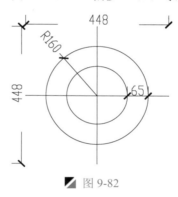

图 9-82

(Step 04) 执行"复制"（CO）和"移动"（M）命令，将上步骤绘制的吊灯布置到大堂适合位置，其效果如图 9-83 所示。

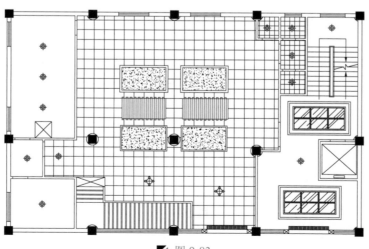

图 9-83

Step 05　执行"直线"（L）、"圆"（C）、"偏移"（O）、"修剪"（TR）等命令，绘制如
　　　　 图 9-84 所示的筒灯。

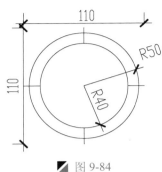

图 9-84

Step 06　执行"复制"（CO）和"移动"（M）命令，将上步骤绘制的筒灯布置到大堂适合位置，
　　　　 其效果如图 9-85 所示。

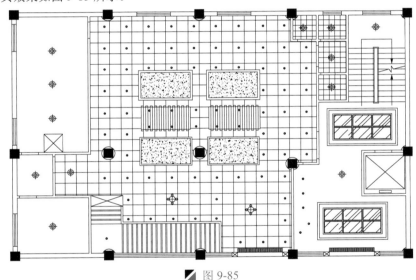

图 9-85

技巧：灯具的放置

在布置灯具时，用户可以通过"直线"命令（L）绘制辅助线；再执行"定数等
分"（DIV）和"点样式"（DDPTYPE）等命令，设置点的样式，再选择辅助线，输
入一定数目，从而在辅助线上有等分的点对象，然后放置灯具。

9.5.3　对大堂顶棚图进行标注

| 案例 | 无 | | 视频 | 对大堂顶棚图进行标注.avi | | 时长 | 08'47" |

绘制大堂顶棚图之后，接下来进行文本和标高的标注。

Step 01　将"文字标注"图层置为当前图层，执行"引线标注"命令（LE），字体为"宋体"，
　　　　 大小为 450，在图形两侧对顶棚进行具体的标注，效果如图 9-86 所示。

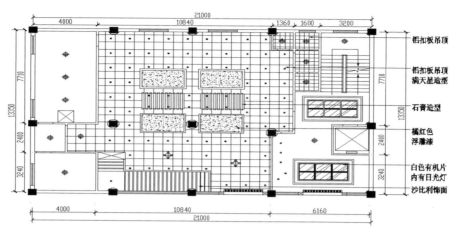

酒楼大堂顶棚图 1:100

图 9-86

Step 02 将"符号"图层置为当前图层，执行"直线"（L）和"文字"（T）命令，绘制标高符号，默认标高值为 3.000，如图 9-87 所示。

图 9-87

Step 03 执行"复制"（CO）和"移动"（M）等命令，对天花布置图进行添加标高符号，并根据实际情况修改其标高值，结果如图 9-88 所示。

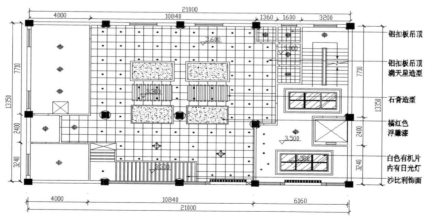

酒楼大堂顶棚图 1:100

图 9-88

Step 04 至此，酒楼大堂顶棚图绘制完毕，在"快速访问"工具栏单击"保存"按钮，将所绘制的图形进行保存。

Step 05 在键盘上按<Alt+F4>或<Alt+Q>组合键，退出所绘制的文件对象。

电气工程图的绘制

本章导读

电气工程图的使用非常广泛，是用图形的形式表示信息的一种技术文件，主要用图形符号、简化外形的电气设备、线框等表示系统中有关组成部分的关系，是一种简图。本章根据电气工程的应用范围，讲解一些常用电气工程图的绘制方法和技巧。

本章内容

- ☑ 日光灯调光器电路图的绘制
- ☑ C6140 车床电气图的绘制
- ☑ 水位控制电路图的绘制

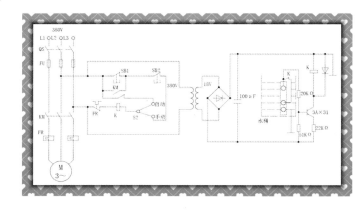

10.1 日光灯调光器电路图的绘制

案例	日光煤调光器电路图.dwg	视频	日光灯调光器电路图的绘制.avi	时长	28'59"

如图 10-1 所示为日光灯调节器电路图，在日常生活中，可以用调节器调节灯光的亮度。

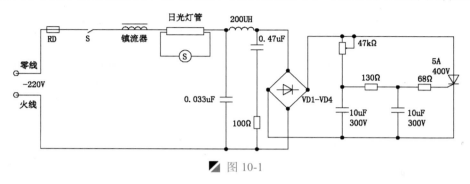

▣ 图 10-1

10.1.1 设置绘制环境

在绘制日光灯调节器电路图时，首先要设置绘制环境，下面将介绍绘制环境的设置步骤。

Step 01 启动 AutoCAD 2015 软件，在"快速入门"下的"样板"右侧单击"倒三角"按钮，再选择"无样板-公制"方法建立新文件。

Step 02 按"Ctrl+S"组合键保存该文件为"案例\10\日光灯调光器电路图.dwg"文件。

Step 03 在"图层"面板中单击"图层特性"按钮，打开"图层特性管理器"，新建如图 10-2 所示的 3 个图层，然后将"导线"图层设为当前图层。

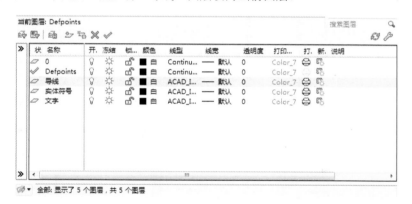

▣ 图 10-2

10.1.2 绘制线路结构图

该电路图是由主线路和电气元件组成，下面将介绍主连接线的绘制，由 AutoCAD 中的多边形、多段线、直线、偏移、旋转、移动、偏移等命令进行该图形的绘制。

Step 01 按<F8>键打开"正交"模式；执行"直线"命令（L），在视图中绘制一条长 200mm 的水平线段，如图 10-3 所示。

图 10-3

Step 02　执行"偏移"命令（O），将绘制的水平线段向上或向下偏移 100mm，如图 10-4 所示。

Step 03　执行"直线"命令（L），捕捉两条线段右侧端点进行直线连接，如图 10-5 所示。

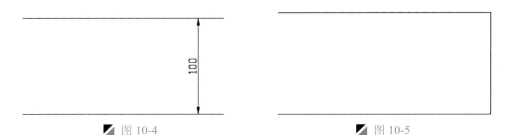

图 10-4　　　　　　　　　　　　　　　　图 10-5

Step 04　执行"偏移"命令（O），将上一步绘制的垂直线段向左偏移 25mm，如图 10-6 所示。

Step 05　执行"多边形"命令（POL），捕捉最右侧垂直线段的中点作为多边形的中点，绘制内接于圆的正四边形，其半径为 16mm，如图 10-7 所示。

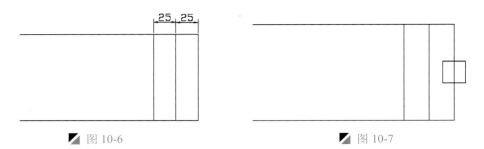

图 10-6　　　　　　　　　　　　　　　　图 10-7

Step 06　执行"旋转"命令（RO），捕捉矩形的中点作为旋转的基点，将正四边形进行 45° 的旋转操作，如图 10-8 所示。

Step 07　执行"修剪"命令（TR），将多余的线段进行修剪操作，如图 10-9 所示。

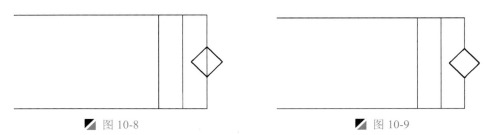

图 10-8　　　　　　　　　　　　　　　　图 10-9

Step 08　执行"多段线"命令（PL），捕捉正四边形的左侧角点为起点，绘制一个长度分别为 40mm、150mm、85mm 的多段线对象，如图 10-10 所示。

Step 09　执行"直线"命令（L），绘制如图 10-11 所示的其他导线连接。

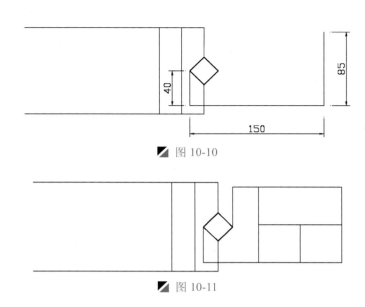

图 10-10

图 10-11

10.1.3 绘制电气元件符号

该电路图电气元件是由电阻、电容、电感、开关和二极管等多种电气元件组成，要用到 AutoCAD 中的矩形、直线、多段线、移动、复制、旋转、镜像、修剪和删除等命令，其操作步骤如下。

1. 绘制熔断器符号

下面将介绍熔断器符号的绘制，使用 AutoCAD 中的矩形、直线、拉伸等命令进行绘制。

Step 01　在"图层控制"下拉列表中，选择"实体符号"图层设为当前图层。

Step 02　执行"矩形"命令（REC），绘制 10mm×5mm 的矩形对象，如图 10-12 所示。

Step 03　执行"直线"命令（L），捕捉矩形左右两侧边的中点，进行直线连接，如图 10-13 所示。

Step 04　执行"拉伸"命令（S），将矩形中侧的水平线段向左右各拉伸 5mm，从而完成熔断器符号的绘制，如图 10-14 所示。

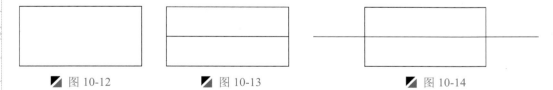

图 10-12　　　　图 10-13　　　　图 10-14

2. 绘制开关符号

下面将介绍开关符号的绘制，使用 AutoCAD 中的直线、旋转等命令进行绘制。

Step 01　执行"直线"命令（L），绘制相连贯的三条水平线段，其长度均为 5mm，如图 10-15 所示。

◢ 图 10-15

Step 02　执行"旋转"命令（RO），捕捉中侧的线段左端点为旋转基点，将中侧的线段进行 30°
　　　　的旋转操作，从而完成开关符号的绘制，如图 10-16 所示。

◢ 图 10-16

3. 绘制镇流器符号

下面将介绍镇流器符号的绘制，使用 AutoCAD 中的圆、直线、修剪等命令进行绘制。

Step 01　执行"圆"命令（C），绘制半径为 2.5mm 的圆对象，如图 10-17 所示。

Step 02　执行"复制"命令（CO），将绘制的圆水平向右复制 5mm、10mm、15mm 的距离，如
　　　　图 10-18 所示。

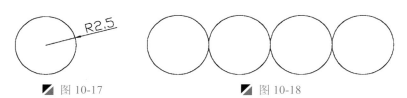

◢ 图 10-17　　　　　　　　　　　　◢ 图 10-18

Step 03　执行"直线"命令（L），捕捉最左侧圆左象限点作为直线的起点，捕捉最右侧圆右象限
　　　　点作为直线的终点，进行直线连接，如图 10-19 所示。

◢ 图 10-19

Step 04　执行"修剪"命令（TR），将直线下侧的圆弧进行修剪掉，如图 10-20 所示。

Step 05　执行"移动"命令（M），将水平线段垂直向上移动 5mm 的距离，从而完成镇流器的绘
　　　　制，如图 10-21 所示。

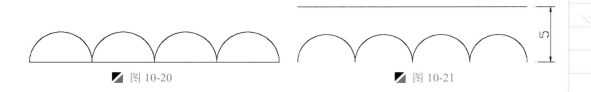

◢ 图 10-20　　　　　　　　　　　　◢ 图 10-21

4. 绘制曝光灯管和启辉器符号

下面将介绍曝光灯管和启辉器符号的绘制，使用 AutoCAD 中的矩形、圆、直线、修剪等命令进行绘制。

Step 01 执行"矩形"命令（REC），在视图中绘制 30mm×6mm 的矩形对象，如图 10-22 所示。

■ 图 10-22

Step 02 执行"直线"命令（L），过矩形上侧两端点绘制一条长 40mm 的水平线段，使绘制的线段的中点与矩形上侧边的中点重合，如图 10-23 所示。

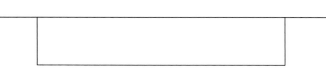

■ 图 10-23

Step 03 执行"偏移"命令（O），将上一步绘制的水平线段，向下各偏移 2mm，并删除源对象，如图 10-24 所示。

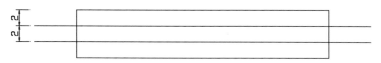

■ 图 10-24

Step 04 执行"直线"命令（L），捕捉相应的点进行如图 10-25 所示直线连接操作。

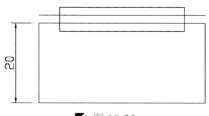

■ 图 10-25

Step 05 执行"圆"命令（C），绘制半径为 5mm 的圆对象，如图 10-26 所示。

Step 06 执行"单行文字"命令（DT），在圆内中侧输入文字"S"，并设置文字高度为 5mm，如图 10-27 所示。

Step 07 执行"移动"命令（M），将绘制的圆与文字"S"移动到相应位置处；再执行"修剪"命令（TR），修剪掉多余的对象，如图 10-28 所示。

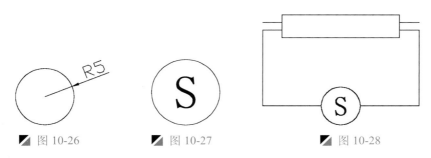

◪ 图 10-26	◪ 图 10-27	◪ 图 10-28

5. 绘制其他电气元件符号

下面将介绍其他电气符号的绘制，借用前面绘制好的图形符号，在其基础上进行操作。使用 AutoCAD 中的插入块、直线、多边形、多段线、修剪和删除等命令进行绘制。

Step 01　执行"复制"命令（CO），将前面绘制好的"镇流器"、"熔断器"符号复制一份，如图 10-29、如图 10-30 所示。

◪ 图 10-29	◪ 图 10-30

Step 02　执行"修剪"命令（TR）和"删除"命令（E），将多余的对象进行修剪并删除操作，从而完成电感线圈和电阻符号的绘制，如图 10-31、图 10-32 所示。

◪ 图 10-31	◪ 图 10-32

Step 03　执行"直线"命令（L），绘制一条长 10mm 的水平线段；再执行"偏移"命令（O），将水平线段向上或向下偏移 4mm，如图 10-33 所示。

Step 04　执行"直线"命令（S），捕捉两线段的中点进行直线连接操作，如图 10-34 所示。

◪ 图 10-33	◪ 图 10-34

Step 05　将绘制的水平线段利用钳夹功能拉长，将垂直线段向上和向下分别拉长 2.5mm，如图 10-35 所示。

Step 06　执行"修剪"命令（TR），将多余的线段进行修剪操作，从而完成电容的绘制操作，如图 10-36 所示。

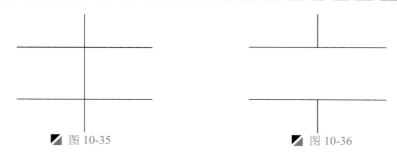

◢ 图 10-35　　　　　　　　　　◢ 图 10-36

软件知识：钳夹功能

　　钳夹功能是一种快捷的修改功能，可以对直线、圆、圆弧、椭圆等进行移动、拉长、拉伸等命令的操作，也可快捷地绘制图形。

Step 07　执行"多边形"命令（POL），绘制内接于圆的正三角形，其半径为 5mm，如图 10-37 所示。

Step 08　执行"旋转"命令（RO），捕捉左下角点作为旋转基点，将正三角形进行 30°的旋转操作，如图 10-38 所示。

　　　　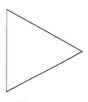

◢ 图 10-37　　　　　　　　　　◢ 图 10-38

Step 09　执行"直线"命令（L），捕捉左侧线段的中点与右角点进行直线连接，并将线段的左右端点利用钳夹功能向外水平拉长，其拉长距离为 5mm，如图 10-39 所示。

Step 10　执行"直线"命令（L），绘制一条长 8mm 的垂直线段，使线段的中点与三角形右角点重合，从而完成二极管的绘制，如图 10-40 所示。

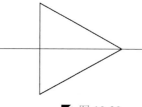　　　　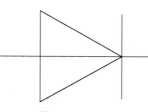

◢ 图 10-39　　　　　　　　　　◢ 图 10-40

Step 11　执行"复制"命令（CO），将"电阻"复制一份，如图 10-41 所示。

Step 12　执行"多段线"命令（PL），按如下命令行提示，捕捉矩形上侧边的中点作为多段线的起点，绘制多段线对象，从而完成滑动变阻器符号的绘制，如图 10-42 所示。

```
命令: PLINE                                              \\ 执行"多段线"命令
指定起点:                                                \\ 指定起点位置
指定下一个点或 [圆弧(A)/半宽(H)/长度(L)/放弃(U)/宽度(W)]: W    \\ 选择"宽度（W）"选项
指定起点宽度 <0.0000>: 0                                  \\ 输入起点宽度值
指定端点宽度 <0.0000>: 0.5                                \\ 输入端点宽度值
```

```
指定下一个点或 [圆弧(A)/半宽(H)/长度(L)/放弃(U)/宽度(W)]: 1      \\ 输入线段的长度值
指定下一点或 [圆弧(A)/闭合(C)/半宽(H)/长度(L)/放弃(U)/宽度(W)]: W   \\选择"宽度(W)"选项
指定起点宽度 <0.5000>: 0                                         \\ 输入起点宽度值
指定端点宽度 <0.0000>: 0                                         \\ 输入端点宽度值
指定下一点或 [圆弧(A)/闭合(C)/半宽(H)/长度(L)/放弃(U)/宽度(W)]: 6    \\ 输入线段的长度值
指定下一点或 [圆弧(A)/闭合(C)/半宽(H)/长度(L)/放弃(U)/宽度(W)]: 10   \\ 输入线段的长度值
```

▎图 10-41

▎图 10-42

10.1.4 组合图形元件

将前面绘制好的电气符号和线路结构图，利用复制、移动、旋转等命令将其进行操作，并根据电路图的原理加上实心圆。

(Step 01) 执行"移动"命令（M），将"镇流器"、"二极管"、"滑动变阻器"符号移动到如图 10-43 所示的位置处。

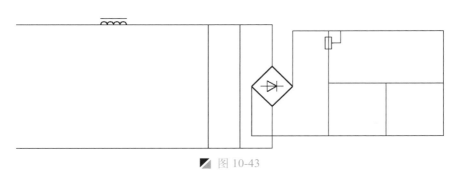

▎图 10-43

(Step 02) 执行"复制"命令（CO）和"移动"命令（M），将其他电气元件符号复制移动到如图 10-44 所示的位置处。

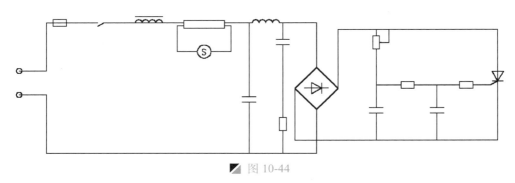

▎图 10-44

(Step 03) 根据日光灯调节器的工作原理，在适当的交叉点处加上实心圆，其效果如图 10-45 所示。

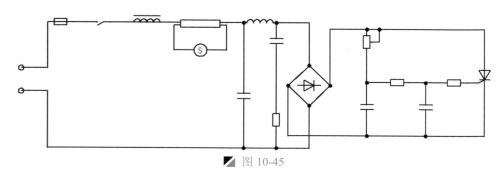

图 10-45

技巧：实心圆的绘制

用户在绘制实心圆时，先绘制一个圆对象，再执行"图案填充"命令（H），将圆内用图案"SOLID"填充，然后再删除圆对象，从而形成了实心圆对象。

10.1.5　添加文字注释

前面已经完成了日光灯调光器电路图的绘制，下面分别在相应位置处添加文字注释，利用"单行文字"命令进行操作。

Step 01　在"图层控制"下拉列表中，选择"文字"图层设为当前图层。

Step 02　选择"格式｜文字样式"菜单命令，在弹出的"文字样式"对话框下选择文字的样式为默认的"Standard"样式，设置字体为宋体，高度为 5，然后分别单击"应用"、"置为当前"和"关闭"按钮。

Step 03　执行"单行文字"命令（DT），在图中相应位置输入相关的文字说明，以完成日光灯调光器电路图文字注释，如图 10-46 所示。

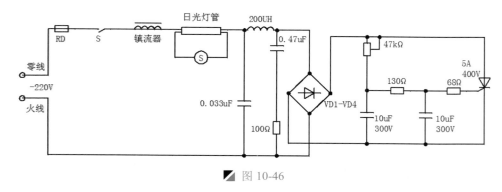

图 10-46

Step 04　至此，该日光灯调光器电路图的绘制已完成，按<Ctrl+S>键进行保存。

10.2　C6140 普通车床电气线路图的绘制

案例	C6140 普通车床电气线路图.dwg	视频	C6140 普通车床电气线路图的绘制.avi	时长	39'22"

如图 10-47 所示为 C6140 普通车床电气线路图。该电路图中是由熔断器、电感、继电器、连接片、接机壳、电动机、多种开关等多种电气元件组成。

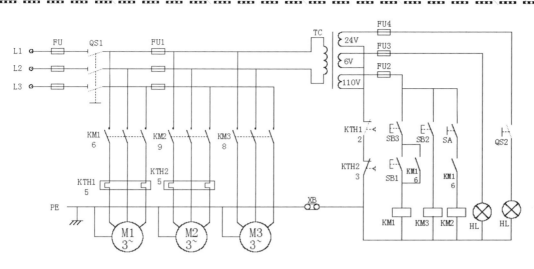

■ 图 10-47

10.2.1 设置绘图环境

在绘制 C6140 普通车床电气线路图时，首先要设置绘制环境，下面将介绍绘制环境的设置步骤。

Step 01 启动 AutoCAD 2015 软件，按 "Ctrl+S" 组合键保存该文件为 "案例\10\C6140 普通车床电气线路图.dwg" 文件。

Step 02 在 "图层" 面板中单击 "图层特性" 按钮，打开 "图层特性管理器"，新建导线、实体符号、文字 3 个图层，然后将 "导线" 图层设为当前图层。

10.2.2 绘制主连接线

该线路图是由主线路和电气元件组成，下面将介绍主连接线的绘制，由 AutoCAD 中的多段线命令进行该图形的绘制。

Step 01 按<F8>键打开 "正交" 模式；执行 "多段线" 命令（PL），绘制如图 10-48 所示多段线对象。

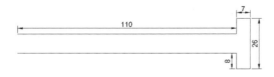

■ 图 10-48

技巧：线段的多种绘制法

在这里绘制线段时，除了利用多段线外，还可以执行 "直线" 命令（L）来绘制线段，绘制时首尾相连即可。

Step 02 按<空格键>执行上一步多段线命令，继续绘制如图 10-49 所示多段线对象。

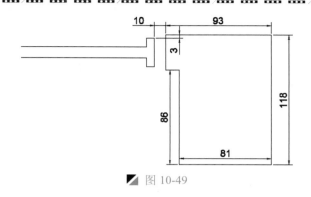

图 10-49

10.2.3 绘制电气元件符号

绘制完了线路图的主连接线结构，下面将绘制电气元件，该图主要由熔断器、电感、继电器、连接片、接机壳、电动机、多种开关等多种电气元件组成，该线路图用到 AutoCAD 中的矩形、圆、多段线、直线、移动、复制、旋转、镜像、修剪和删除等命令，其操作步骤如下。

1. 绘制开关符号

下面介绍开关符号的绘制，调用相应电气符号，然后在此基础上来绘制相应的开关符号。

Step 01 在"图层控制"下拉列表中，选择"实体符号"图层设为当前图层。

Step 02 执行"插入块"命令（I），将"案例\10\常开按钮开关.dwg"文件插入视图中，如图 10-50 所示。

Step 03 执行"复制"命令（CO），将插入的常开按钮开关复制一份；再执行"删除"命令（E），将复制后的对象中的多余线段进行删除掉，从而完成手动开关符号的绘制，如图 10-51 所示。

图 10-50   图 10-51

Step 04 执行"复制"命令（CO），将上一步完成的手动开关符号复制一份，再将复制后的对象向右侧水平复制 10mm 和 20mm 的距离，并删除掉多余的线段，如图 10-52 所示。

Step 05 执行"直线"命令（L），绘制三条均为 2mm 长的水平线段，如图 10-53 所示。

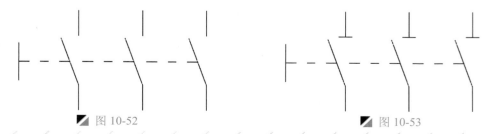

图 10-52   图 10-53

Step 06   执行"插入块"命令（I），在"插入"对话框中，勾选"统一比例"和"分解"复选框，并设置旋转角度为 90°，比例为 1，将"案例\10\单极开关.dwg"文件插入视图中，如图 10-54 所示。

Step 07   执行"复制"命令（CO），将插入的"单极开关"复制一份；再执行"圆"命令（C），用 2 点绘制方法，捕捉复制后的对象上侧垂直线段的下端点作为圆的起点，绘制直径为 1.6mm 的圆对象，如图 10-55 所示。

Step 08   执行"修剪"命令（TR），将多余的圆弧进行修剪，如图 10-56 所示。

Step 09   执行"复制"命令（CO），将对象向右侧水平复制 10mm 和 20mm 的距离，如图 10-57 所示。

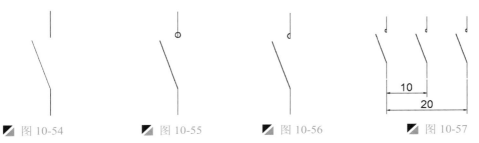

图 10-54　　　　　　图 10-55　　　　　　图 10-56　　　　　　图 10-57

Step 10   执行"直线"命令（L），捕捉斜线段的中点绘制一条水平线段，如图 10-58 所示。

Step 11   选择上一步绘制的水平线段，然后单击"默认"标签下的"特性"面板中单击"线型"的下拉菜单，选择"ACAD-ISO03W100"作为这条水平线段的线型，如图 10-59 所示。

图 10-58　　　　　　　　　　　　　　　图 10-59

技巧：线型比例设置

如果所设置的线段样式不能显示出来，可在"线形管理器"对话框中选择需要设置的线型，并单击"显示细节"按钮，半显示该线性的细节，并在"全局比例因子"文本框中输入一个较大的比例因子即可。

Step 12   执行"复制"命令（CO），将"手动开关"符号复制一份，如图 10-60 所示。

Step 13   执行"镜像"命令（MI），将复制后的手动开关进行水平镜像操作，并删除源对象，如图 10-61 所示。

Step 14   执行"删除"命令（E），将右侧的垂直线段删除掉；再执行"矩形"命令（REC），绘制 1mm×1mm 的矩形对象，如图 10-62 所示。

Step 15   执行"直线"命令（L），捕捉矩形右侧的上下端点作为直线的起点，向外绘制两条长 0.75mm 的垂直线段，并修剪掉矩形右侧的垂直边，如图 10-63 所示。

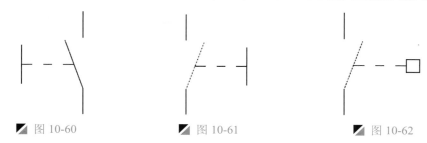

图 10-60　　　　　　　图 10-61　　　　　　　图 10-62

Step 16　执行"直线"命令（L），捕捉左上侧垂直线段的下端点作为直线的起点，向右绘制一条长 4mm 的水平线段，如图 10-64 所示。

Step 17　利用钳夹功能拉长，将斜线段拉长 2mm，与上一步绘制的水平线段相交，如图 10-65 所示。

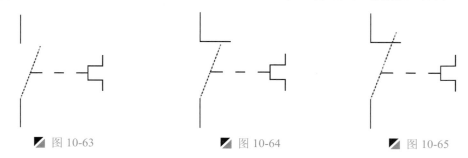

图 10-63　　　　　　　图 10-64　　　　　　　图 10-65

2. 绘制灯、继电器、熔断器符号

　　下面介绍灯、断电器、熔断器符号的绘制，调用熔断器符号，使用 AutoCAD 中的圆矩形、直线、旋转等命令来绘制灯和继电器符号。

Step 01　执行"圆"命令（C），在视图任意处绘制半径为 5mm 的圆对象，如图 10-66 所示。

Step 02　执行"直线"命令（L），捕捉圆的象限点绘制一条水平和垂直线段，如图 10-67 所示。

Step 03　执行"旋转"命令（RO），将圆内的水平和垂直线段以圆心为基点，进行 45° 的旋转操作，从而完成信号灯符号的绘制，如图 10-68 所示。

图 10-66　　　　　　　图 10-67　　　　　　　图 10-68

提示：旋转时的方向

　　用户在执行旋转命令时，AutoCAD 系统中，逆时针方向为正，顺时针方向为负。

Step 04　执行"矩形"命令（REC），在视图任意处绘制 10mm×5mm 的矩形对象，如图 10-69 所示。

Step 05　执行"直线"命令（L），捕捉矩形上下侧的水平边中点作为直线的起点，向外绘制长 4mm 的垂直线段，如图 10-70 所示。

Step 06　执行"插入块"命令（I），将"案例\10\熔断器.dwg"文件插入视图中，如图 10-71 所示。

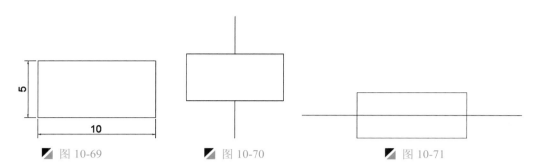

■ 图 10-69　　　　　■ 图 10-70　　　　　■ 图 10-71

3. 绘制三相热断电器、电动机符号

下面介绍三相热断电器、电动机符号的绘制，调用"热继电器"和"电动机"符号，然后在此基础上来绘制。

Step 01　执行"插入块"命令（I），将"案例\10\热继电器.dwg"文件插入视图中，如图 10-72 所示。

Step 02　执行"分解"命令（X），将插入的热继电器符号中的矩形对象进行分解操作；再利用钳夹功能拉长，将矩形上下侧的水平边向右侧拉长 17.5mm，并删除掉矩形右侧的垂直边，如图 10-73 所示。

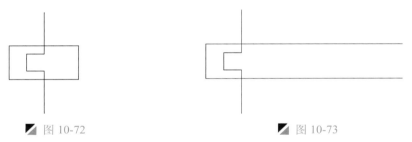

■ 图 10-72　　　　　　　　　　　　■ 图 10-73

Step 03　执行"复制"命令（CO），将相应的对象向右侧水平复制 10mm 和 20mm 的距离，如图 10-74 所示。

Step 04　执行"直线"命令（L），将相应的点进行直线连接，并删除多余的对象，如图 10-75 所示。

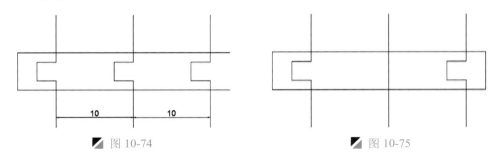

■ 图 10-74　　　　　　　　　　　　■ 图 10-75

Step 05　执行"插入块"命令（I），在"插入"对话框中，勾选"统一比例"和"分解"复选框，并设置比例为 1.5，将"案例\10\电动机.dwg"文件插入视图中，如图 10-76 所示。

Step 06　双击文字，在文字"M"后加上"1"，如图 10-77 所示。

Step 07　执行"复制"命令（CO），将上一步形成的图形复制二份，并将文字"1"改为"2"和
"3"，如图 10-78、10-79 所示。

　　图 10-76　　　　　　图 10-77　　　　　　图 10-78　　　　　　图 10-79

4. 绘制其他电气符号

下面介绍其他电气符号的绘制，调用相应符号，然后在此基础上来绘制。

Step 01　执行"插入块"命令（I），将"案例\10\电感.dwg"文件插入视图中，如图 10-80 所示。

Step 02　执行"复制"命令（CO），将插入的电感向下垂直复制 16mm 的距离，如图 10-81 所示。

Step 03　执行"直线"命令（L），捕捉上下圆弧的端点进行直线连接操作，如图 10-82 所示。

Step 04　执行"移动"命令（M），将上一步绘制的垂直线段水平向左移动 4mm，如图 10-83
所示。

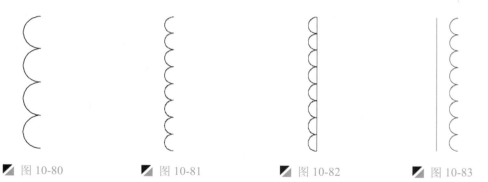

　　图 10-80　　　　　　图 10-81　　　　　　图 10-82　　　　　　图 10-83

Step 05　执行"圆"命令（C），在视图中绘制半径为 1.5mm 的圆对象，如图 10-84 所示。

Step 06　执行"复制"命令（CO），将圆对象向右水平复制 5mm 的距离；再执行"直线"命令
（L），捕捉圆的象限点进行直线连接操作，如图 10-85 所示。

　　　　　　图 10-84　　　　　　　　　　　　　图 10-85

Step 07　执行"直线"命令（L），捕捉圆的象限点，向外绘制如图 10-86 所示的直线段。

Step 08　执行"直线"命令（L），绘制一条长 6mm 的水平线段，一条长 8mm 的垂直线段，使水
平线的中点与垂直线段的下端点重合，如图 10-87 所示。

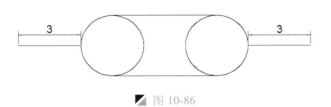

图 10-86

(Step 09) 执行"直线"命令（L），捕捉交点作为直线的起点，向下绘制一条长 3mm 的垂直线段，如图 10-88 所示。

(Step 10) 执行"旋转"命令（RO），将上一步绘制的垂直线段进行-45°旋转操作，如图 10-89 所示。

提示：旋转基点

在旋转对象时要打开对象捕捉（F3）功能，并捕捉图形中的交点作为旋转的基点，从而进行旋转操作即可。

(Step 11) 执行"复制"命令（CO），将旋转后的对象向两侧各复制 2mm 的距离，如图 10-90 所示。

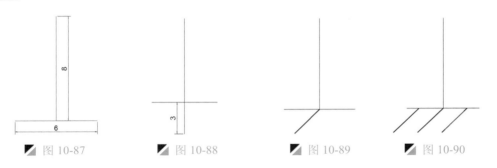

图 10-87　　　　图 10-88　　　　图 10-89　　　　图 10-90

10.2.4　组合图形元件

将前面绘制好的电气符号和线路结构图，利用复制、移动、旋转等命令将其进行操作。

(Step 01) 多次使用复制和移动命令进行操作，将符号放置在相应位置处，根据符号放置的位置绘制导线，然后再进行修改，如图 10-91 所示为左半部分符号的插入。

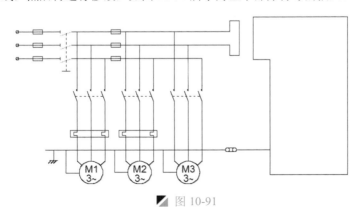

图 10-91

(Step 02) 再次使用复制和移动命令，将符号放置相应的右半部分，再根据符号放置的位置绘制导线，然后再进行修改，如图 10-92 所示。

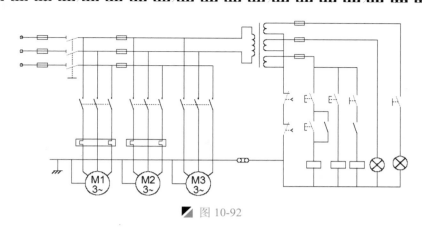

图 10-92

10.2.5 添加文字注释

前面已经完成了 C6140 普通车床电气线路图的绘制，下面分别在相应位置处添加文字注释，利用"单行文字"命令进行操作。

Step 01 在"图层控制"下拉列表中，选择"文字"图层设为当前图层。

Step 02 选择"格式｜文字样式"菜单命令，在弹出的"文字样式"对话框下选择文字的样式为默认的"Standard"样式，设置字体为宋体，高度为 3.5，然后分别单击"应用"、"置为当前"和"关闭"按钮。

Step 03 执行"单行文字"命令（DT），在图中相应位置输入相关的文字说明，以完成 C6140 普通车床电气线路图的文字注释，如图 10-93 所示。

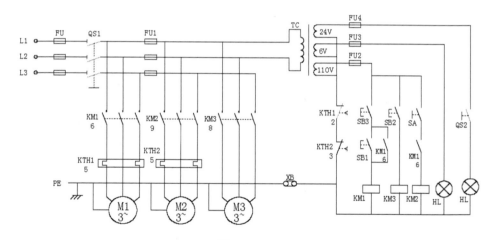

图 10-93

Step 04 至此，该 C6140 普通车床电气线路图的绘制已完成，按<Ctrl+S>键进行保存。

10.3 水位控制电路图的绘制

案例	水位控制电路图.dwt	视频	水位控制电路图的绘制.avi	时长	49'22"

水位控制电器是一种典型的自动控制电路，绘制时首先要观察并分析图纸的结构，绘

制出主要的电路图导线，然后绘制出各个电子元件，接着将各个电子元件插入到结构图中相应位置，最后对图形添加文字注释，即可完成电路图的绘制，绘制水位控制电路图时，可以分为供电线路、控制线路和负载线路 3 个部分，如图 10-94 所示。

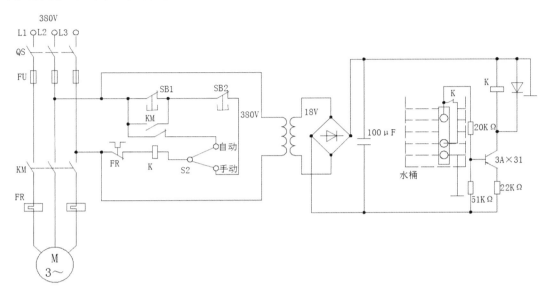

图 10-94

10.3.1 设置绘图环境

在绘制水位控制电路图时，首先要设置绘图环境。

Step 01 在桌面上双击 AutoCAD 2015 图标，启动 AutoCAD 2015 软件，系统自动创建一个空白文档，在"快速访问"工具栏单击"新建"按钮，在"选择文件"对话框中，单击"打开"按钮右侧的倒三角按钮，以"无样板打开 - 公制（M）"方式建立新文件，并将文件名保存为"案例\10\水位控制电路图.dwg"文件。

Step 02 在"默认"标签下的"图层"面板中单击"图层特性"按钮，打开"图层特性管理器"选项板，新建如图 10-95 所示的 4 个图层，然后将"实体符号层"图层设置为当前图层。

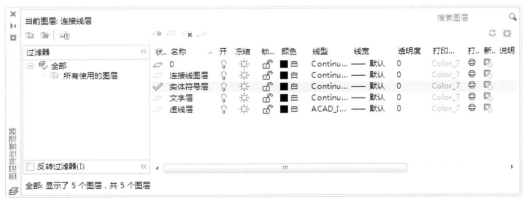

图 10-95

10.3.2 绘制供电线路结构图

水位控制电路图是由供电线路结构图、控制电路结构图、负载线路结构图组成，下面首先介绍供电线路结构图的绘制。

Step 01 执行"直线"命令（L），在视图中绘制一条长度为 180mm 的垂直线段，再执行"偏移"命令（O），将绘制的垂直线段依次向右偏移两次，偏移距离分别为 16mm，如图 10-96 所示。

Step 02 执行"圆"命令（C），分别以垂直线段上侧端点为圆心，绘制半径为 2mm 的圆，如图 10-97 所示。

Step 03 执行"修剪"命令（TR），将圆内多余的线段修剪掉，如图 10-98 所示。

图 10-96　　　　　图 10-97　　　　　图 10-98

10.3.3 绘制控制电路结构图

水位控制电路图是由供电线路结构图、控制电路结构图、负载线路结构图组成，下面介绍控制电路结构图的绘制。

Step 01 执行"矩形"命令（REC），绘制一个 120×100mm 的矩形，再执行"分解"命令（X），将上一步绘制的矩形进行分解，如图 10-99 所示。

Step 02 执行"偏移"命令（O），将矩形的上侧水平边依次向下偏移，偏移距离分别为 20、20、10、12、6 和 12mm；再将矩形的左侧垂直边依次向右偏移，偏移距离分别为 20、30、36 和 17mm，如图 10-100 所示。

Step 03 执行"修剪"命令（TR），将图中多余的线段进行修剪，得到效果如图 10-101 所示。

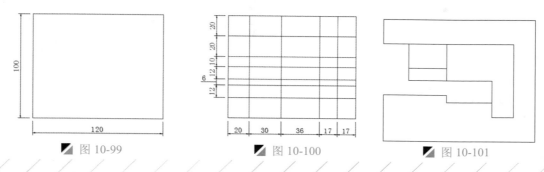

图 10-99　　　　　图 10-100　　　　　图 10-101

10.3.4 绘制负载线路结构图

水位控制电路图是由供电线路结构图、控制电路结构图、负载线路结构图组成，下面介绍负载线路结构图的绘制。

Step 01 执行"矩形"命令（REC），绘制一个 100×120mm 的矩形，再执行"分解"命令（X），将上一步绘制的矩形进行分解，如图 10-102 所示。

Step 02 执行"偏移"命令（O），将矩形的右侧垂直边依次向左偏移两次，偏移距离分别为 20mm；再将矩形的左侧垂直边向左偏移 10mm，如图 10-103 所示。

Step 03 执行"直线"命令（L），将图中相应的线段连接起来，得到效果如图 10-104 所示。

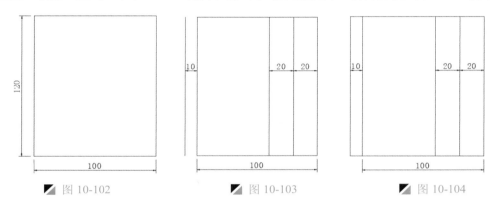

图 10-102   图 10-103   图 10-104

Step 04 执行"多段线"命令（PL），捕捉最左侧垂直线段的中点为边的第一端点，在该垂直线段上捕捉另一端点，绘制边长为 21mm 的正四边形，如图 10-105 所示。

Step 05 执行"旋转"命令（RO），捕捉正四边形的左上角点为基点，旋转角度为 225°，如图 10-106 所示。

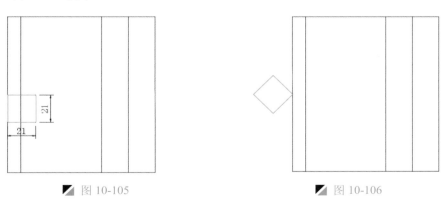

图 10-105   图 10-106

Step 06 利用夹点编辑，将下侧水平线段左侧的夹点水平向左拉长 40mm，如图 10-107 所示。

Step 07 执行"多段线"命令（PL），捕捉正四边形的上顶点为起点，按照如图 10-108 所示的尺寸绘制多边形。

Step 08 执行"直线"命令（L），捕捉四边形左顶点为起点，向下绘制垂直线段，如图 10-109 所示。

Step 09　执行"修剪"命令（REC），修剪掉多余的线段，如图 10-110 所示。

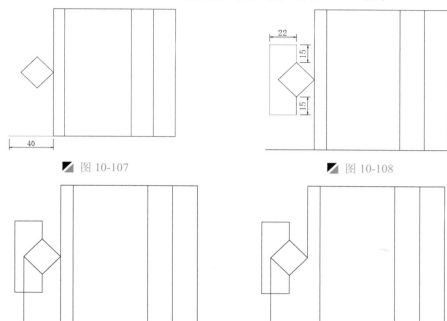

图 10-107

图 10-108

图 10-109

图 10-110

Step 10　执行"矩形"命令（REC），捕捉右边起向左数第 3 个垂直线段的中点为矩形的中心点，绘制一个 8×45 的矩形，如图 10-111 所示。

Step 11　执行"圆"命令（C），在矩形范围内捕捉圆心，绘制 3 个半径为 3 的圆，如图 10-112 所示。

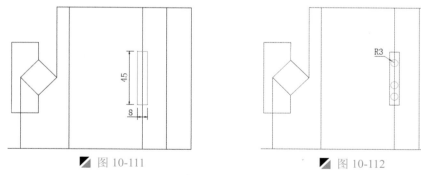

图 10-111

图 10-112

Step 12　执行"修剪"命令（TR），将多余的线段进行修剪，如图 10-113 所示。

Step 13　执行"直线"命令（L），捕捉圆上的垂直线段的中点向右绘制水平线段，再捕捉下侧第 1 个圆的圆心为起点，按照如图 10-114 所示的尺寸绘制线段。

提示：线段的绘制

　　绘制线段时，配合了对象捕捉的方法捕捉多条线段的中点来作为辅助，才绘制出图中的效果。

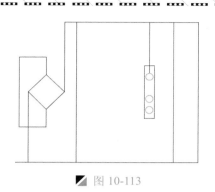
图 10-113

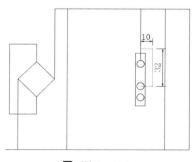
图 10-114

Step 14　执行相同的方法绘制图形其余的线段，如图 10-115 所示。

Step 15　执行"修剪"命令（TR），将多余的线段修剪掉，得到如图 10-116 所示图形。

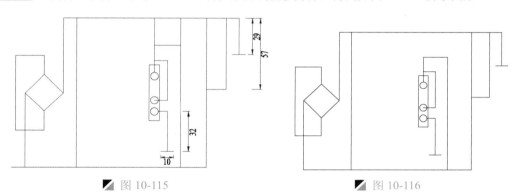
图 10-115　　　　　　　　　　图 10-116

Step 16　执行"移动"命令（M），将前面所绘制的供电线路结构图、控制电路结构图和负载线路结构图连接组合，生成的线路结构图如图 10-117 所示。

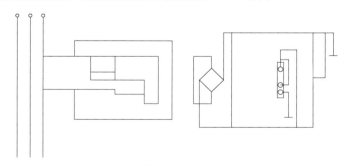
图 10-117

10.3.5　绘制电器元件

水位控制电路图由熔断器、开关、动合接触器、热继电器驱动器、按钮开关、按钮动断开关、热继电器触电、箭头、水箱 9 种电气元件组成。

1. 绘制熔断器和动合接触器

Step 01　执行"矩形"命令（REC），绘制 10×5mm 的矩形，并捕捉两侧的垂直线段的中点绘制水平线段，如图 10-118 所示。

Step 02 执行"分解"命令（X），将矩形分解成 4 条线段，并将绘制的水平线段利用钳夹功能拉长，拉长的长度分别为 5mm，从而形成熔断器对象，如图 10-119 所示。

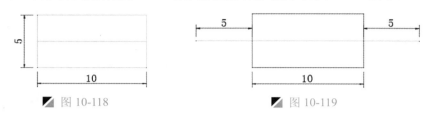

■ 图 10-118   ■ 图 10-119

Step 03 执行"直线"命令（L），绘制首尾相连长度均为 8mm 的水平线段，如图 10-120 所示。

Step 04 执行"旋转"命令（RO），捕捉第 2 条线段的左端点为基点，旋转 30°，然后利用夹点编辑，将旋转后的斜线段向上拉长，拉长距离为 2mm，得到如图 10-121 所示的动合接触器。

■ 图 10-120   ■ 图 10-121

2. 绘制热继电器驱动器

Step 01 执行"矩形"命令（REC），绘制 14×6mm 的矩形，然后执行"分解"命令（X），将绘制的矩形进行分解，如图 10-122 所示。

Step 02 执行"多段线"命令（PL），按照如图 10-123 所示的尺寸绘制多段线。

Step 03 利用夹点编辑，将绘制的垂直线段的两端的夹点分别向外拉长，拉长的距离均为 4mm，如图 10-124 所示。

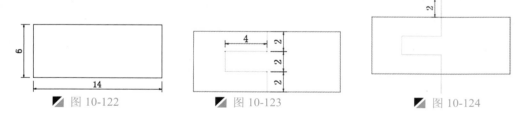

■ 图 10-122   ■ 图 10-123   ■ 图 10-124

3. 绘制按钮开关

Step 01 执行"复制"命令（CO），在视图中复制 1 份动合接触器，然后执行"直线"命令（L），在图形正上方的中央位置绘制长度为 4mm 的垂直线段，如图 10-125 所示。

Step 02 执行"偏移"命令（O），将垂直线段分别向左、向右各偏移 4mm，如图 10-126 所示。

■ 图 10-125   ■ 图 10-126

Step 03 执行"直线"命令（L），将偏移对象上侧端点连接，如图 10-127 所示。

Step 04 执行"直线"命令（L），捕捉斜线段的中点垂直向上与中间垂直线段连接，并将垂直线段改为虚线，如图 10-128 所示。

■ 图 10-127　　　　　　　　　　　■ 图 10-128

提示：线段样式的显示

如果所设置的线段样式不能显示出来，可在"线型管理器"对话框中选择需要设置的线型，单击"显示细节"按钮，将显示该线型的细节，并在"全局比例因子"文本框中输入一个较大的比例因子。

4. 绘制按钮动断开关

Step 01 执行"复制"命令（CO），在视图中复制 1 份动合接触器，然后执行"直线"命令（L），捕捉动合接触器的右水平线段左端点为起点，向上绘制长度为 6mm 的垂直线段，如图 10-129 所示。

Step 02 以绘制按钮开关灯相同的方法来绘制按钮动断开关，如图 10-130 所示。

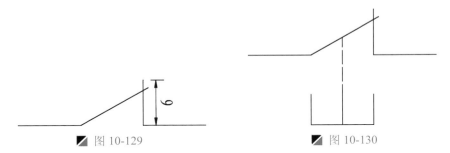

■ 图 10-129　　　　　　　　　　　■ 图 10-130

5. 绘制热继电器触电

Step 01 执行"复制"命令（CO），在视图中复制 1 份动合接触器，然后执行"直线"命令（L），捕捉动合接触器的右水平线段左端点为起点，向上绘制长度为 6mm 的垂直线段，如图 10-131 所示。

Step 02 执行"直线"命令（L），在图形的正中间位置绘制长度为 12mm 的水平线段，如图 10-132 所示。

Step 03 执行"矩形"命令（REC），在水平线段上捕捉第一角点，在如图 10-133 所示的位置绘制正方形。

Step 04 执行"修剪"命令（TR），将图形多余的线段进行修剪，然后执行"直线"命令（L），捕捉斜线段的中点，垂直向上绘制线段，且将线段改为虚线，如图 10-134 所示。

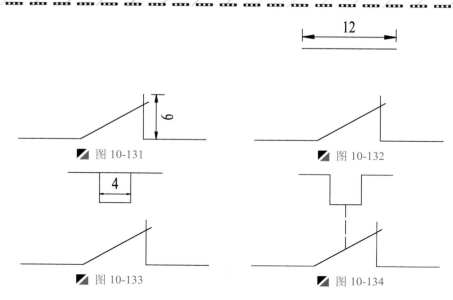

12

6

图 10-131　　　　　　　　　　　　图 10-132

4

图 10-133　　　　　　　　　　　　图 10-134

6. 绘制电动机和三极管

Step 01　执行"圆"命令（C），绘制半径为 14 的圆，再执行"直线"命令（L），以圆心为起点，向上绘制长度为 30mm 的垂直线段，如图 10-135 所示。

Step 02　执行"偏移"命令（O），将上一步绘制的垂直线段分别向左和向右偏移 16mm，如图 10-136 所示。

Step 03　执行"直线"命令（L），以圆心为起点，再以左、右侧线段的中点为端点，绘制两条斜线段，然后执行"修剪"命令（TR），修剪图形中多余的线段，如图 10-137 所示。

Step 04　执行"多行文字"命令（MT），将文字指定在圆内，在弹出的"文字格式"对话框中选择文字样式为"Standard"，设置字体为"宋体"，文字高度为"5"，然后输入内容"M3～"完成电动机的绘制，如图 10-138 所示。

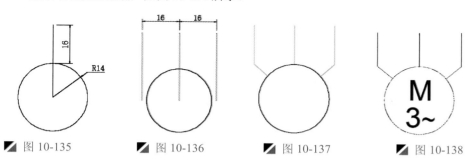

16

16　16

R14

M 3~

图 10-135　　　　图 10-136　　　　图 10-137　　　　图 10-138

Step 05　执行"直线"命令（L），绘制如图 10-139 所示的两条线段。

Step 06　执行"直线"命令（L），捕捉上侧垂线段的中点为起点，绘制一条角度为 30°，长度为 10mm 的斜线段，如图 10-140 所示。

Step 07　执行"多段线"命令（PL），绘制如图 10-141 所示的图形，其图形与水平夹角为 150°。

Step 08　执行"移动"命令（M），以箭头的顶点为基点，以前面绘制图形的下侧垂直线中点为移动点，移动多段线，得到如图 10-142 所示的三极管图形。

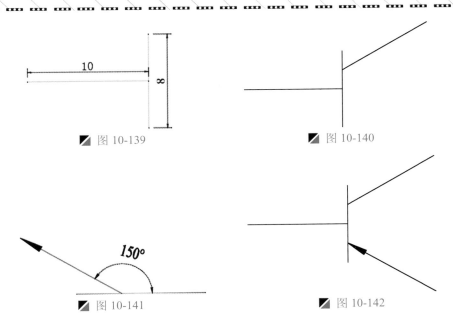

◪ 图 10-139

◪ 图 10-140

◪ 图 10-141

◪ 图 10-142

提示：三极管的别称

半导体三极管又称"晶体三极管"或"晶体管"。

7. 绘制变压器和水箱

(Step 01) 执行"直线"和"圆弧"等命令，绘制如图 10-143 所示的变压器，然后使用"。

(Step 02) 执行"矩形"命令（REC），绘制 45×55mm 的矩形，然后执行"分解"命令（X），将
绘制的矩形分解，如图 10-144 所示。

(Step 03) 执行"删除"命令（E），将矩形上水平线删除，如图 10-145 所示。

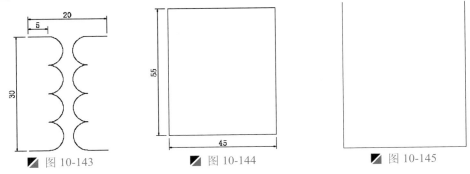

◪ 图 10-143 ◪ 图 10-144 ◪ 图 10-145

(Step 04) 执行"定数等分"命令（DIV），将矩形两侧的垂直线段分为 6 份，如图 10-146 所示。

(Step 05) 执行"直线"命令（L），捕捉各节点绘制水平线段，如图 10-147 所示。

(Step 06) 将连接的所有线段改为虚线，将节点删除，以形成水桶对象，如图 10-148 所示。

8. 绘制二极管

(Step 01) 执行"多边形"命令，绘制内接于圆半径为 5mm 的正三角形，如图 10-149 所示。

(Step 02) 执行"旋转"命令（RO），捕捉左下角为基点，旋转 30°，如图 10-150 所示。

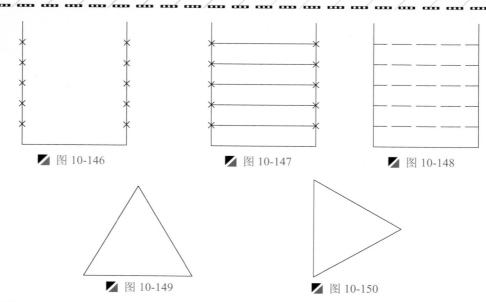

图 10-146 图 10-147 图 10-148

图 10-149 图 10-150

Step 03 执行"直线"命令（L），捕捉左侧线段的中点绘制水平线段，并将线段左端点和右端分别拉长 5mm，如图 10-151 所示。

Step 04 执行"直线"命令（L），绘制长度为 8 的垂直线段，并与三角形左侧端点相交且居中对齐，如图 10-152 所示。

图 10-151 图 10-152

10.3.6 组合图形

通过"复制"、"旋转"、"移动"、"修剪"等命令将各部分导线和各个电子元件组合起来，并进行位置的适当调整，其效果如图 10-153 所示。

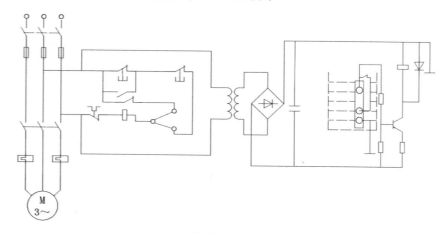

图 10-153

10.3.7 绘制导线连接点

该电路图全部绘制完毕后，会有一些导线连接点，将其电气元件和导线相连，下面利用"圆"和"图案填充"等命令进行操作。

Step 01 将"连接线图层"设置为当前图层，执行"圆"命令（C），在适当的交叉处加上半径为1的圆，如图 10-154 所示。

Step 02 执行"图案填充"命令（H），对圆进行"SOLID"样例的图案填充操作，如图 10-155 所示。

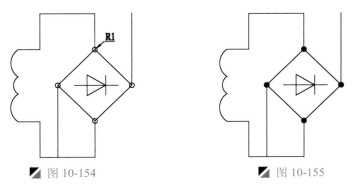

图 10-154　　　　　　　　　　　　　图 10-155

Step 03 利用相同的方法，在其他导线接点处绘制导线连接点，如图 10-156 所示。

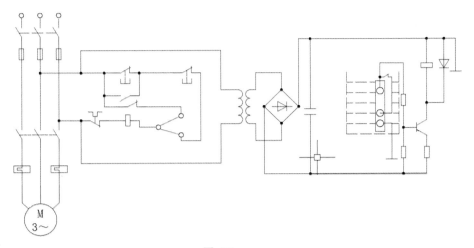

图 10-156

10.3.8 添加文字注释

前面已经绘制好了整体电路图的效果，下面将给电路图添加文字注释，利用"单行文字"命令进行操作。

Step 01 在"图层控制"下拉列表中，将"文字层"设置为当前图层。

Step 02 执行"单行文字"命令（DT），设置文字的样式为默认的"Standard"样式，字体为"宋体"，文字高度为"5"，对图中的相应内容进行文字标注说明，如图 10-157 所示。

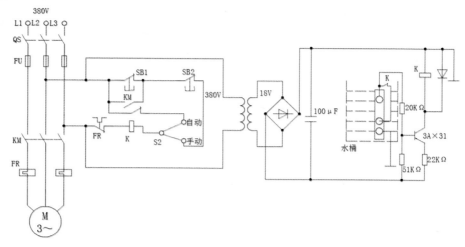

图 10-157

Step 03 至此，水位控制电路图绘制完毕，在"快速访问"工具栏单击"保存"按钮 ，将所绘制的图形进行保存。

Step 04 在键盘上按<Alt+F4>或<Alt+Q>组合键,退出所绘制的文件对象。

附录 A　AutoCAD 常见的快捷命令

		1. 对象特性			
快捷键	命令	含义	快捷键	命令	含义
AA	AREA	面积	LTS	LTSCALE	线形比例
ADC	ADCENTER	设计中心	LW	LWEIGHT	线宽
AL	ALIGN	对齐	MA	MATCHPROP	属性匹配
ATE	ATTEDIT	编辑属性	OP	OPTIONS	自定义设置
ATT	ATTDEF	属性定义	OS	OSNAP	设置捕捉模式
BO	BOUNDARY	边界创建	PRE	PREVIEW	打印预览
CH	PROPERTIES	修改特性	PRINT	PLOT	打印
COL	COLOR	设置颜色	PU	PURGE	清除垃圾
DI	DIST	距离	R	REDRAW	重新生成
DS	DSETTINGS	设置极轴追踪	REN	RENAME	重命名
EXIT	QUIT	退出	SN	SNAP	捕捉栅格
EXP	EXPORT	输出文件	ST	STYLE	文字样式
IMP	IMPORT	输入文件	TO	TOOLBAR	工具栏
LA	LAYER	图层操作	UN	UNITS	图形单位
LI	LIST	显示数据信息	V	VIEW	命名视图
LT	LINETYPE	线形			

		2. 绘图命令			
快捷键	命令	含义	快捷键	命令	含义
A	ARC	圆弧	MT	MTEXT	多行文本
B	BLOCK	块定义	PL	PLINE	多段线
C	CIRCLE	圆	PO	POINT	点
DIV	DIVIDE	等分	POL	POLYGON	正多边形
DO	DONUT	圆环	REC	RECTANGLE	矩形
EL	ELLIPSE	椭圆	REG	REGION	面域
H	BHATCH	填充	SPL	SPLINE	样条曲线
I	INSERT	插入块	T	MTEXT	多行文本
L	LINE	直线	W	WBLOCK	定义块文件
ML	MLINE	多线	XL	XLINE	构造线

		3. 修改命令			
快捷键	命令	含义	快捷键	命令	含义
AR	ARRAY	阵列	M	MOVE	移动
BR	BREAK	打断	MI	MIRROR	镜像
CHA	CHAMFER	倒角	O	OFFSET	偏移
CO	COPY	复制	PE	PEDIT	多段线编辑
E	ERASE	删除	RO	ROTATE	旋转
ED	DDEDIT	修改文本	S	STRETCH	拉伸
EX	EXTEND	延伸	SC	SCALE	比例缩放
F	FILLET	倒圆角	TR	TRIM	修剪
LEN	LENGTHEN	直线拉长	X	EXPLODE	分解

4. 视窗缩放					
快捷键	命令	含义	快捷键	命令	含义
P	PAN	平移	Z+P		返回上一视图
Z		局部放大	Z+双空格		实时缩放
Z+E		显示全图			

5. 尺寸标注					
快捷键	命令	含义	快捷键	命令	含义
D	DIMSTYLE	标注样式	DED	DIMEDIT	编辑标注
DAL	DIMALIGNED	对齐标注	DLI	DIMLINEAR	直线标注
DAN	DIMANGULAR	角度标注	DOR	DIMORDINATE	点标注
DBA	DIMBASELINE	基线标注	DOV	DIMOVERRIDE	替换标注
DCE	DIMCENTER	中心标注	DRA	DIMRADIUS	半径标注
DCO	DIMCONTINUE	连续标注	LE	QLEADER	快速引出标注
DDI	DIMDIAMETER	直径标注	TOL	TOLERANCE	标注形位公差

6. 常用 Ctrl 快捷键					
快捷键	命令	含义	快捷键	命令	含义
Ctrl+1	PROPERTIES	修改特性	Ctrl+O	OPEN	打开文件
Ctrl+L	ORTHO	正交	Ctrl+P	PRINT	打印文件
Ctrl+N	NEW	新建文件	Ctrl+S	SAVE	保存文件
Ctrl+2	ADCENTER	设计中心	Ctrl+U		极轴
Ctrl+B	SNAP	栅格捕捉	Ctrl+V	PASTECLIP	粘贴
Ctrl+C	COPYCLIP	复制	Ctrl+W		对象追踪
Ctrl+F	OSNAP	对象捕捉	Ctrl+X	CUTCLIP	剪切
Ctrl+G	GRID	栅格	Ctrl+Z	UNDO	放弃

7. 常用功能键					
快捷键	命令	含义	快捷键	命令	含义
F1	HELP	帮助	F7	GRIP	栅格
F2		文本窗口	F8	ORTHO	正交
F3	OSNAP	对象捕捉			

附录 B AutoCAD 常用的系统变量

A	
变量	含义
ACADLSPASDOC	控制 AutoCAD 是将 acad.lsp 文件加载到所有图形中，还是仅加载到在 AutoCAD 任务中打开的第一个文件中
ACADPREFIX	存储由 ACAD 环境变量指定的目录路径（如果有的话），如果需要则添加路径分隔符
ACADVER	存储 AutoCAD 版本号
ACISOUTVER	控制 ACISOUT 命令创建的 SAT 文件的 ACIS 版本
AFLAGS	设置 ATTDEF 位码的属性标志
ANGBASE	设置相对当前 UCS 的 0° 基准角方向
ANGDIR	设置相对当前 UCS 以 0° 为起点的正角度方向
APBOX	打开或关闭 AutoSnap 靶框
APERTURE	以像素为单位设置对象捕捉的靶框尺寸
AREA	存储由 AREA、LIST 或 DBLIST 计算出来的最后一个面积
ATTDIA	控制 INSERT 是否使用对话框获取属性值
ATTMODE	控制属性的显示方式
ATTREQ	确定 INSERT 在插入块时是否使用默认属性值
AUDITCTL	控制 AUDIT 命令是否创建核查报告文件(ADT)
AUNITS	设置角度单位
AUPREC	设置角度单位的小数位数
AUTOSNAP	控制 AutoSnap 标记、工具栏提示和磁吸

B	
变量	含义
BACKZ	存储当前视口后剪裁平面到目标平面的偏移值
BINDTYPE	控制绑定或在位编辑外部参照时外部参照名称的处理方式
BLIPMODE	控制点标记是否可见

C	
变量	含义
CDATE	设置日历的日期和时间
CECOLOR	设置新对象的颜色
CELTSCALE	设置当前对象的线型比例缩放子
CELTYPE	设置新对象的线型
CELWEIGHT	设置新对象的线宽
CHAMFERA	设置第一个倒角距离
CHAMFERB	设置第二个倒角距离

CHAMFERC	设置倒角长度
CHAMFERD	设置倒角角度
CHAMMODE	设置 AutoCAD 创建倒角的输入模式
CIRCLERAD	设置默认的圆半径
CLAYER	设置当前图层
CMDACTIVE	存储一个位码值，此位码值标识激活的是普通命令、透明命令、脚本还是对话框
CMDECHO	控制 AutoLISP 的(command)函数运行时 AutoCAD 是否回显提示和输入
CMDNAMES	显示活动命令和透明命令的名称
CMLJUST	指定多线对正方式
CMLSCALE	控制多线的全局宽度
CMLSTYLE	设置多线样式
COMPASS	控制当前视口中三维坐标球的开关状态
COORDS	控制状态栏上的坐标更新方式
CPLOTSTYLE	控制新对象的当前打印样式
CPROFILE	存储当前配置文件的名称
CTAB	返回图形中的当前选项卡(模型或布局)名称。通过本系统变量，用户可确定当前的活动选项卡
CURSORSIZE	按屏幕大小的百分比确定十字光标的大小
CVPORT	设置当前视口的标识号

D	
变量	含义
DATE	存储当前日期和时间
DBMOD	用位码表示图形的修改状态
DCTCUST	显示当前自定义拼写词典的路径和文件名
DCTMAIN	本系统变量显示当前的主拼写词典的文件名
DEFLPLSTYLE	为新图层指定默认打印样式名称
DEFPLSTYLE	为新对象指定默认打印样式名称
DELOBJ	控制用来创建其他对象的对象将从图形数据库中删除还是保留在图形数据库中
DEMANDLOAD	在图形包含由第三方应用程序创建的自定义对象时，指定 AutoCAD 是否以及何时要求加载此应用程序
DIASTAT	存储最近一次使用对话框的退出方式
DIMADEC	控制角度标注显示精度的小数位
DIMALT	控制标注中换算单位的显示
DIMALTD	控制换算单位中小数的位数
DIMALTF	控制换算单位中的比例因子

读书破万卷

命令	说明	命令	说明
DIMALTRND	决定换算单位的舍入	DIMSAH	控制尺寸线箭头块的显示
DIMALTTD	设置标注换算单位公差值的小数位数	DIMSCALE	为标注变量（指定尺寸、距离或偏移量）设置全局比例因子
DIMALTTZ	控制是否对公差值作消零处理	DIMSD1	控制是否禁止显示第一条尺寸线
DIMALTU	设置所有标注样式族成员（角度标注除外）的换算单位的单位格式	DIMSD2	控制是否禁止显示第二条尺寸线
DIMALTZ	控制是否对换算单位标注值作消零处理	DIMSE1	控制是否禁止显示第一条尺寸界线
		DIMSE2	控制是否禁止显示第二条尺寸界线
DIMAPOST	指定所有标注类型（角度标注除外）换算标注测量值的文字前缀或后缀（或两者都指定）	DIMSHO	控制是否重新定义拖动的标注对象
		DIMSOXD	控制是否允许尺寸线绘制到尺寸线之外
DIMASO	控制标注对象的关联性	DIMSTYLE	显示当前标注样式
DIMASZ	控制尺寸线、引线箭头的大小	DIMTAD	控制文字相对尺寸线的垂直位置
DIMATFIT	当尺寸界线的空间不足以同时放下标注文字和箭头时，确定这两者的排列方式	DIMTDEC	设置标注主单位的公差值显示的小数位数
DIMAUNIT	设置角度标注的单位格式	DIMTFAC	设置用来计算标注分数或公差文字的高度的比例因子
DIMAZIN	对角度标注作消零处理		
DIMBLK	设置显示在尺寸线或引线末端的箭头块	DIMTIH	控制所有标注类型（坐标标注除外）的标注文字在尺寸界线内的位置
DIMBLK1	当 DIMSAH 为开时，设置尺寸线第一个端点箭头	DIMTIX	在尺寸界线之间绘制文字
DIMBLK2	当 DIMSAH 为开时，设置尺寸线第二个端点箭头	DIMTM	当 DIMTOL 或 DIMLIM 为开时，为标注文字设置最大下偏差
		DIMTMOVE	设置标注文字的移动规则
DIMCEN	控制由 DIMCENTER、DIMDIAMETER 和 DIMRADIUS 绘制的圆或圆弧的圆心标记和中心线	DIMTOFL	控制是否将尺寸线绘制在尺寸界线之间（即使文字放置在尺寸界线之外）
DIMCLRD	为尺寸线、箭头和标注引线指定颜色	DIMTOH	控制标注文字在尺寸界线外的位置
DIMCLRE	为尺寸界线指定颜色	DIMTOL	将公差添加到标注文字中
DIMCLRT	为标注文字指定颜色	DIMTOLJ	设置公差值相对名词性标注文字的垂直对正方式
DIMDEC	设置标注主单位显示的小数位位数		
DIMDLE	当使用小斜线代替箭头进行标注时，设置尺寸线超出尺寸界线的距离	DIMTP	当 DIMTOL 或 DIMLIM 为开时，为标注文字设置最大上偏差
DIMDLI	控制基线标注中尺寸线的间距	DIMTSZ	指定线性标注、半径标注以及直径标注中替代箭头的小斜线尺寸
DIMDSEP	指定一个单独的字符作为创建十进制标注时使用的小数分隔符	DIMTVP	控制尺寸线上方或下方标注文字的垂直位置
DIMEXE	指定尺寸界线超出尺寸线的距离	DIMTXSTY	指定标注的文字样式
DIMEXO	指定尺寸界线偏离原点的距离	DIMTXT	指定标注文字的高度，除非当前文字样式具有固定的高度
DIMFIT	已废弃。现由 DIMATFIT 和 DIMTMOVE 代替		
		DIMTZIN	控制是否对公差值作消零处理
DIMFRAC	设置当 DIMLUNIT 被设为 4（建筑）或 5（分数）时的分数格式	DIMUNIT	已废弃，现由 DIMLUNIT 和 DIMFRAC 代替
DIMGAP	在尺寸线分段以放置标注文字时，设置标注文字周围的距离	DIMUPT	控制用户定位文字的选项
DIMJUST	控制标注文字的水平位置	DIMZIN	控制是否对主单位值作消零处理
DIMLDRBLK	指定引线的箭头类型	DISPSILH	控制线框模式下实体对象轮廓曲线的显示
DIMLFAC	设置线性标注测量值的比例因子	DISTANCE	存储由 DIST 计算的距离
DIMLIM	将极限尺寸生成为默认文字	DONUTID	设置圆环的默认内直径
DIMLUNIT	为所有标注类型（角度标注除外）设置单位	DONUTOD	设置圆环的默认外直径
DIMLWD	指定尺寸线的线宽	DRAGMODE	控制拖动对象的显示
DIMLWE	指定尺寸界线的线宽	DRAGP1	设置重生成拖动模式下的输入采样率
DIMPOST	指定标注测量值的文字前缀/后缀（或两者都指定）	DRAGP2	设置快速拖动模式下的输入采样率
DIMRND	将所有标注距离舍入到指定值	DWGCHECK	确定图形最后是否经非 AutoCAD 程序编辑

变量	含义
DWGCODEPAGE	存储与 SYSCODEPAGE 系统变量相同的值（出于兼容性的原因）
DWGNAME	存储用户输入的图形名
DWGPREFIX	存储图形文件的"驱动器/目录"前缀
DWGTITLED	指出当前图形是否已命名

E	
变量	含义
EDGEMODE	控制 TRIM 和 EXTEND 确定剪切边和边界的方式
ELEVATION	存储当前空间的当前视口中相对于当前 UCS 的当前标高值
EXPERT	控制是否显示某些特定提示
EXPLMODE	控制 EXPLODE 是否支持比例不一致（NUS）的块
EXTMAX	存储图形范围右上角点的坐标
EXTMIN	存储图形范围左下角点的坐标
EXTNAMES	为存储于符号表中的已命名对象名称（例如线型和图层）设置参数

F	
变量	含义
FACETRATIO	控制圆柱或圆锥 ACIS 实体镶嵌面的宽高比
FACETRES	调整着色对象和渲染对象的平滑度，对象的隐藏线被删除
FILEDIA	禁止显示文件对话框
FILLETRAD	存储当前的圆角半径
FILLMODE	指定多线、宽线、二维填充、所有图案填充（包括实体填充）和宽多段线是否被填充
FONTALT	指定在找不到指定的字体文件时使用的替换字体
FONTMAP	指定要用到的字体映射文件
FRONTZ	存储当前视口中前剪裁平面到目标平面的偏移量
FULLOPEN	指示当前图形是否被局部打开

G	
变量	含义
GRIDMODE	打开或关闭栅格
GRIDUNIT	指定当前视口的栅格间距（X 和 Y 方向）
GRIPBLOCK	控制块中夹点的分配
GRIPCOLOR	控制未选定夹点（绘制为轮廓框）的颜色
GRIPHOT	控制选定夹点（绘制为实心块）的颜色
GRIPS	控制"拉伸"、"移动"、"旋转"、"比例"和"镜像"夹点模式中选择集夹点的使用
GRIPSIZE	以像素为单位设置显示夹点框的大小

H	
变量	含义
HANDLES	报告应用程序是否可以访问对象句柄
HIDEPRECISION	控制消隐和着色的精度

HIGHLIGHT	控制对象的亮显。它并不影响使用夹点选定的对象
HPANG	指定填充图案的角度
HPBOUND	控制 BHATCH 和 BOUNDARY 创建的对象类型
HPDOUBLE	指定用户定义图案的交叉填充图案
HPNAME	设置默认的填充图案名称
HPSCALE	指定填充图案的比例因子
HPSPACE	为用户定义的简单图案指定填充图案的线间距
HYPERLINKBASE	指定图形中用于所有相对超级链接的路径

I	
变量	含义
IMAGEHLT	控制是亮显整个光栅图像还是仅亮显光栅图像边框
INDEXCTL	控制是否创建图层和空间索引并保存到图形文件中
INETLOCATION	存储 BROWSER 和"浏览 Web 对话框"使用的网址
INSBASE	存储 BASE 设置的插入基点
INSNAME	为 INSERT 设置默认块名
INSUNITS	当从 AutoCAD 设计中心拖放块时，指定图形单位值
INSUNITSDEFSOURCE	设置源内容的单位值
INSUNITSDEFTARGET	设置目标图形的单位值
ISAVEBAK	提高增量保存速度，特别是对于大的图形
ISAVEPERCENT	确定图形文件中所允许的占用空间的总量
ISOLINES	指定对象上每个曲面的轮廓素线的数目

L	
变量	含义
LASTANGLE	存储上一个输入圆弧的端点角度
LASTPOINT	存储上一个输入的点
LASTPROMPT	存储显示在命令行中的上一个字符串
LENSLENGTH	存储当前视口透视图中的镜头焦距长度（以毫米为单位）
LIMCHECK	控制在图形界限之外是否可以生成对象
LIMMAX	存储当前空间的右上方图形界限
LIMMIN	存储当前空间的左下方图形界限
LISPINIT	当使用单文档界面时，指定打开新图形时是否保留 AutoLISP 定义的函数和变量
LOCALE	显示当前 AutoCAD 版本的国际标准化组织（ISO）语言代码
LOGFILEMODE	指定是否将文本窗口的内容写入日志文件
LOGFILENAME	指定日志文件的路径和名称
LOGFILEPATH	为同一任务中的所有图形指定日志文件的路径

读书破万卷

LOGINNAME	显示加载 AutoCAD 时配置或输入的用户名
LTSCALE	设置全局线型比例因子
LUNITS	设置线性单位
LUPREC	设置线性单位的小数位数
LWDEFAULT	设置默认线宽的值
LWDISPLAY	控制"模型"或"布局"选项卡中的线宽显示
LWUNITS	控制线宽的单位显示为英寸还是毫米

M	
变量	含义
MAXACTVP	设置一次最多可以激活多少视口
MAXSORT	设置列表命令可以排序的符号名或块名的最大数目
MBUTTONPAN	控制定点设备第三按钮或滑轮的动作响应
MEASUREINIT	设置初始图形单位（英制或公制）
MEASUREMENT	设置当前图形的图形单位（英制或公制）
MENUCTL	控制屏幕菜单中的页切换
MENUECHO	设置菜单回显和提示控制位
MENUNAME	存储菜单文件名，包括文件名路径
MIRRTEXT	控制 MIRROR 对文字的影响
MODEMACRO	在状态行显示字符串
MTEXTED	设置用于多行文字对象的首选和次选文字编辑器

N	
变量	含义
NOMUTT	禁止消息显示，即不反馈工况（如果消息在通常情况不禁止）

O	
变量	含义
OFFSETDIST	设置默认的偏移距离
OFFSETGAPTYPE	控制如何偏移多段线以弥补偏移多段线的单个线段所留下的间隙
OLEHIDE	控制 AutoCAD 中 OLE 对象的显示
OLEQUALITY	控制内嵌的 OLE 对象质量默认的级别
OLESTARTUP	控制打印内嵌 OLE 对象时是否加载其源应用程序
ORTHOMODE	限制光标在正交方向移动
OSMODE	使用位码设置执行对象捕捉模式
OSNAPCOORD	控制是否从命令行输入坐标替代对象捕捉

P	
变量	含义
PAPERUPDATE	控制警告对话框的显示（如果试图以不同于打印配置文件默认指定的图纸大小打印布局）
PDMODE	控制如何显示点对象
PDSIZE	设置显示的点对象大小
PERIMETER	存储 AREA、LIST 或 DBLIST 计算的最后一个周长值

PFACEVMAX	设置每个面顶点的最大数目
PICKADD	控制后续选定对象是替换当前选择集还是追加到当前选择集中
PICKAUTO	控制"选择对象"提示下是否自动显示选择窗口
PICKBOX	设置选择框的高度
PICKDRAG	控制绘制选择窗口的方式
PICKFIRST	控制在输入命令之前（先选择后执行）还是之后选择对象
PICKSTYLE	控制编组选择和关联填充选择的使用
PLATFORM	指示 AutoCAD 工作的操作系统平台
PLINEGEN	设置如何围绕二维多段线的顶点生成线型图案
PLINETYPE	指定 AutoCAD 是否使用优化的二维多段线
PLINEWID	存储多段线的默认宽度
PLOTID	已废弃，在 AutoCAD2000 中没有效果，但在保持 AutoCAD2000 以前版本的脚本和 LISP 程序的完整性时还可能有用
PLOTROTMODE	控制打印方向
PLOTTER	已废弃，在 AutoCAD2000 中没有效果，但在保持 AutoCAD2000 以前版本的脚本和 LISP 程序的完整性时还可能有用
PLQUIET	控制显示可选对话框以及脚本和批打印的非致命错误
POLARADDANG	包含用户定义的极轴角
POLARANG	设置极轴角增量
POLARDIST	当 SNAPSTYL 系统变量设置为 1（极轴捕捉）时，设置捕捉增量
POLARMODE	控制极轴和对象捕捉追踪设置
POLYSIDES	设置 POLYGON 的默认边数
POPUPS	显示当前配置的显示驱动程序状态
PRODUCT	返回产品名称
PROGRAM	返回程序名称
PROJECTNAME	给当前图形指定一个工程名称
PROJMODE	设置修剪和延伸的当前"投影"模式
PROXYGRAPHICS	指定是否将代理对象的图像与图形一起保存
PROXYNOTICE	如果打开一个包含自定义对象的图形，而创建此自定义对象的应用程序尚未加载时，显示通知
PROXYSHOW	控制图形中代理对象的显示
PSLTSCALE	控制图纸空间的线型比例
PSPROLOG	为使用 PSOUT 时从 acad.psf 文件读取的前导段指定一个名称
PSQUALITY	控制 Postscript 图像的渲染质量
PSTYLEMODE	指明当前图形处于"颜色相关打印样式"还是"命名打印样式"模式
PSTYLEPOLICY	控制对象的颜色特性是否与其打印样式相关联
PSVPSCALE	为新创建的视口设置视图缩放比例因子

变量	含义
PUCSBASE	存储仅定义图纸空间中正交 UCS 设置的原点和方向的 UCS 名称

Q	
变量	含义
QTEXTMODE	控制文字的显示方式

R	
变量	含义
RASTERPREVIEW	控制 BMP 预览图像是否随图形一起保存
REFEDITNAME	指示图形是否处于参照编辑状态，并存储参照文件名
REGENMODE	控制图形的自动重生成
RE-INIT	初始化数字化仪、数字化仪端口和 acad.pgp 文件
RTDISPLAY	控制实时缩放(ZOOM)或平移(PAN)时光栅图像的显示

S	
变量	含义
SAVEFILE	存储当前用于自动保存的文件名
SAVEFILEPATH	为 AutoCAD 任务中所有自动保存文件指定目录的路径
SAVENAME	在保存图形之后存储当前图形的文件名和目录路径
SAVETIME	以分钟为单位设置自动保存的时间间隔
SCREENBOXES	存储绘图区域的屏幕菜单区显示的框数
SCREENMODE	存储表示 AutoCAD 显示的图形/文本状态的位码值
SCREENSIZE	以像素为单位存储当前视口的大小（X 和 Y 值）
SDI	控制 AutoCAD 运行于单文档还是多文档界面
SHADEDGE	控制渲染时边的着色
SHADEDIF	设置漫反射光与环境光的比率
SHORTCUTMENU	控制"默认"、"编辑"和"命令"模式的快捷菜单在绘图区域是否可用
SHPNAME	设置默认的形名称
SKETCHINC	设置 SKETCH 使用的记录增量
SKPOLY	确定 SKETCH 生成直线还是多段线
SNAPANG	为当前视口设置捕捉和栅格的旋转角
SNAPBASE	相对于当前 UCS 设置当前视口中捕捉和栅格的原点
SNAPISOPAIR	控制当前视口的等轴测平面
SNAPMODE	打开或关闭"捕捉"模式
SNAPSTYL	设置当前视口的捕捉样式
SNAPTYPE	设置当前视口的捕捉样式
SNAPUNIT	设置当前视口的捕捉间距
SOLIDCHECK	打开或关闭当前 AutoCAD 任务中的实体校验
SORTENTS	控制 OPTIONS 命令（从"选择"选项卡中执行）对象排序操作
SPLFRame	控制样条曲线和样条拟合多段线的显示

变量	含义
SPLINESEGS	设置为每条样条拟合多段线生成的线段数目
SPLINETYPE	设置用 PEDIT 命令的"样条曲线"选项生成的曲线类型
SURFTAB1	设置 RULESURF 和 TABSURF 命令所用到的网格面数目
SURFTAB2	设置 REVSURF 和 EDGESURF 在 N 方向上的网格密度
SURFTYPE	控制 PEDIT 命令的"平滑"选项生成的拟合曲面类型
SURFU	设置 PEDIT 的"平滑"选项在 M 方向所用到的表面密度
SURFV	设置 PEDIT 的"平滑"选项在 N 方向所用到的表面密度
SYSCODEPAGE	指示 acad.xmf 中指定的系统代码页

T	
变量	含义
TABMODE	控制数字化仪的使用
TARGET	存储当前视口中目标点的位置
TDCREATE	存储图形创建的本地时间和日期
TDINDWG	存储总编辑时间
TDUCREATE	存储图形创建的国际时间和日期
TDUPDATE	存储最后一次更新/保存的本地时间和日期
TDUSRTIMER	存储用户消耗的时间
TDUUPDATE	存储最后一次更新/保存的国际时间和日期
TEMPPREFIX	包含用于放置临时文件的目录名
TEXTEVAL	控制处理字符串的方式
TEXTFILL	控制打印、渲染以及使用 PSOUT 命令输出时 TrueType 字体的填充方式
TEXTQLTY	控制打印、渲染以及使用 PSOUT 命令输出时 TrueType 字体轮廓的分辨率
TEXTSIZE	设置以当前文字样式绘制出来的新文字对象的默认高
TEXTSTYLE	设置当前文字样式的名称
THICKNESS	设置当前三维实体的厚度
TILEMODE	将"模型"或最后一个布局选项卡设置为当前选项卡
TOOLTIPS	控制工具栏提示的显示
TRACEWID	设置宽线的默认宽度
TRACKPATH	控制显示极轴和对象捕捉追踪的对齐路径
TREEDEPTH	指定最大深度，即树状结构的空间索引可以分出分支的最大数目
TREEMAX	通过限制空间索引（八叉树）中的节点数目，从而限制重生成图形时占用的内存
TRIMMODE	控制 AutoCAD 是否修剪倒角和圆角的边线
TSPACEFAC	控制多行文字的行间距。以文字高度的比例计算 t
TSPACETYPE	控制多行文字中使用的行间距类型
TSTACKALIGN	控制堆迭文字的垂直对齐方式

TSTACKSIZE	控制堆迭文字分数的高度相对于选定文字的当前高度的百分比
U	
变量	**含义**
UCSAXISANG	存储使用 UCS 命令的 X，Y 或 Z 选项绕轴旋转 UCS 时的默认角度值
UCSBASE	存储定义正交 UCS 设置的原点和方向的 UCS 名称
UCSFOLLOW	用于从一个 UCS 转换到另一个 UCS 时生成一个平面视图
UCSICON	显示当前视口的 UCS 图标
UCSNAME	存储当前空间中当前视口的当前坐标系名称
UCSORG	存储当前空间中当前视口的当前坐标系原点
UCSORTHO	确定恢复一个正交视图时是否同时自动恢复相关的正交 UCS 设置
UCSVIEW	确定当前 UCS 是否随着名视图一起保存
UCSVP	确定活动视口的 UCS 保持定态还是作相应改变以反映当前活动视口的 UCS 状态
UCSXDIR	存储当前空间中当前视口的当前 UCS 的 X 方向
UCSYDIR	存储当前空间中当前视口的当前 UCS 的 Y 方向
UNDOCTL	存储指示 UNDO 命令的"自动"和"控制"选项的状态位码
UNDOMARKS	存储"标记"选项放置在 UNDO 控制流中的标记数目
UNITMODE	控制单位的显示格式
USERI1-5	存储和提取整型值
USERR1-5	存储和提取实型值
USERS1-5	存储和提取字符串数据
V	
变量	**含义**
VIEWCTR	存储当前视口中视图的中心点
VIEWDIR	存储当前视口中的查看方向
VIEWMODE	使用位码控制当前视口的查看模式
VIEWSIZE	存储当前视口的视图高度
VIEWTWIST	存储当前视口的视图扭转角

VISRETAIN	控制外部参照依赖图层的可见性、颜色、线型、线宽和打印样式（如果 PSTYLEPOLICY 设置为 0），并且指定是否保存对嵌套外部参照路径的修改
VSMAX	存储当前视口虚屏的右上角坐标
VSMIN	存储当前视口虚屏的左下角坐标
W	
变量	**含义**
WHIPARC	控制圆或圆弧是否平滑显示
WMFBKGND	控制 WMFOUT 命令输出的 Windows 图元文件、剪贴板中对象的图元格式，以及拖放到其他应用程序的图元的背景
WORLDUCS	指示 UCS 是否与 WCS 相同
WORLDVIEW	确定响应 3DORBIT、DVIEW 和 VPOINT 命令的输入是相对于 WCS（默认），还是相对于当前 UCS 或由 UCSBASE 系统变量指定的 UCS
WRITESTAT	指出图形文件是只读的还是可写的。开发人员需要通过 AutoLISP 确定文件的读/写状态
X	
变量	**含义**
XCLIPFRame	控制外部参照剪裁边界的可见性
XEDIT	控制当前图形被其他图形参照时是否可以在位编辑
XFADECTL	控制在位编辑参照时的褪色度
XLOADCTL	打开或关闭外部参照文件的按需加载功能，控制打开原始图形还是打开一个副本
XLOADPATH	创建一个路径用于存储按需加载的外部参照文件临时副本
XREFCTL	控制 AutoCAD 是否生成外部参照的日志文件(XLG)
Z	
变量	**含义**
ZOOMFACTOR	控制智能鼠标的每一次前移或后退操作所执行的缩放增量